基于同态加密的隐私保护深度学习研究

陈艳格 著

中国纺织出版社有限公司

图书在版编目(CIP)数据

基于同态加密的隐私保护深度学习研究 / 陈艳格著. -- 北京 : 中国纺织出版社有限公司, 2024.1
ISBN 978-7-5229-1460-2

Ⅰ.①基… Ⅱ.①陈… Ⅲ.①机器学习-加密技术-研究Ⅳ.①TP18

中国国家版本馆 CIP 数据核字(2024)第048910 号

责任编辑：张　宏　　责任校对：江思飞　　责任印制：储志伟

中国纺织出版社有限公司出版发行
地址：北京市朝阳区百子湾东里 A407 号楼　邮政编码：100124
销售电话：010 — 67004422　传真：010 — 87155801
http://www.c-textilep.com
中国纺织出版社天猫旗舰店
官方微博 http://weibo.com/2119887771
天津千鹤文化传播有限公司印刷　各地新华书店经销
2024 年 1 月第 1 版第 1 次印刷
开本：710×1000　1/16　印张：13.75
字数：238 千字　定价：98.00 元

前 言

深度学习已经在语音识别、图像处理等领域取得了巨大成功。虽然深度学习为这些领域提供了新的解决方案,但是深度学习的训练模型需要大量的数据。为此,服务提供者需要收集大量的参与方数据,这些数据中可能包含企业或用户的敏感信息,如医疗记录、账户信息、企业运营状况等。这些敏感信息在深度学习中的应用,容易导致企业或用户的敏感数据泄露。同时,随着用户个人隐私保护意识的增强及国家信息安全法律法规的不断出台,各行各业对多参与方隐私保护深度学习的研究越来越重视。

目前,人工智能中很多数据都是以数据孤岛的形式存在的。此外,数据安全应用的限制及法律法规的约束,更加剧了数据孤岛的形成。联邦深度学习作为分布式协同计算的主流技术,在多源用户不交换数据的情况下基于深度学习算法进行了协作训练推理,实现了多源孤岛数据价值安全的挖掘利用。尽管联邦深度学习能解决“原始数据不出域,数据可用不可见”的协同计算范式,解决数据孤岛问题,但是它仍然会泄露用户的数据隐私。本书针对现有隐私保护深度学习中存在的问题,设计了适用于特定场景下的基于同态加密的隐私保护深度学习方案,完成的主要工作如下。

(1)针对图像深度学习隐私泄露、现有部分复杂的非线性函数密文无法计算、训练过程中存在训练误差等问题,提出了一个新的隐私保护图像分类深度学习方案(PIDL)。在 PIDL 中,提出了两种隐私保护深度学习训练方式 PIDLSC 和 PIDLSL,即采用两组密文激活函数和代价函数——密文的 sigmoid 激活函数+交叉熵代价函数或密文的 softmax 激活函数+最大似然代价函数来构建两种隐私保护深度学习方式,这两种方式实现了在密文数据下深度学习的模型训练。通过改进 sigmoid 激活函数的训练方式减少训练过程中的误差,改进原有多个隐私保护深度学习方案中密文 sigmoid 激活函数+密文平方误差代价函数的方式为现有的密文激活函数和密文代价函数,基于 Paillier 加密算法实现了隐私保护深度学习训练与分类,保护了训练数据和模型的隐私。安全分析和性能评估表明,方案在保证安全性和正确性的前提下,尽管协议在服务器间的交互轮数较多，但相较于现有方案具有更低的通信代价和更高的准确率。

(2)针对深度学习模型中部分非线性函数密文无法直接计算或计算方式有待提高、原有多密钥深度学习训练效率低等问题，提出了一个基于同态重加密和安全计算工具包的隐私保护深度学习方案(PDLHR)。首先，提出了一个基于BCP密码体制的同态重加密方案，该方案能在保证同态性的前提下将不同公钥下的密文转换为相同公钥下的密文，比现有的基于BCP密码体制的重加密方案更加简化。为了实现密文的高效计算，我们设计了安全计算工具包，构造了多层感知机神经网络中密文激活函数和密文代价函数等密文训练过程。与之前的工作相比，PDLHR实现了多密钥深度学习下密文的高效训练，保证了输入数据、训练模型和推理结果的安全性。安全分析和性能评估表明，该方案尽管存在交互轮数多的问题，但通过封包调用的方式在一定程度上减轻了交互，同时方案的加解密效率优于原有方案的加解密效率。

(3)针对联邦深度学习中多参与方密文协同计算难、隐私保护联邦学习训练收敛速度慢等问题，我们提出了一个实用高效的隐私保护联邦深度学习方案(PEPFL)。首先，我们提出了适应于联邦学习的分布式ElGamal密码方案，该方案能解决联邦学习中的多密钥用户协同计算问题。然后，利用动量梯度下降(MGD)、卷积神经网络(CNN)及所设计的密码体制，设计了一个新的隐私保护联邦深度学习方案。在该方案中，用户首先生成自己的公私钥对，并将各自的公钥发送给聚合服务器，聚合服务器生成联合公钥并下发给用户。用户通过提出的分布式ElGamal密码方案进行联合公钥下的数据加密并上传给训练器，训练器将密文数据在本地模型中进行训练，然后聚合服务器与训练器协作更新密文动量和密文权重。最后，对提出的方案进行安全性分析和性能评估。结果表明，与现有的方案相比，我们的方案在保证安全性的同时，具有更低的通信代价和计算代价，同时确保了更高的加解密效率。

(4)针对物联网环境下联邦深度学习通信代价高、故障频繁及训练数据质量低等问题，提出了一个基于椭圆曲线密码体制的动态化公平性的隐私保护联邦深度学习方案。首先，提出了适用于联邦学习的多密钥EC－ElGamal密码体制(MEEC)，尽管该加密方案需要在同一个代数结构下进行加密，但可以解决物联网环境下联邦学习的多密钥用户协同计算问题，并减少了通信代价和计算代价，提高了加密效率。其次，设计了多参与方动态变化的用户动态退出和加入算法，以防止通信故障或用户动态加入退出对模型训练或推理的影响。最后，对提出的方案进行了安全性分析和性能评估。结果表明，该方案在保证安全性的同时，其加解密效率虽然低于带错学习问题（LWE）的加密算法的加解密效率，但优于其他比较方案的加解密效率，同时，总运行效率优于其他与之比较的几个加密方案。该方案也验证了训练参数阈值的选择对训练准确率有直接影响。

（5）依据工业物联网机器人系统中存在的隐私问题及第三章存在的问题，提出了工业物联网的机器人系统中的隐私保护图像多分类深度学习模型。在机器人系统中，依据两种深度学习训练分类方案 PIDLSC 和 PIDLS，实现了机器人系统下的两组密文激活函数和代价函数——密文的 sigmoid＋交叉熵函数或密文的 softmax＋log－likelihood 函数进行深度学习模型训练，这两种方式提高了隐私保护深度学习的训练效率。该模型通过改进激活函数的训练方式减少了训练过程中的误差，采用消除比较方案中梯度含导数方式加快了训练收敛速度，保护了数据和模型的隐私。安全性分析和性能评估表明，在保证方案安全性和正确性的前提下，与比较方案相比，提出的方案具有较低的通信代价。

（6）依据机器人系统中存在的模型效率低问题及第四章中存在的问题，通过比较分析，提出了机器人系统下多密钥隐私保护深度学习模型，构造了多层感知网络中密文激活函数和密文代价函数等密文训练过程。与之前的工作相比，该方案减少了解密过程中的交互，提高了密文的训练效率，同时保证了输入数据、训练模型和推理结果的安全性。安全性分析和性能评估表明，与现有方案相比，该方案加解密运行效率优于比较方案的，同时，结果表明选用的代价函数直接影响了准确率。

本书共九章，主要围绕多源数据融合环境下深度学习训练预测中存在的关键问题，设计适用于特定场景下的基于同态加密的隐私保护深度学习方案。第一章简要介绍了隐私保护深度学习的研究背景及意义，综合描述了本文涉及的相关技术的国内外研究现状，提出本文的主要研究工作及各章节安排。第二章简要介绍本文使用的深度学习、联邦学习、可证明安全、同态加密及安全多方计算等相关的基础知识。第三章采用两组密文激活函数及密文代价函数，设计了两个隐私保护图像分类深度学习方案。第四章使用构造的同态重加密方案及安全工具包,提出了基于同态重加密的隐私保护深度学习方案。第五章构造了一个改进的升幂分布式 ElGamal 密码体制,提出了一个实用高效的隐私保护联邦学习方案。第六章构造了适用于联邦学习的多密钥 EC—ElGamal 密码体制及联邦和优化算法,设计了一个动态化公平性的隐私保护联邦学习方案。第七章采用第三章构造的隐私保护图像分类深度学习思想,构造了工业物联网的机器人系统中的隐私保护图像多分类深度学习模型。第八章依据第四章提出的基于同态重加密的隐私保护深度学习方案,构造了机器人系统下多密钥隐私保护深度学习模型。第九章总结全文工作,展望后续研究内容。

作者在撰写本书的过程中,得到了许多专家学者的帮助和指导,谨在此表示诚挚的谢意。由于作者水平有限,加之时间仓促,书中涉及的内容难免有疏漏之处,希望各位读者提出宝贵意见,以便我们进一步修改,使之更加完善。

陈艳格

2023 年 6 月

目 录

第一章

绪 论

在这一章中，我们首先介绍隐私保护深度学习的研究背景及意义，其次从三个方面概述隐私保护深度学习在国内外的研究现状，最后阐述本书的研究工作及主要内容，并给出本书的结构安排。

第一节 研究背景及意义

机器学习作为实现人工智能的有效方法之一，研究的是如何使用计算机模拟或实现人类的学习活动。深度学习作为主流的机器学习算法，通过学习样本数据的内在规律和表示层次，以识别文字、图像和声音等数据。在传统的机器学习算法中，很多算法在特征、知识和价值的提取和挖掘方面仍然存在一些关键瓶颈问题。深度学习的兴起为这些瓶颈问题提供了新的解决思路，促使人工智能获得了巨大突破，也加速了物联网、大数据和云计算的发展。

深度学习因其强大的特征提取能力，在许多领域被广泛使用，特别是在识别系统[1]、语音助手[2]、文本分析[3]、图像分类[4]领域中。深度学习的成功依赖于海量的数据，即在深度学习模型训练过程中需要收集大量企业或者用户的数据，这一行为给企业和用户的隐私带来了巨大威胁。随着个体隐私保护意识的增强及国家出台的一系列保护隐私的法律法规，工业界和学术界对隐私保护深度学习的研究越来越重视。在隐私保护深度学习技术中，主要使用的技术是差分隐私、安全多方计算、同态加密等。同态加密由于具有数据无损操作、对密文进行有意义运算的特性，是外包计算场景中的一种通用解决方案。因此，本书主要研究基于同态加密的隐私保护深度学习。

目前,人工智能中使用的数据很多都是以数据孤岛的形式存在的。同时,一些重要机构,如政府部门、医院及银行,对数据安全应用的限制及法律法规安全政策的约束,也导致了数据孤岛现象的加剧。为了解决数据孤岛问题,需要构建分布式协同计算技术来进行联合建模。联邦学习作为一种新兴的人工智能联合建模的主流技术,其核心是在不收集用户原始数据的情况下实现来自不同用户模型或梯度的协作训练或推理,具有"数据不动模型动,数据可用不可见"的特点,可以解决数据孤岛问题。由于联邦学习的上述特性,它引起了工业界和学术界的广泛关注[5,6]。作为最有前途的分布式协同计算技术之一,联邦学习已经被广泛研究并被应用在各个领域中,如用于自然语言处理中的机器翻译及语义挖掘[3],图像识别中的人脸识别[7]、图像分类[8-10]等。联邦学习的引入和应用,为2021年国办发〔2021〕51号《要素市场化配置综合改革试点总体方案》中指出的探索"原始数据不出域,数据可用不可见"的交易范式[11]提供了一个基本框架,在一定程度上保护了多源数据协同计算的数据隐私,保障了多参与方数据的联合协同训练和推理。针对多参与方深度学习联合建模的需求,本书在隐私保护深度学习模型训练的基础上,进一步研究了隐私保护联邦深度学习方案。

第二节 国内外研究现状

目前,深度学习的隐私保护技术主要分为两类:非密码技术和密码技术。非密码技术包括差分隐私[12-14]、K-匿名[15]、L-多样化等。差分隐私是函数的输出结果对数据集的记录影响不显著的情况下,通过添加随机噪声干扰数据的真实值,实现保护数据隐私的目的。然而,在原始数据中注入噪声容易导致数据失真,降低数据的准确率。密码技术包括安全多方计算(Secure multi-party computation, SMPC[13,16,17])和同态加密[18,19]等。SMPC允许多个用户在不可信的情况下进行协作计算,在不知道其他用户任何信息的情况下获得计算结果。在SMPC技术中,混淆电路可以在不透露任何信息的情况下对双方的隐私输入计算一个函数,但它会带来指数级的通信开销;秘密共享通过将分割的秘密份额分配给各参与方,当参与方数目大于或等于设置的阈值时可以重构秘密,但该技术增加了交互轮数。同态加密允许对密文进行有意义的运算,对密文同态计算的结果进行解密,解密后得到的明文等于对原始明文直接进行相应计算得到的结果。尽管该技术密态数据扩张大,计算效率低,但在无损操作、无交互的情况下保护了数据的机密性。

一、基于数据扰动机制的隐私保护深度学习现状

差分隐私作为数据扰动机制中最重要的隐私保护技术之一,被广泛应用于隐私保护深度学习中,适用于对准确率要求不高的应用场景。差分隐私是由Dwork 等[20]提出的一种隐私保护方式,它是在统计结果中加入随机噪声来保护用户隐私,在最大化数据可用性的同时确保数据的安全性。差分隐私的应用研究主要分为全局差分隐私[21]和本地差分隐私[22]。

对于全局差分隐私技术,Shokri 等[23]提出了一个基于差分隐私的分布式深度学习方案,即参与者在本地训练用户数据,只将具有不同隐私的梯度上传到参数服务器。然而,由于差分隐私有限的隐私保护能力,该方案仍然会泄露用户隐私[18]。Abadi 等[24]提出了一个基于差分隐私的联邦学习方案。该方案通过在梯度中加入拉普拉斯噪声,考虑特定的噪声分布来计算神经网络模型训练的隐私预算。同时,提出一个动量账本的方法来跟踪训练过程中的隐私损失。然而,Xiang 等[25]指出在梯度中加入噪声虽然保证了模型隐私的安全,但降低了模型的准确率。Xu 等[16]提出了一个基于函数加密和差分隐私的隐私保护联邦学习方案(HybridAlpha)。该方案使用差分隐私将权重扰动后加密上传到聚合服务器,聚合服务器对收集的加密权重解密后实现全局更新。虽然该方案通过附加条件降低了聚合服务器推断用户隐私信息的能力,但是,方案允许聚合服务器从第三方认证机构获取私钥,容易导致聚合服务器获取用户的隐私信息。

对于本地差分隐私技术,Cui 等[14]提出了一个基于差异化隐私的去中心化联邦学习方案,该方案能被应用到物联网系统的异常检测中,确保了数据的完整性,避免了单点失败问题。Chamikara 等[26]提出了一个基于随机响应技术的本地差分隐私方案(LATENT)。该方案将随机响应层加入到卷积神经网络(Convolutional neural network, CNN)中,在数据上传到不可信服务器前完成该操作,从而保护了本地数据的隐私。Truex 等[27]提出了一个基于压缩本地差分隐私(Condensed Local Differential Privacy, CLDP)的联邦学习方案。该方

案通过改进本地差分隐私中的隐私预算 ε 来设计一个含 α 的 CLDP 技术，同时设计了一套适用于深度神经网络的选择和过滤技术，使其能处理复杂的深度神经网络模型，但该方案隐私预算参数较高，在一定程度上影响了隐私保护的能力。

二、基于密码机制的隐私保护深度学习现状

（一）基于 SMPC 的隐私保护深度学习方案现状

SMPC 最初是针对“百万富翁问题”提出的[28]，它允许协同地从每一方隐私输入中计算函数的结果，使每一方只能得到其相应的函数输出，而不能得到其他参与方的输入或输出。目前，SMPC 主要通过不经意传输、秘密共享和门限同态加密三种框架来实现。现有的基于 SMPC 的隐私保护深度学习研究主要从以下两个方面来进行构造。

针对基础密码协议组合构造的隐私保护深度学习方案，Mohassel 等[29]提出了一个基于同态加密、混淆电路和秘密共享协议的隐私保护神经网络方案(SecureML)，该方案在 Mnist 数据集上的准确率为 93.4%。然而，如果两个服务器恶意勾结，容易导致数据隐私泄露。Xu 等[30]提出了一个隐私保护联邦深度学习方案。该方案利用 Yao[28]的混淆电路和加法同态密码体制保护联邦学习的数据隐私，减少了持有部分错误数据的不规则用户对数据准确率的影响。Liu 等[31]通过使用多项式逼近激活函数的方法改进了 SecureML，提出了一个基于加法同态加密、秘密共享和不经意传输的不经意神经网络方案(MiniONN)，实现了隐私保护不经意神经网络的模型预测。然而，该方案中用到的秘密共享技术增加了训练过程中的交互轮数，同时，对于客户端来说，该方案的计算代价很高。

针对传统安全多方计算构造的隐私保护深度学习方案，Agrawal 等[17]提出了一个基于自定义安全两方协议的离散化深度神经网络训练和预测方案(QUOTIENT)，该方案融合了正则化和自适应梯度方法，改进了先前的安全两方计算的深度神经网络训练方法[29]。然而，由于两方协作交互轮数较多，通信开销仍然较大。Bansal 等[32]提出了一个基于秘密共享和安全标量乘法的两方协议，该协议被用于构造隐私保护反向传播神经网络训练中。然而，当参与人数足够大时，该方案不能执行。Bonawitz 等[33]提出了一个基于秘密共享的机

器学习数据安全聚合方案，该方案允许服务器以安全的方式计算来自大量用户持有数据向量的总和，但是，该方法的通信开销仍然较大。

(二)基于同态加密的隐私保护深度学习方案现状

同态加密作为一种能直接在密文上进行运算的密文计算技术，是由 Rivest 等[34]首先提出的。它是指这样一种加密算法，数据加密后对密文进行加法或乘法运算，其解密结果等于对明文进行相应运算。目前，同态加密方案从功能上分为部分同态加密(Partially Homomorphic Encryption，PHE)、浅同态加密(Somewhat Homomorphic Encryption，SHE)、全同态加密(Fully Homomorphic Encryption，FHE)。其中，PHE 只支持密文的加法或者乘法的一种运算，SHE 和 FHE 同时支持密文的加法和乘法运算，FHE 支持任意多次的加法和乘法运算，而 SHE 只支持有限次的加法和乘法运算。针对基于同态加密的隐私保护深度学习方案，目前的研究可以从训练、预测和多参与方的角度进行。

针对训练、预测的隐私保护深度学习方案，Gilad-Bachrach 等[35]提出一个基于层次型同态加密的深度学习方案(CryptoNets)，该方案允许对同态加密的密文数据进行预测。然而，该方案对密文同态乘法的深度有一定的限制，致使方案预测精度不高。Bellafqira 等[36]提出了一个基于 Paillier 同态加密的安全多层感知机神经网络方案，该方案保证了数据和模型的安全性，但是提出的协议交互轮数较多。Chabanne 等[37]设计了基于 FHE 的 CNN 分类器，通过将简化的神经网络与 FHE 技术结合，保证了数据的机密性，也提高了方案的训练效率；Xie 等[38]提出了一个基于 FHE 的神经网络方案，并用多项式逼近激活函数方法实现非线性函数在密文上的近似计算。然而，这两个方案中 FHE 的使用导致了计算代价和密文长度的增加[39]。

针对多参与方的隐私保护深度学习方案，Phong 等[18]基于 Paillier 和带错学习问题(Learning With Error，LWE)的加法同态密码系统提出了一个隐私保护深度学习方案，该方案在不上传本地数据到参数服务器的情况下，实现了参数服务器协助下的所有用户的联合训练。然而方案使用相同的解密密钥，容易将隐私数据泄露给组成员。Zhang 等[40]使用 ElGamal 加密和代理重加密提出了两个隐私保护异步深度学习方案 DeepPAR 和 DeepDPA，DeepPAR 保护了每个参与者的输入隐私，DeepDPA 以轻量级的方式保证了组参与者的后向隐私。该方案在解密过程中需要求解有限域上的离散对数问题,因此需对明文长度进行限制。Ma 等[41]提出了一个基于 ElGamal 加密的隐私保护多方深度学习方案,该方案保护了用户的隐私数据,但是服务器与用户合谋能获得密钥,服务器就可以解密用户所有的加密数据。另外,由于用户参与联合解密,所以要求用户保持在线状态。Hao 等[42]提出了一个基于改进 BGV 的隐私增强联邦学习方案[43],该方案通过移除 BGV 中的密钥转换技术、增大明文空间的方式实现了隐私保护的联邦学习,具有更强的隐私保护安全性,同时每个聚合过程是非交互的。Li 等[44]提出了一个基于 Paillier 和 RSA[45]密码体制的非交互式隐私保护多方机器学习方案(NPMML),该方案支持无用户参与的安全机器学习任务训练,实现了用户非交互的隐私保护多方协同训练,降低了用户的通信代价。

三、隐私保护深度学习相关技术现状的概述

针对本书设计的隐私保护深度学习方案,我们从不同方案的研究目标出发,对隐私保护深度学习的相关技术进行调研和分析。

(一)多密钥同态加密技术

在多密钥隐私保护方案中,Liu 等[46]提出了一个分布式双陷门公钥密码体制(Distributed Two Trapdoors Public-key Cryptosystem, DT-PKC),设计了多密钥环境下的隐私保护外包计算工具包。然而,Li 等[47]指出上述方案在参数设置上有一个错误,同时,指出云服务提供者使用的强私钥降低了数据的安全性。Chen 等[48]提出了一个基于分组密文的 FHE 多密钥变体,并将其应用于不经意神经网络推理中。Li 等[49]提出了一个基于多密钥 FHE(Multi-key FHE,MK-FHE)和双重解密机制的多密钥隐私保护深度学习方案。然而,MK-FHE 存在交互轮数多、密文数据膨胀率高等问题。Ma 等[50]提出了一个具有多密钥的隐私保护深度学习方案(PDLM),该方案使用 DT-PKC 密码体制对多层感知机神经网络进行模型训练,解决了多密钥协同计算问题,但方案效率和分类精度有待提高。

(二)单指令多数据流技术

在同态加密方案的单指令多数据流(Single Instruction Multiple Data, SIMD)并行计算研究中,Juvekar 等[51]提出了安全神经网络预测方案(GAZELLE),设计了一个基于格的 SIMD 同态加密方案,优化了加密交换协

议,实现了更低的延时比[31]。

Xie 等[52]提出了一个基于贝叶斯深度学习和同态加密的安全深度神经网络推理方案(BAYHENN)。该方案采用具有编码函数和 BFV FHE 的可向量化同态加密系统,但激活函数的输出是以明文形式返回给用户的,该过程没有考虑数据在通信过程中的安全性。这些包含 SIMD 技术的密码方案主要应用在 FHE 或基于格的密码体制中。在 SHE 的方案中,Smart 等[53]提出了单个密文向量中编码多个明文值进行 SIMD 并行计算的方法,而 SIMD 技术到目前为止没有用于 PHE 方案中。

(三)梯度下降优化技术

在随机梯度下降(Stochastic Gradient Descent, SGD)优化方案中,Zhang 等[54]提出了一个具有同步和异步模型的弹性平均随机梯度下降(Elastic Averaging SGD, EASGD)算法。然而,该算法要求所有用户拥有整个数据集,并参与整个模型训练,这容易导致用户数据隐私泄露,同时产生较高的通信代价。为了提升训练收敛速度,Wang 等[55]提出了一个慢动量的分布式 SGD 方法,该方法在分布式 SGD 中引入动量项,在基础优化算法多次迭代后,执行动量更新。Liu 等[56]提出了动量联邦学习(Momentum Federated Learning, MFL)算法,该算法利用动量梯度下降(Momentum Gradient Descent,MGD)算法加速模型收敛速度。尽管上述方案基于 SGD 算法进行了优化,但都没有考虑数据隐私泄露的问题。现有的很多方案[18,44]在模型训练或推理过程中考虑了隐私保护问题,但他们只利用 SGD 而没有考虑动量。

(四)数据复杂性、公平性优化技术

针对联邦学习中的用户数据不公平、数据复杂性、数据异质性等问题,Zhao 等[57]提出了一个基于不可靠参与者的隐私保护深度学习方案,该方案利用差分隐私指数机制处理数据质量低的不可靠参与者的数据,利用函数机制扰动神经网络的目标函数,实现了隐私保护的联邦模型训练。但是,在该方案中,敌手可以恢复部分敏感数据,服务器也可以访问每个用户的数据质量信息。Xu 等[30]提出了一个隐私保护联邦深度学习方案,以减少持有部分错误数据的不规则用户的影响,方案保护了所有用户相关信息的隐私和每个用户的数据质量信息。然而,该方案增加了一个额外的服务器和一个可信的第三方,这使得系统附加了额外资源,同时导致了系统的不安全性。Mohri 等[58]提出了一个数据依赖的 Rademacher 复杂度保证的不可知论联邦学习框架,以产生公平的概念。然而,对于某些物联网应用来说，确定客户相似性的额外知识可能是不切实际的，还可能导致隐私泄露。Pang 等[59]提出了一个基于强化学习的物联网自组织联邦学习方案。为了避免低可用性数据的客户端参与，该方案提出了一个具有识别异质性的基于强化学习（RL）的智能中心服务器，通过建立一个具有最优性能的客户端联盟，为客户端生成一个具有高性能增量的协作方案，但是增加了协作方案过程中的通信代价。此外，当服务器从所有用户处获取所有参数时，可能会导致较长的等待时间。

第三节　研究工作

现有隐私保护深度学习方案尽管已经取得了很大的进展，但仍然存在很多问题，比如，部分复杂的非线性函数密文无法计算、一些非线性函数近似计算导致训练误差、密文模型训练收敛速度慢，多密钥无法协同计算或现有多密钥方案训练效率低，缺少有效的密码技术以构造高效的安全协议，物联网环境下联邦深度学习中同态密文通信开销大、通信中断及数据质量无法保证。

针对多层感知网络中的非线性函数，如代价函数（交叉熵、最大似然）等密文无法直接计算、现有方案[49,50,60,61]中 sigmoid 采用泰勒级数只在一个点展开或者取前三项或前四项导致的训练误差等问题，设计一个隐私保护图像分类深度学习训练方案。对于部分复杂函数密文无法直接计算的问题，可以通过双服务器模型协同及加盲因子的方式实现深度学习中复杂函数的密文训练；对于 sigmoid 泰勒单点展开影响训练准确率的问题，采用基于泰勒展开的分段函数构建 sigmoid 泰勒逼近的方式实现。

针对现有隐私保护深度学习方案中未考虑多密钥协同计算、现有多密钥隐私保护深度学习训练效率低等问题，设计了一个基于同态重加密的隐私保护深度学习方案。针对多密钥协同计算难问题，设计了一个基于 BCP 加密的同态重加密方案，该方案通过将不同公钥下的密文转换为相同公钥下的密文，实现了多密钥下多方协同计算；针对现有方案中 MK-FHE 体制导致的训练效率低的问题，可以使用改进的加密方案和提出的安全协议工具包来解决。

针对现有多密钥联邦学习的加密方案效率低、PHE 方案无法对矩阵并行计算、隐私保护联邦学习训练过程中收敛速度慢等问题，提出了一个高效实用的隐私保护联邦学习方案。针对多密钥联邦学习的加密方案效率低的问题，提出了一个改进的升幂分布式 ElGamal 密码体制。对于 PHE 方案无法对矩阵并行计算问题，提出了一个高效的部分单指令多数据流的同态加密并行计算的方法；对于联邦学习中收敛速度慢的问题，通过改进原有的隐私保护联邦学习方案为含有MGD的隐私保护联邦学习方案，实现了隐私保护联邦学习的快速收敛。

在物联网环境下，针对隐私保护联邦学习中的同态密文通信代价高、通信易中断及数据质量无法保证等问题，提出了一个动态化公平性的隐私保护联邦学习方案。对于同态密文通信代价高的问题，采用EC-ElGamal同态加密方案及设计的多密钥EC-ElGamal密码体制，依据它们密钥长度短的特性来降低通信代价；针对通信中断或用户动态加入退出的问题，提出了用户动态加入退出算法；针对数据质量无法保证的问题，提出了联邦和优化算法来保证训练数据的数据质量。

总的来说，本书针对上述问题，设计多参与方网络环境下隐私保护深度学习方案，完成的主要工作如下。

(1)针对图像分类深度学习过程中隐私泄露、现有部分复杂的非线性函数密文无法计算、密文训练过程中导致的训练误差等问题，提出了一个新的隐私保护图像分类深度学习方案(Privacy-preserving image classification deep learning, PIDL)，该方案在双服务器模型下通过Paillier同态加密方案保护训练和分类阶段的数据和模型隐私。首先，设计了安全计算工具包，通过封包调用的方式来提高计算速度和减少交互轮数。其次，提出了基于sigmoid+交叉熵函数的PIDL(PIDL based on sigmoid and cross-entropy functions, PIDLSC)方案和基于softmax+最大似然函数的PIDL(PIDL based on softmax and log-likelihood functions, PIDLSL)方案，这两种方案保护了模型训练过程中的数据和模型隐私。最后，分析了方案的正确性和安全性，评估了方案的性能。结果表明，该方案在深度学习模型中是安全的、正确的，尽管在模型训练过程中，双服务器交互轮数较多，但本方案与现有方案相比，具有较低的通信代价和较高的准确率。

(2)针对隐私保护深度学习方案中多密钥协同计算难、现有多密钥方案训练效率低等问题，使用BCP(Bresson-Catalano-Pointcheval, BCP)加密和同态重加密构造一个隐私保护深度学习方案，该方案在训练过程中保护了输入隐私、模型隐私和推理结果隐私。首先，提出了一个基于BCP密码体制的同态重加密方案，实现了将不同公钥下的密文转换为相同公钥下的密文，确保用相同的公钥进行密文训练和密文推理。为了提高训练效率，采用BCP加密算法对输入数据进行加密，与之前的多密钥相关工作相比，该加密算法具有更高的运行效率。此外，构建了安全乘法协议和安全比较协议等安全协议工具包，通过封包调用的方式加快了计算速度和减少了交互轮数。安全分析和性能评估表明，该方案在保证安全性的同时，具有较高的加解密效率。

(3)针对联邦深度学习中多参与方密文协同计算难、隐私保护联邦学习训练收敛速度慢等问题，提出了一个实用、高效的隐私保护联邦深度学习方案。第一，提出了一种改进的升幂分布式 ElGamal 密码体制，用户通过使用聚合服务器生成的联合公钥对数据进行加密，解密过程通过自己的私钥和去除随机数的方法实现解密，该密码体制避免了多用户或多服务器的合谋问题，解决了含训练器的多用户、多密钥的协同计算问题，实现了多密钥下的隐私保护联邦深度学习。第二，该方案通过使用含训练器的联邦学习框架，实现了用户离线功能，用隐私保护的 MGD 方式加快了密文训练收敛速度，同时，保护了所有用户和训练器的输入数据、模型数据和预测结果的隐私。安全分析和性能评估表明，该方案是安全的、高效的，并为用户和训练器提供了较低的通信代价和计算代价。

(4)针对联邦学习中通信代价高、通信易中断及数据质量无法保证等问题，提出了一个基于 EC-ElGamal 和多密钥 EC-ElGamal 密码体制(Multiple key EC-ElGamal cryptosystem, MEEC)的动态化公平性的隐私保护联邦学习方案。第一，设计了多密钥 EC-ElGamal 同态加密方案，尽管该加密方案需要在同一代数结构下进行加密，但可以提高加密效率，降低通信代价和计算代价。第二，提出了用户动态退出和加入算法，算法允许参与者动态退出或加入训练过程。第三，设计了一个联邦和优化算法，服务器通过该算法获得高质量数据来计算联邦和，然后训练器获得联邦和并求出联邦平均后在本地进行模型训练。尽管该算法容易受数据集的影响，但避免了数据质量低、影响准确率的问题。最后，我们分析了该方案的安全性，并评估了其性能。结果表明，该方案在保证安全性的同时，提高了加解密的效率，降低了通信代价。

(5)针对工业物联网的机器人系统中存在的隐私保护问题及第三章隐私保护深度学习模型训练过程中的问题，提出了工业物联网的机器人系统中的隐私保护图像多分类深度学习模型，该方案在双云模型下通过 Paillier 同态加密在训练阶段和推理阶段保护了数据和模型的隐私。为了提高效率，选择两组激活函数和代价函数来提高训练过程中的分类性能，提出了机器人系统下基于 sigmoid+交叉熵函数的 PIDLSC 方案和基于 softmax 和 log－likelihood 函数的 PIDLSL 方案。为了提高计算速度,设计了安全计算工具包来满足方案的要求。结果表明,所提出的方案在深度学习模型中是安全的、正确的,同时具有较低的通信代价。

(6)针对机器人系统中存在的隐私保护问题及第 2 个研究方案中隐私保护深度学习模型中存在的问题,利用 BCP 密码体制和基于 BCP 密码体制的同态重加密方案,设计了一机器人系统下多密钥隐私保护深度学习模型,该模型在训练过程中保护了机器人系统下隐私保护深度学习训练模型的输入隐私、模型隐私和输出隐私。首先,将 BCP 密码体制的同态重加密方案用于密文深度学习训练,解决了不同公钥下密文转换为相同公钥下密文的问题,实现了用相同的联合公钥进行密文计算。为了提高效率,利用 BCP 密码体制对输入数据进行加密,这比之前的多密钥相关工作效率更高。此外,构建了安全乘法协议和安全比较协议等安全协议工具包,以加快计算速度,实现高效密文计算。最后,通过安全性分析和性能评估,结果表明该方案在保证安全性的同时,具有较高的加解密运行效率优于比较方案。

上述前 4 个工作的相互关系如图 1-1 所示。四个研究工作研究的都是隐私保护深度学习,第一个和第二个研究工作是基于双云/双服务器模型下的隐私保护深度学习,分别从多用户的单密钥和多密钥场景下进行研究;第三个和第四个研究工作是基于联邦模型下的隐私保护深度学习,对联邦学习现有方案存在的收敛速度慢、用户动态化和数据不公平性等问题进行了研究。最后两个研究工作为具体场景下应用的研究方案。

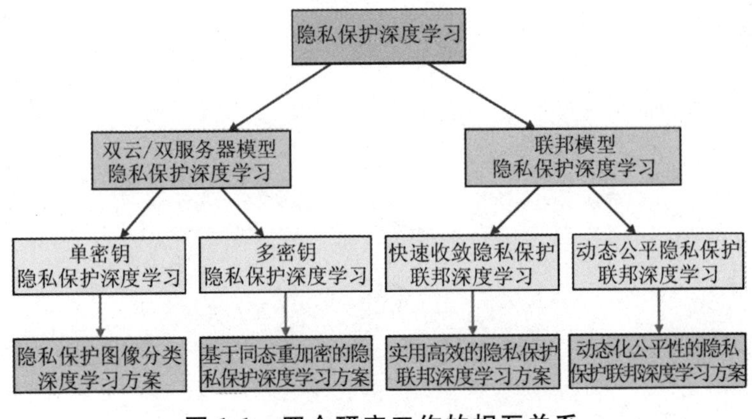

图 1-1　四个研究工作的相互关系

第二章

预备知识

本章介绍的是本书用到的深度学习、联邦学习、可证明安全、同态加密、安全多方计算等方面的基础知识。

第一节　深度学习

深度学习是机器学习的一个子类，它使计算机能够从经验中学习，并以概念层次结构的方式理解世界，其目的在于建立模拟人脑进行分析学习的神经网络，从而模仿人脑机制来解释数据，如图像、声音和文本。神经网络包括深度神经网络(Deep Neural Networks, DNNs)、卷积神经网络(Convolutional Neural Networks, CNNs)[62]和循环神经网络(Recurrent Neural Networks, RNNs)[36]等。DNNs是一种通用的神经网络架构，可以用于各种应用中，例如，图像处理、目标检测等。本书提出的几个方案主要选择多层感知机神经网络、CNNs和联邦学习作为基础训练网络来研究隐私保护深度学习。

一、多层感知机神经网络

多层感知机(Multilayer perceptron, MLP)神经网络是一类具有三层或三层以上的阶层型神经网络。典型的MLP是三层的阶层网络，即含有输入层、隐含层和输出层，相邻层的各神经元之间实现全连接。如图2-1所示的是具有两个隐含层的神经网络。

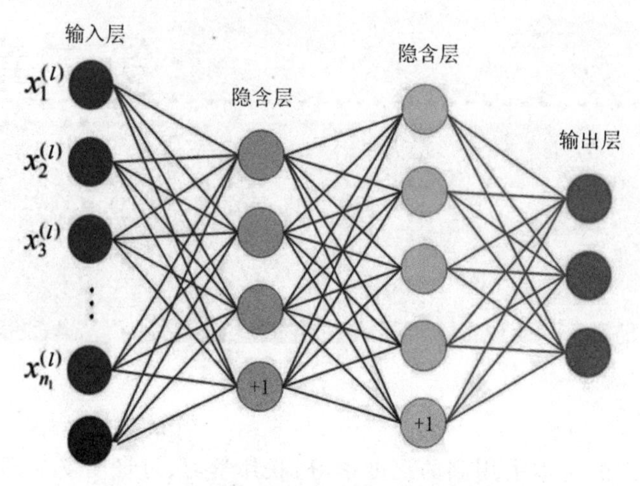

图 2-1　具有两个隐含层的神经网络

在 MLP 神经网络中，输入层的神经元包含输入数据的信息。隐含层神经元通过权重向量 w 与前一层神经元连接，每个神经元（偏置和输入神经元除外）可以通过激活函数计算输出值。MLP 神经网络包含正向传播和误差反向传播两个过程。其中，在模型训练阶段包含正向传播和误差反向传播过程，在模型预测阶段只包含正向传播过程，不包含误差反向传播过程。

（一）正向传播过程

在 L 层 MLP 神经网络中，定义输入样本的属性（或特征）数为 d，所有可能的输入样本集为 $X = \{x = (x_1, \cdots, x_d)\} \subset \mathbb{R}^d$。在正向传播过程中，设输入样本 $x = (x_1, \cdots, x_d) \in X$，对于 $l = 1, \cdots, L-1$，记第 l 层的神经元的输入向量为 $x^{(l)} = (x_1^{(l)}, \cdots, x_{n_l}^{(l)}) \in \mathbb{R}^{n_l}$，并初始化第 1 层的输入为 $x^{(1)} = x$。设对应真实的输出集为 $Y = \{y = (y_1, \cdots, y_{n_L})\} \subset \mathbb{R}^{n_L}$。对于给定的输入样本 $x \in X$，设真实值（输入样本的标记）为 $y = (y_1, \cdots, y_{n_L}) \in Y$。设第 l 层到第 $l+1$ 层的第 i 个神经元的权重向量为 $w_i^{(l)} = (w_{i1}^{(l)}, \cdots, w_{in_l}^{(l)})^T$，对应的偏置为 $b_i^{(l)}$，则从第 l 层到第 $l+1$ 层的权重矩阵为 $W^{(l)} = (w_1^{(l)}, \cdots, w_{n_{l+1}}^{(l)})$，偏置向量为 $b^{(l)} = (b_1^{(l)}, \cdots, b_{n_{l+1}}^{(l)})$。其中：

$$z^{(l+1)} = x^{(l)} W^{(l)} + b^{(l)} \tag{2-1}$$

依据神经元的输入值，用激活函数 $f(\cdot)$ 计算第 $l+1$ 层 n_{l+1} 个神经元的输出向量 $x^{(l+1)} = f(z^{(l+1)})$。

目前，在深度学习中常见的激活函数有[18]如下几种。

$$[\text{ReLU}] \quad f(z)=\max(0,z)$$

$$[\text{sigmoid}] \quad f(z)=\frac{1}{1+e^{-z}}$$

$$[\tanh] \quad f(z)=\frac{e^{z}-e^{-z}}{e^{z}+e^{-z}}$$

$$[\text{softmax}] \quad f(z)=\frac{e^{z_i}}{\sum_k e^{z_k}}$$

L 层 MLP 神经网络的输出层为 $x^{(L)} \in \mathbb{R}^{n_L}$，通过上述讨论不难发现，最终的输出层的输出 $x^{(L)}$ 是关于第一层输入 $x^{(1)}=x$ 的函数，记为 $x^{(L)}(x)$。使用代价函数 C 对参数进行训练，使输出逼近真实值 $y=(y_1,\cdots,y_{n_L})\in Y$。深度学习的学习目标是训练参数使代价函数 C 最小，该代价函数包括交叉熵、平方误差和最大似然(log-likelihood)等。交叉熵代价函数为[63]：

$$C=-\frac{1}{d}\sum_{i=1}^{n_L}\sum_{x\in X}[y_i \ln x_i^{(L)}(x)+(1-y_i)\ln(1-x_i^{(L)}(x))] \tag{2-2}$$

平方误差代价函数为：

$$C=\frac{1}{2d}\sum_{i=1}^{n_L}\sum_{x\in X}(x_i^{(L)}(x)-y_i)^2 \tag{2-3}$$

最大似然代价函数为：

$$C=-\sum_{i=1}^{n_L}\sum_{x\in X} y_i \log x_i^{(L)}(x) \tag{2-4}$$

为了将模型训练参数引入 SGD，从而解决代价函数的优化问题。SGD 中参数设置规则按 $w_{ij}^{(l)}-\eta\partial C/\partial w_{ij}^{(l)}$ 更新后赋值为 $w_{ij}^{(l+1)}$，即：

$$w_{ij}^{(l+1)}=w_{ij}^{(l)}-\eta\frac{\partial C}{\partial w_{ij}^{(l)}} \tag{2-5}$$

其中，η 是学习率，$\partial C/\partial w_{ij}^{(l)}$ 是代价函数 C 关于权重 $w_{ij}^{(l)}$ 的梯度。

(二)误差反向传播过程

在误差反向传播中，利用链式法则将代价函数的分量误差分配到每个神经元，以更新权重和偏置[50]。算法 1 描述了神经网络中正向传播和误差反向传播的训练过程。其中，W 表示权重矩阵，b 表示偏置向量，$\delta_i^{(l+1)}$ 是代价函数 C 对 $z_i^{(l+1)}$ 的梯度，又称神经单元误差，即 $\delta_i^{(l+1)}=\partial C/\partial z_i^{(l+1)}$，$\delta_j$ 中的 j 是第 i 层的前一层，δ 为代价函数 C 关于权重或者偏置的梯度。

算法1 MLP神经网络训练模型

输入：输入样本集 X，真实输出集 Y，代价函数 C，误差阈值 τ，学习率 η

输出：更新参数值 $\{W,b\}$

正向传播过程：

for $l=1,2,\cdots,L-1$ do

$z^{(l+1)}=x^{(l)}W^{(l)}+b^{(l)}$；

$x^{(l+1)}=f(z^{(l+1)})$；

end for

$$C=-\frac{1}{d}\sum_{i=1}^{n_L}\sum_{x\in X}[y_i\ln x_i^{(L)}(x)+(1-y_i)\ln(1-x_i^{(L)}(x))]；$$

误差反向传播过程：

if $C>\tau$ then

用输出层的sigmoid函数计算梯度 $\delta_i^{(L)}=\frac{1}{d}(x_i^{(L)}(x)-y_i)$；

用隐含层的ReLU函数计算梯度 $\delta_j^{(l)}=\delta_i^{(l+1)}$ or 0；

计算和更新权重和偏置：

$W:=W-\eta\delta$；

$b:=b-\eta\delta$；

else break；

end if

二、深度学习函数的选择

在深度学习中，代价函数和激活函数的不同组合直接影响着训练过程中的特征提取和训练收敛速度。目前，sigmoid激活函数和平方误差代价函数在许多研究[40,49,64]中被使用，但当边缘神经元的输出接近1时，sigmoid激活函数的曲线趋于平缓，导致sigmoid激活函数的导数 $f'(z)$ 变化很小。由于平方误差代价函数在权重或偏置的梯度中存在 $f'(z)$，致使梯度变化也很小，从而影响了学习收敛速度。交叉熵代价函数关于权重或偏置的梯度中由于没有导数项，避免了学习速度收敛慢的问题[63]。因此，当输出神经元采用 sigmoid 激活函数时，交叉熵代价函数是较好的选择。Softmax 激活函数与最大似然代价函数的组合选择类似于 sigmoid 激活函数与交叉熵代价函数的组合，在梯度中不存在 $f'(z)$，学习收敛速度相对较快。因此，我们选择 sigmoid 激活函数＋交叉熵函数和 softmax 激活函数＋最大似然函数构造两种基于同态加密的隐私保护深度学习方案。

在 MLP 神经网络的训练过程中，通过选择合适的激活函数和代价函数，从而提高训练收敛速度；通过正向传播和误差反向传播过程，训练得到每个权重和偏置参数。在正向传播过程中，激活函数计算神经网络的神经元输出，代价函数计算网络误差。在误差反向传播过程中，该误差通过反向传播的方式分发到每个神经元上。根据误差反向传播方法，首先计算出各层的神经单元误差 δ_j，依据神经单元误差计算代价函数关于权重和偏置的偏导数并求出权重和偏置的总梯度。最后，用梯度下降法依据计算出的总梯度更新权重和偏置。算法 2 和算法 3 描述了基于 sigmoid 激活函数和交叉熵的含两个隐含层的四层网络的正向传播和误差反向传播过程，这两个算法是算法 1 的具体化实例。为了更好的区分权重或偏置的梯度，算法 3 中将 ∇ 用于代价函数关于权重或偏置的总梯度中[50]。

算法 2 基于 sigmoid 激活函数和交叉熵的正向传播过程

输入：输入样本集 X，真实输出集 Y

输出：代价函数 C

初始化参数 $\{W^{(1)}, W^{(2)}, W^{(3)}, b^{(1)}, b^{(2)}, b^{(3)}\}$；

for $l=1,2,3$ do

$\mathbf{z}^{(l+1)} = \mathbf{x}^{(l)} W^{(l)} + b^{(l)}$；

$\mathbf{x}^{(l+1)} = f(\mathbf{z}^{(l+1)})$；

end for

$x_i^{(L)}(\mathbf{x}) = x_i^{(4)}$；

$$C = -\frac{1}{d}\sum_{i=1}^{n_L}\sum_{x\in X}[y_i \ln x_i^{(L)}(x) + (1-y_i)\ln(1-x_i^{(L)}(\mathbf{x}))].$$

算法 3　基于 sigmoid 激活函数和交叉熵的反向传播学习过程

输入：输入样本集 X，真实输出集 Y，代价函数 C，误差阈值 τ，学习率 η

输出：参数值 $\{W^{(1)}, W^{(2)}, W^{(3)}, b^{(1)}, b^{(2)}, b^{(3)}\}$

if $C > \tau$ then

for $i = 1, \cdots, n_4$ do

$\delta_i^{(4)} = \frac{1}{d}(x_i^{(4)}(x) - y_i)$；

$\nabla b_i^{(3)} = \nabla b_i^{(3)} + \delta_i^{(4)}$；

end for

for $l = 2, 3$ do

for $j = 1, \cdots, n_l$ do

for $i = 1, \cdots, n_{l+1}$ do

if $\partial f / \partial z_i^{(l+1)} = 1$ then

$\delta_j^{(l)} = \delta_i^{(l+1)}$；

else $\delta_j^{(l)} = 0$；

$\nabla b_j^{(l-1)} = \nabla b_j^{(l-1)} + \delta_j^{(l)}$；

endif

end for

end for

end for

for $l = 1, 2, 3$ do

for $j = 1, \cdots, n_l$ do

for $i = 1, \cdots, n_{l+1}$ do

$\nabla w_{ij}^{(l)} = \nabla w_{ij}^{(l)} + x_{ij}^{(l)} \delta_i^{(l+1)}$；

$w_{ij}^{(l)} = w_{ij}^{(l)} - \eta \nabla w_{ij}^{(l)}$；

end for

$b_i^{(l)} = b_i^{(l)} - \eta \nabla b_i^{(l)}$；

end for

end for

else break；

endif

在这两个算法中,神经网络考虑有 1 个输入层,2 个隐含层,1 个输出层,它们分别有 n_1,n_2,n_3,n_4 个节点。如果在训练过程中使用 softmax 激活函数+最大似然代价函数,那么正向传播算法中的代价函数修改为 $C=-\sum_{i=1}^{n_L}\sum_{x\in X}y_i\log x_i^{(L)}(x)$ 和反向传播算法中的梯度修改为 $\delta_i^{(4)}=-y_i(1-x_i^{(4)}(x))$ 。

三、联邦学习

联邦学习[65]指参与方在不上传本地数据的前提下,与服务器协作实现联合建模。联邦学习在一定程度上解决了数据孤岛及数据隐私保护问题,目前被广泛研究和推广。联邦学习的概念曾以不同的形式出现过,如面向隐私保护的深度学习、协作式深度学习、分布式深度学习、联邦深度学习等。

根据训练数据在不同参与方之间的数据特征空间和身份 ID 样本空间的分布情况[65],将联邦学习划分为横向联邦学习、纵向联邦学习和联邦迁移学习。横向联邦学习也称为按样本划分的联邦学习,适用于联邦学习的各个参与方的数据集具有部分相同的特征空间和不同的样本空间的场景,类似于在表格视图中将数据水平进行划分的情况。纵向联邦学习被称为按特征划分的联邦学习,适用于联邦学习的各个参与方的数据集上具有部分相同的样本空间和不同的特征空间的场景,类似于在表格视图中将数据垂直划分的情况。联邦迁移学习是将联邦学习和迁移学习技术结合,适用于两个数据集的重叠较少、样本空间不同且特征空间也有很大差异的场景,是一种为跨领域知识迁移提供解决方案的技术。横向联邦学习是目前研究的热点,本文主要使用横向联邦学习架构设计分布式深度学习的相关方案。

(一)横向联邦学习

在横向联邦学习[65]的架构中,具有相同数据结构的 n 个参与方与聚合服务器协作地训练一个深度学习模型,最终获得一个共享的模型或梯度参数。横向联邦学习训练过程包括以下步骤。

(1)各参与方在本地计算模型或梯度,然后使用同态加密、差分隐私或秘密共享等技术将模型或梯度进行处理,并将处理后的结果发送给聚合服务器。

(2)聚合服务器使用联邦平均、异步聚合等方式对模型或梯度进行安全聚合。

(3)聚合服务器将聚合后的结果发送给各参与方。

(4)各参与方对收到的模型或梯度进行处理,并使用处理后的模型或梯度更新各自的模型或梯度参数。

典型的横向联邦学习架构示例如图 2-2 所示,以同态加密梯度为例。上述步骤需反复迭代进行,直到损失函数收敛或者达到预置的迭代次数或允许的训练时间,从而获得最优权重。这种架构适用于深度神经网络。

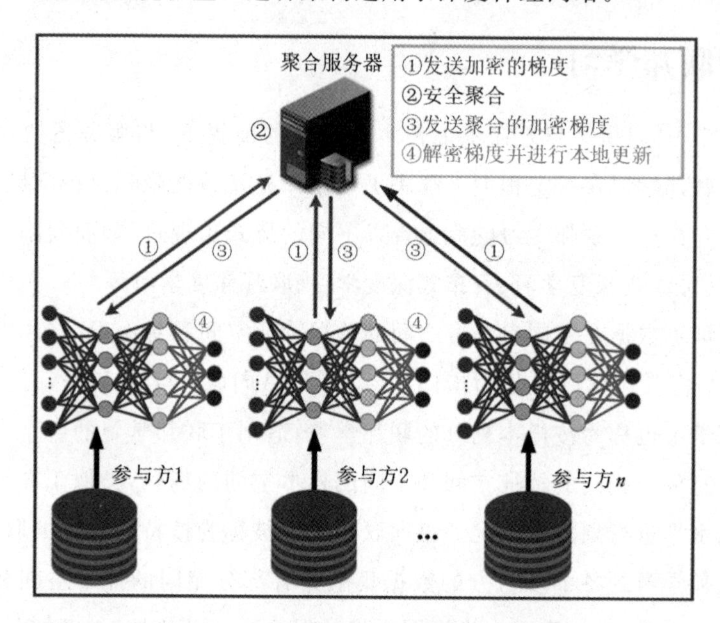

图 2-2 典型的横向联邦学习架构

(二)损失函数

在联邦学习中,为了实现最优权重矩阵 $W^* \triangleq \text{argmin}L(W)$,模型需要训练获得最小的损失函数 $\min L(W)$,其中,损失函数是代价函数中单个训练样本上的误差,W 是权重矩阵。以第五章的联邦学习模型(图 5-1)为原型,方案引入训练器以减少用户的交互。具体地,设有 M 个训练器 $T_1, T_2, \cdots, T_M$,每个训练器 T_k 有一个训练数据集 $D_k = \{(x_i, y_i) \mid i = 1, 2, \cdots, \# D_k\}$, $x_i = (x_{i1}, \cdots, x_{id})^T$, $y_i = (y_{i1}, \cdots, y_{ic})^T$,其中 x_i 和 y_i 分别表示输入样本的特征向量和输入样本的标记, $\# D_k$ 是第 k 个训练器的采样数量,则在

$D = D_1 \cup D_2 \cup \cdots \cup D_M (D_i \cap D_j = \varnothing, i \neq j)$

上所有数据集的损失函数 $L(W)$ 表示为[6,66]:

$$L(W) \triangleq \frac{\sum_{k=1}^{M} \# D_k L_k(W)}{\# D} \tag{2-6}$$

其中，$\# D$ 表示总采样数量为 $\# D = \sum_{k=1}^{M} \# D_k$ ，$L_k(W)$ 是第 k 个训练器在训练集 D_k 上的目标函数（最终需要优化的函数），该函数表示为：

$$L_k(W) \triangleq \frac{1}{\# D_k} \sum_{i=1}^{\# D_k} C(W;(x_i, y_i)) \tag{2-7}$$

其中，$C(\cdot;\cdot)$ 是具体的损失函数，如平方误差损失函数、交叉熵损失函数、最大似然损失函数。当服务器与训练器经过反复迭代，最终获得最小损失函数 $\min L(W)$，从而获得最优权重矩阵 W^* 。

(三)动量梯度下降算法

MGD[56]是在 SGD[67]方式基础上改进的一种梯度下降算法，该方式引入了动量项，与 SGD 相比加速了收敛，则 MGD 的训练过程如下所述。

1. 本地更新

在本书第五章的隐私保护联邦学习方案中，第 k 个训练器在本地的更新规则如下：

$$\begin{aligned} V_{t+1}^{(k)} &= \mu V_t^{(k)} + \nabla L(W_t^{(k)}) \\ W_{t+1}^{(k)} &= W_t^{(k)} - \eta V_{t+1}^{(k)} \end{aligned} \tag{2-8}$$

其中，$V_t^{(k)}$ 是第 k 个训练器上的第 t 个迭代的动量矩阵，t 是迭代索引，μ 是动量因子，η 是学习率，$W_t^{(k)}$ 是第 k 个训练器上的第 t 个迭代的权重矩阵。

因此，每个训练器使用上述规则更新本地动量矩阵 V 和本地权重矩阵 W ，并将更新后的动量矩阵和权重矩阵返回给聚合服务器进行聚合。

2. 全局聚合

聚合服务器从 M 个训练器获得所有动量矩阵和权重矩阵后，计算动量矩阵和权重矩阵的聚合平均如下所示：

$$\begin{aligned} \overline{V_{t+1}} &= \frac{\sum_{k=1}^{M} \# D_k V_{t+1}^{(k)}}{\# D} \\ \overline{W_{t+1}} &= \frac{\sum_{k=1}^{M} \# D_k W_{t+1}^{(k)}}{\# D} \end{aligned} \tag{2-9}$$

其中，$\overline{V_{t+1}}$ 是 M 个训练器的动量矩阵平均，$\overline{W_{t+1}}$ 是 M 个训练器的权重矩阵平均。

第二节 可证明安全

一、选择明文攻击下的不可区分性

公钥加密方案 $\Pi=(\text{KeyGen},\text{Enc},\text{Dec})$ 在选择明文攻击下的不可区分性游戏定义[68]如下：

挑战者产生系统，敌手 A 得到公钥，产生明文并得到密文。敌手输出 2 个长度相同的明文 m_0^*，m_1^* 给挑战者。挑战者随机选择 $\beta \leftarrow_R \{0,1\}$，加密 m_β^* 得到密文 C^*，并发送给敌手。敌手输出 β'，如果 $\beta'=\beta$，说明敌手攻击成功。敌手的优势可定义为参数 K 的函数，其形式化描述如下：

$$\text{Adv}_{\Pi,A}^{\text{IND-CPA}}(K)=\left|\Pr\left[\beta'=\beta \;\middle|\; \begin{array}{c}(pk,sk)\leftarrow \text{KeyGen}(K);\\ (m_0^*,m_1^*)\leftarrow A;\\ \beta\leftarrow_R\{0,1\},C^*=\text{Enc}_{pk}(m_\beta^*);\\ \beta'\leftarrow A(pk,C^*);\end{array}\right]-\frac{1}{2}\right|$$

其中，K 是安全参数，用来确定加密方案密钥的长度。如果敌手的优势关于安全参数 K 是可忽略的，则称这个加密算法是语义安全的，或者称为在选择明文攻击下具有不可区分性（Indistinguishability under chosen-plaintext attack，IND-CPA）。

二、困难问题

在本书后面章节中用到的几个加密方案中，涉及几个困难问题。在本小节中，我们将介绍本论文中用到的几个经典困难问题。

定义 1（离散对数（Discrete logarithm，DL）问题）：设 $\mathbb{G}$是阶为大素数 p 的群，已知 $g,h\in\mathbb{G}$，g 是$\mathbb{G}$的一个生成元，求解 $x\in\mathbb{Z}_p^*$ 使得$h=g^x$。这个问题称为 DL 问题。

定义 2（判定性 Diffie-Hellman（Decisional Diffie-Hellman，DDH）问题）：设 $\mathbb{G}$是阶为大素数 p 的群，g 是 $\mathbb{G}$的一个生成元，对于随机的两个四元组 $R=(g,g^x,g^y,g^z)\in G^4$ 和 $D=(g,g^x,g^y,g^{xy})\in G^4$，其中 $x,y,z\in\mathbb{Z}_p$，判断 $z=xy$ 是否成立，这个问题称为 DDH 问题。

定义 3(椭圆曲线离散对数问题(Elliptic Curve Discrete Logarithm Problem, ECDLP)):设 $E(F_p)$ 是定义在素域 F_p 上的椭圆曲线,椭圆曲线上点构成的群的阶为 q ,给定 P 和 Q ,求解 $d \in \mathbb{Z}_q^*$ 使得 $P = dQ$ 。这个问题称为 ECDLP。

定义 4(椭圆曲线判定性 Diffie-Hellman(Elliptic Curve Decisional Diffie-Hellman, ECDDH)问题):设 $E(F_p)$ 是定义在素域 F_p 上的椭圆曲线,椭圆曲线上点构成的群的阶为 q ,对于随机的两个四元组 $R' = (Q, aQ, bQ, cQ)$ 和 $D' = (Q, aQ, bQ, abQ)$,其中 $a, b, c \in \mathbb{Z}_q^*$,判断 $c = ab$ 是否成立。这个问题称为 ECDDH 问题。

三、理想/现实模型

理想/现实模型[69]是诚实且好奇模型(半诚实模型)中安全两方计算的一种定义。理想模型除了有两个参与方,引入了一个可信的第三方参与计算。在该模型中,敌手攻击现实模型中的实际协议所得可以通过攻击相应的理想模型模拟。这里的模拟是对两个参与方的联合视图的模拟。

定义 1(半诚实模型中的安全性):设功能函数 $F: \{0,1\}^* \times \{0,1\}^* \rightarrow \{0,1\}^* \times \{0,1\}^*$, $F(x, y)$ 的两个分量是 $f_1(x, y)$ 和 $f_2(x, y)$, Π 是计算 F 的两方协议, z 表示辅助输入。$\bar{A} = (A_1, A_2)$ 表示实际协议中两个参与方采用的概率多项式时间算法。将参与方 A_1 执行协议过程中的视图记为 $A_1(\mathrm{VIEW}_1^{\Pi}(x, y), z)$,将参与方 A_2 执行协议过程中的视图记为 $A_2(\mathrm{VIEW}_2^{\Pi}(x, y), z)$,协议的整体输出记为 $\mathrm{OUTPUT}^{\Pi}(x, y)$ 。现实环境中实际协议 Π 关于 $\bar{A}$ 的两个算法的联合执行表示为:

$$\mathrm{REAL}_{\Pi, \bar{A}(z)}(x, y) = (\mathrm{OUTPUT}^{\Pi}(x, y), A_1(\mathrm{VIEW}_1^{\Pi}(x, y), z), A_2(\mathrm{VIEW}_2^{\Pi}(x, y), z))$$

其中 $x, y, z \in \{0,1\}^*$,满足 $|x|_2 = |y|_2$ 且 $|z|_2 = \mathrm{poly}(|x|_2)$ 。

令 $\bar{B} = (B_1, B_2)$ 表示理想模型中两个参与方采用的概率多项式时间算法。理想模型中至少存在一个诚实方,将可信第三方发送的输出作为诚实方的输出。理想模型中函数 F 对于 $\bar{B}$ 的两个算法的联合执行表示为:

$$\mathrm{IDEAL}_{F, \bar{B}(z)}(x, y) = (F(x, y), B_1(x, f_1(x, y), z), B_2(y, f_2(x, y), z))$$

对于现实模型中的算法 $\bar{A} = (A_1, A_2)$,存在理想模型中的算法 $\bar{B} = (B_1, B_2)$,

满足：

$$\{\mathrm{IDEAL}_{F,\bar{B}(z)}(x,y)_{x,y,z}\} \overset{c}{\approx} \{\mathrm{REAL}_{\Pi,\bar{A}(z)}(x,y)_{x,y,z}\}$$

其中，$\overset{c}{\approx}$ 表示计算不可区分。协议 Π 称为在半诚实模型中安全计算功能函数 F 。

第三节 同态加密

一、Paillier 密码体制

Paillier[70] 密码体制具有加法同态性质。该密码体制包含以下算法。

密钥生成算法(KeyGen)：随机生成两个固定长度的大素数 p 和 q ，计算 $N=pq$ 和 $\lambda=\mathrm{lcm}(p\text{-}1,q\text{-}1)$ ，$\mathrm{lcm}(\cdot,\cdot)$ 表示最小公倍数，定义函数 $L(x)=(x-1)/N$ 。均匀随机选择 $g \in \mathbb{Z}_{N^2}^*$ 满足：

$$\gcd(L(g^{\lambda} \bmod N^2),N)=1 \tag{2-10}$$

其中 $\gcd(\cdot,\cdot)$ 是最大公因数。令公钥 pk 是(N , g)，私钥 sk 是 λ 。

加密算法(Enc)：给定明文 $m \in \mathbb{Z}_N$ ，均匀随机选择 $r \in \mathbb{Z}_N^*$ ，获得明文 m 的密文 $E(m)$ 如下式所示：

$$E(m)=g^m r^N \bmod N^2 \tag{2-11}$$

解密算法(Dec)：已知密文 $E(m)$ 和私钥 λ ，解密密文 $E(m)$ 获得明文 m ：

$$m=\frac{L(E(m)^{\lambda} \bmod N^2)}{L(g^{\lambda} \bmod N^2)} \bmod N \tag{2-12}$$

Paillier 加密方案具有如下的加法同态性质。

加法同态性：给定两个密文 $E(m_1)$，$E(m_2)$ ，任意 $t \in \mathbb{N}$ ，Paillier 的加法同态性质如下式：

$$D(E(m_1)E(m_2) \bmod N^2)=m_1+m_2 \bmod N$$
$$D(E(m_1)^t \bmod N^2)=tm_1 \bmod N \tag{2-13}$$

二、BCP 密码体制

BCP 密码体制[71]是具有主解密和用户解密两种解密机制的一种同态加密算法。主私钥可以解密任何密文，用户私钥可以解密对应公钥加密的密文。该密码体制包含以下算法。

密钥生成算法(KeyGen)：设 p,q,p',q' 是满足 $p=2p'+1$ 和 $q=2q'+1$ 的素数，计算 $N=pq$。均匀随机选取 $\alpha\in\mathbb{Z}_{N^2}^*$，计算 $g=\alpha^2 \bmod N^2$ 和 $g^{p'q'}=1+kN \bmod N^2$，其中 $k\in\{1,2,\cdots,N-1\}$。均匀随机选择 $a\in\mathbb{Z}_{pp'qq'}^*$，计算 $h=g^a \bmod N^2$。主私钥是 $mk=(p',q',k)$，用户公钥是 $pk=(N,g,h)$，用户私钥是 $sk=a$。

加密算法(Enc)：给定一个明文 $m\in\mathbb{Z}_N$，均匀随机选择 $r\in\mathbb{Z}_{N^2}$，计算密文 (A,B) 为：

$$A=g^r \bmod N^2,\qquad B=h^r(1+mN) \bmod N^2 \tag{2-14}$$

用户解密算法(Dec)：已知用户私钥 a 和密文 (A,B)，解密获得明文 m：

$$m=\frac{\dfrac{B}{A^a}-1 \bmod N^2}{N} \tag{2-15}$$

主解密算法(Master)：用主私钥 $mk=(p',q',k)$，计算 $a \bmod N$ 和 $r \bmod N$：

$$a \bmod N=\frac{h^{p'q'}-1 \bmod N^2}{N}\cdot k^{-1} \bmod N \tag{2-16}$$

$$r \bmod N=\frac{A^{p'q'}-1 \bmod N^2}{N}\cdot k^{-1} \bmod N \tag{2-17}$$

然后计算 $\gamma_1=ar \bmod N$。最后计算获得明文 m：

$$m=\frac{\left(\dfrac{B}{g^{\gamma_1}}\right)^{2p'q'}-1 \bmod N^2}{N}\cdot(2p'q')^{-1} \bmod N \tag{2-18}$$

BCP 加密方案具有如下的加法同态性质。

加法同态性：给定两个密文 $E(m_1)$ 和 $E(m_2)$，任意 $t\in\mathbb{N}$，BCP 密码体制的加法同态性质如下：

$$D(E(m_1)E(m_2) \bmod N^2)=m_1+m_2 \bmod N$$
$$D(E(m_1)^t \bmod N^2)=tm_1 \bmod N \tag{2-19}$$

三、ElGamal 密码体制

ElGamal 密码体制[72]满足同态乘法性质，升幂 ElGamal 满足加法同态性质。这两种密码体制的统一介绍如下所述。

密钥生成算法(KeyGen):输入一个安全参数 λ ,生成 p 阶循环群 $\mathbb{G}$,随机选取群 $\mathbb{G}$的生成元 g ,$(\mathbb{G},p,g)$ 作为系统参数。用户随机选择私钥 $x \in \mathbb{Z}_p^*$,计算公钥 $y=g^x$ 。

加密算法(Enc):给定一个明文 $m \in \mathbb{Z}_p$,均匀随机选择 $r \in \mathbb{Z}_p^*$,计算密文 $C=E(m)=(A,B)$ 为:

$$A=g^r \bmod p, \qquad B=g^m y^r \bmod p(B=my^r \bmod p) \tag{2-20}$$

解密算法(Dec):已知密文 (A,B) 和私钥 x ,解密得到 $g^m(m)$:

$$g^m(m)=\frac{B}{A^x} \bmod p\left(m=\frac{B}{A^x} \bmod p\right) \tag{2-21}$$

在式(2-20)、式(2-21)中,括号外的公式是升幂 ElGamal 密码体制,括号内的公式是 ElGamal 密码体制。此外,升幂 ElGamal 密码体制要求明文 m 的长度不能太大,因为解密的过程中需要求解离散对数问题。如果明文 m 非常小,那么可以使用查找表方法从 g^m (m)中提取 m ,如果明文 m 稍微大,那么可以采用 Pollard Rho 算法[73]从 g^m (m)中提取 m 。

ElGamal 和升幂 ElGamal 加密方案具有如下的同态性质。

乘法同态性:给定两个密文 $E(m_1)$ 和 $E(m_2)$,当 $E(m_1)=(g^{r_1},m_1y^{r_1})$ 和 $E(m_2)=(g^{r_2},m_2y^{r_2})$,ElGamal 的乘法同态性质如下式所示:

$$D(E(m_1)E(m_2))=m_1m_2 \bmod p \tag{2-22}$$

加法同态性:给定两个密文 $E(m_1)$ 和 $E(m_2)$,任意 $t \in \mathbb{Z}_p$,当 $E(m_1)=(g^{r_1},g^{m_1}y^{r_1})$ 和 $E(m_2)=(g^{r_2},g^{m_2}y^{r_2})$,升幂 ElGamal 的加法同态性质如下式所示:

$$\begin{gathered} D(E(m_1)E(m_2))=m_1+m_2 \bmod p \\ D(E(m_1)^t)=tm_1 \bmod p \end{gathered} \tag{2-23}$$

四、EC-ElGamal 密码体制

EC-ElGamal[74,75]是一种基于 ElGamal 椭圆曲线的加法同态加密方案,与 ElGamal 方案相比,密钥长度更短,通信量更少。

(一)椭圆曲线

设 $E(F_p)$ 是一个定义在有限域 F_p 上的椭圆曲线,其中,p 是一个素数。由点 (x,y) 和无穷远点组成的集合被称为域 F_p 上的椭圆曲线 E ,x 和 y 满足

维尔斯特拉斯方程[76]：

$$E: y^2 \bmod p = x^3 + ax + b \bmod p \tag{2-24}$$

其中 $x, y, a, b \in F_p$ 和 $4a^3 + 27b^2 \neq 0 \bmod p$ 。

(二)EC-ElGamal 方案

EC-ElGamal 密码体制具体方案如下所述。

密钥生成算法(KeyGen)：给定一个基点 $Q \in E(F_p)$ 和椭圆曲线上群 $\mathbb{G}$的阶 q ，均匀随机选择 $k \in \mathbb{Z}_q^*$ 作为私钥，计算公钥 $P = kQ$ 。

加密算法(Enc)：将明文 $m \in \mathbb{Z}_q$ 嵌入在点 $M = mQ$ 上，均匀随机选取 $r \in \mathbb{Z}_q^*$ ，计算密文 (A_1, A_2) ：

$$A_1 = M + rP, \qquad A_2 = rQ \tag{2-25}$$

解密算法(Dec)：已知密文 (A_1, A_2) 和私钥 k ，解密得到 M ：

$$M = A_1 - kA_2 \tag{2-26}$$

得到 $M = mQ$ 之后，通过穷举法或查找表的方法从 M 中得到明文 m ，其中 m 的数值限制在比较小的范围内。

EC-ElGamal 加密方案具有如下的加法同态性质。

加法同态性：明文点 $M_1 = m_1Q$ 和 $M_2 = m_2Q$ 在相同的椭圆曲线 $E(F_p)$ 上。给定基点 Q 、公钥 P 和随机数 r_1，r_2，分别计算密文 $C_1 = (M_1 + r_1P, r_1Q)$ ，$C_2 = (M_2 + r_2P, r_2Q)$ 。然后，计算公式如下：

$$\begin{aligned} C_1 + C_2 &= (M_1 + M_2 + (r_1 + r_2)P, (r_1 + r_2)Q) \\ &= ((m_1 + m_2)Q + (r_1 + r_2)P, (r_1 + r_2)Q) \end{aligned} \tag{2-27}$$

则 EC-ElGamal 的加法同态性质为：

$$D(C_1 + C_2) = m_1 + m_2 \tag{2-28}$$

五、安全多方计算

SMPC 是为了实现不可信参与者之间联合计算函数而提出的一种密码协议。这项技术最早是在姚期智的百万富翁问题[28]中被提出的。SMPC 意味着在没有可信第三方的情况下，多方协作计算一个目标函数，满足：$f(x_1, x_2, \cdots, x_N) = (y_1, y_2, \cdots, y_N)$ ，其中 $x_1, x_2, \cdots, x_N$ 是输入数据，$y_1, y_2, \cdots, y_N$ 是对应的输出。SMPC 确保在计算过程中，各方只能得到自己的计算结果，无法从交互数据中推断出其他各方的数据。该协议可以安全地确保诚实参与方获得正确结果。

基于 SMPC，Bogdanov 等[77]和 Zhang 等[78]提出和使用了如下加法秘密共享方案，该方案包括一个共享算法和一个重构算法，数据属于 $\mathbb{Z}_{2^{32}}$。一个秘密值 s 被分成了 t 个份额，且 $s_1, s_2, \cdots, s_t \in \mathbb{Z}_{2^{32}}$ 满足：

$$s_1 + s_2 + \cdots + s_t = s \mod 2^{32} \tag{2-29}$$

其中，任意的 $t-1$ 个元素 $s_1, s_2, \cdots, s_{t-1}$ 是独立同分布的。只有全部 t 个参与者一起计算才能解密，小于或等于 $t-1$ 个的参与者将得不到他们的秘密。该方案在秘密值 $s_1, s_2, \cdots, s_t$ 上允许相应的参与者 $P_1, P_2, \cdots, P_t$ 进行安全有效的加法计算。首先，每个参与者 P_i 执行一个随机共享算法 $Shr(s_i, P)$，其中 P 是参与者的集合 $P = \{P_1, P_2, \cdots, P_t\}$。参与者 P_i 将秘密 s_i 分成 t 份，记为 s_{1i}，$s_{2i}, \cdots, s_{ti}$，并分发 s_{ji} 给参与者 P_j。每个 P_i 获得本地拥有的份额 $s_{i1}, \cdots, s_{it}$ 后，计算得到 $s_i = \sum_{j=1}^{t} s_{ij}$。之后，一个聚合者执行重构算法 $Res(\{(s_i, P_i)\}_{P_i \in P})$，即从每个参与者处获得 s_i 后进行求和，从而在不泄露任何秘密 s_i 的基础上重构这个秘密 s。

第四节　本章小结

在本章中，我们介绍了本书涉及的深度学习、联邦学习、可证明安全、同态加密、安全多方计算等的相关知识。其中，可证明安全相关的基础知识介绍了选择明文攻击下的不可区分性、困难问题假设、理想/现实模型；同态加密方案介绍了 Paillier、BCP、ElGamal、EC-ElGamal 等密码体制。

第三章

隐私保护图像分类深度学习方案

深度学习可以根据挖掘需求进行模型训练、推理或分类，但在训练、推理或分类过程收集的大量用户数据可能含有用户的敏感信息，这使得用户隐私信息容易泄露。因此，针对用户隐私泄露问题，一些学者提出了特定场景下的隐私保护深度学习方案。但这些方案中仍存在一些问题，如部分非线性函数无法直接进行密文计算（如密文交叉熵代价函数，密文最大似然代价函数）、提出的sigmoid激活函数单点泰勒展开公式近似前几项无法保证准确率[50]、现有隐私保护深度学习方案中选择的密文激活函数和密文代价函数组合容易导致收敛速度慢[50]等问题。针对上述问题，本书提出隐私保护的图像分类深度学习方案，针对sigmoid激活函数+交叉熵代价函数组合，及softmax激活函数+最大似然代价函数组合，基于Paillier加密算法提出密文训练方法，实现了隐私保护的深度学习训练与分类方案。

设计多个安全计算协议，实现激活函数、代价函数、反向传播等安全训练过程，在一定程度上保证了输入隐私、模型隐私和分类结果隐私。本方案尽管导致了服务器间交互轮数多的问题，但不影响用户的交互轮数和离线功能。同时，通过封包调用的方式减少了服务器间的交互。

第一节　概述

深度学习通过学习样本数据的内在规律和表示层次，从而自动提取数据特征。目前，在图像数据训练、推理方面已获得较好的效果。然而，深度学习需要海量数据进行模型训练，这些数据需要从大量用户处收集，这可能导致用户的隐私数据泄露。针对隐私泄露问题，现有方案提出了一系列基于差分隐私、同态加密、SMPC 等的隐私保护深度学习方案。在基于同态加密的隐私保护深度学习中，经调研相关方案，本章我们主要解决以下问题。

现有方案并未提及部分复杂的非线性函数的密文计算方法。在现有方案中，非线性函数的密文计算方法很多，主要集中在隐私保护深度学习预测方案中[60,79]。在深度学习模型训练方案中，非线性函数密文计算主要集中在 sigmoid 激活函数和平方误差代价函数中[50]。对于复杂的非线性函数（如交叉熵代价函数、最大似然代价函数）没有相关的安全协议。因此，需对复杂非线性函数设计相关安全协议或安全计算过程。

现有方案中的 sigmoid 泰勒展开逼近法影响准确率[50]或加密方案未考虑密文数据精度问题。在现有的几个隐私保护深度学习方案[49,50]中，sigmoid 激活函数采用单点泰勒展开公式中的前几项进行模型训练，经验证发现其影响了准确率[50]。同时，针对 Paillier 加密方案只能加密整数或零的问题，现有的一些方案未考虑加密数据的数据精度问题，因此需考虑训练过程中的数据精度。

现有隐私保护深度学习方案中选择的激活函数和代价函数影响收敛速度。在现有隐私保护深度学习方案中，多数采用 sigmoid 激活函数和平方误差函数相结合的方式[50]，该方法在求梯度中存在导数，导致了模型训练收敛速度慢。因此，我们通过研究和改进现有方案中的密文激活函数和密文代价函数的组合，从而提高密文训练的收敛速度。

针对上述问题，本章提出了隐私保护图像分类深度学习方案，包括基于 sigmoid 激活函数＋交叉熵函数的 PIDL 方案和基于 softmax 激活函数和最大似然函数的 PIDL 方案。本方案主要考虑在相同区域中用户具有相同公私钥对的场景，而在第四章中，我们将对不同公私钥对的多密钥协同计算的隐私保护深度学习进行详细研究。

第二节　系统模型

在系统模型中，用户加密预处理图像数据并发送给主服务器，主服务器使用深度学习模型与辅助服务器协作实现模型训练。该系统主要考虑同一区域的用户具有相同公私钥对的场景，系统中的所有数据都采用 Paillier 加密方案进行加密，系统模型如图 3-1 所示。该系统实体包括主服务器（Server）、辅助服务器（Assist-Server）、用户，它们的功能的具体介绍如下所述。

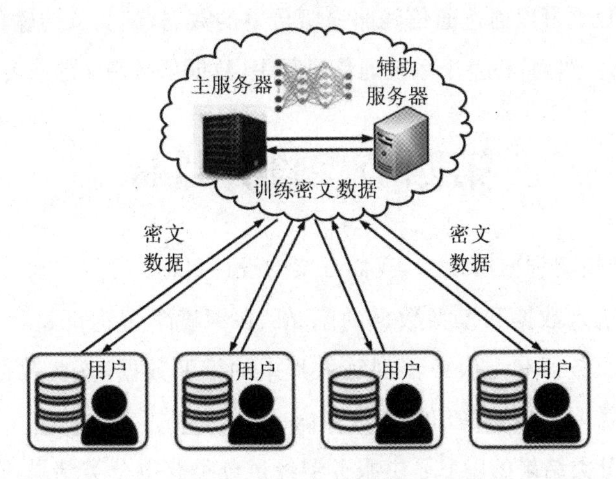

图 3-1　PIDL 系统模型

主服务器(Server)：主服务器主要用于深度学习模型的训练。主服务器从不同的用户处收集密文数据,并与辅助服务器协作对模型中的密文数据进行训练。在整个训练和分类过程中,主服务器上的所有数据都被加密。

辅助服务器(Assist-Server)：作为辅助服务器,主要用于与主服务器协作进行模型训练。在系统模型中,由于公司业务需要(如不同区域的机器人系统),辅助服务器管理和分发公私钥对给不同区域的用户,并获取和存储分类结果,同时将分类结果发送给相应权限的用户,因此辅助服务器必须是可信的。

用户：同一区域的用户拥有相同的公私钥对,区域中的用户将数据加密后上传给主服务器,它能从辅助服务器下载密文的分类结果,并将分类结果解密。

第三节　威胁模型

在该方案中,辅助服务器是一个可信的实体。主服务器和用户是诚实且好奇的,这意味着他们会诚实地遵守协议,但会试图在训练过程中获取隐私信息。主服务器和辅助服务器不能共谋。在该系统模型中,存在以下安全威胁。

(1)腐化的主服务器作为敌手试图从用户的密文输入数据和与辅助服务器交互的训练数据中获得用户敏感信息。然而,密文输入数据和训练数据在没有私钥的情况下无法解密,这保护了用户的数据安全。

(2)腐化的用户作为敌手试图从辅助服务器获取其他区域用户的分类结果。然而,在没有其他区域授权的情况下,不能下载其他区域用户的分类结果。

(3)外部敌手可以通过通信线路窃听传输的数据,试图从传输的数据中获取用户敏感信息。然而,在整个系统通信过程中,数据都是密文的或者含盲因子的。

第四节　设计目标

依据系统模型和威胁模型,我们方案的设计目标如下。

(1)确保输入数据和模型数据的隐私:在深度学习训练过程中,用户的输入数据、辅助服务器和主服务器训练过程中的模型数据,这些数据中均含有敏感信息,因此需要确保这些信息不被泄露。

(2)确保分类结果的隐私:主服务器经过分类获得分类结果,在主服务器和辅助服务器上的分类结果含有用户的敏感信息,因此需确保分类结果信息不被泄露。

(3)确保私钥的安全:私钥直接影响了实体的解密权限,因此私钥不能泄露。在方案中,需确保除辅助服务器和相应权限的用户拥有私钥外,非同一区域的其他用户、主服务器或外部敌手不能拥有私钥。

(4)确保方案的正确性:Paillier 加密方案不能加密小数,因此需要考虑加密数据的精度问题。同时,sigmoid 激活函数近似计算影响了训练的准确率问题,方案需要通过改进近似计算方法尽可能地减少对准确率的影响。

(5)支持快速收敛:现有隐私保护方案梯度计算中含有导数,这影响了收敛速度,因此需设计支持快速收敛的隐私保护深度学习方案,而密文激活函数和密文代价函数的恰当选择和设计是其中的一种方法。

第五节　隐私保护图像分类深度学习方案的构造

本章提出了基于 Paillier 的隐私保护图像分类深度学习模型的训练方案。在该方案中,由主服务器与辅助服务器协作实现激活函数、代价函数及其他过程的密文计算。为了进行模型训练过程中非线性函数等的密文计算,方案首先设计了安全计算协议包用于密文计算过程,安全计算协议包包括安全乘法协议(Secure Multiplication Protocol, SMP)、安全比较协议(Secure Comparison

Protocol，SCP）和安全除法协议（Secure Division Protocol，SDP）。

一、安全计算协议包

（一）数据取整说明

深度学习在训练过程中存在很多小数，为了实现对训练过程中数据的加密，需对小数放大取整后使其成为 Paillier 加密方案明文所在空间 $\mathbb{Z}_N$ 中的数据，然后再对处理后的数据进行加密，解密时需考虑去除放大的精度。为了减少每次预处理数据的重复性描述，我们定义一个数据取整函数 $\mathrm{Accu}(x)$满足 $\mathrm{Accu}(x) = [x \cdot 2^{accuracy}]$，其中 $accuracy$ 为数据的精度。本章后续使用放大取整时将直接调用函数 $\mathrm{Accu}(x)$，并假设小数取 8 位的数据精度，在实际使用中则考虑 54 位的精度。

（二）安全乘法协议

SMP 是给定两个密文 $E(c)$ 和 $E(d)$，计算两个明文 c 和 d 的乘积密文 $E(cd)$，其中 $E(c)$ 对应的明文是 c，$E(d)$ 对应的明文是 d。SMP 通过以下步骤计算 $E(cd)$。

步骤 1（@Server）：主服务器均匀随机选择 $r \in \mathbb{Z}_N$，计算 $E(c)^r$ 和 $E(d)^r$，并将它们发送给辅助服务器。

步骤 2（@Assist-Server）：辅助服务器用私钥 λ 解密 $E(c)^r$ 和 $E(d)^r$ 得到 rc 和 rd，然后相乘得到 A：

$$A = D(E(c)^r)D(E(d)^r) = r^2cd \tag{3-1}$$

接着，辅助服务器用公钥 (N,g) 加密 A 得到 $E(A)$，并发送给主服务器。

步骤 3（@Server）：主服务器通过同态加密性质去除 $E(A)$ 的盲因子 r，得到 $E(cd)$。其解密正确性如下式所示：

$$D(E(cd)) = D(E(A)^{r^{N?\ C2}}) = D(E(r^2cd)^{r^{N-2}}) \tag{3-2}$$

（三）安全比较协议

为了比较密文代价函数和误差阈值，设计一个 SCP 协议。SCP 协议的步骤如下。

步骤 1（@Server）：设明文为 t 比特长，$m_1, m_2 \in \mathbb{Z}_{2^t-1}$，给定 $E(m_1)$ 和 $E(m_2)$，主服务器计算密文比 $E(m_1)/E(m_2)$ 获得 $E(m_1-m_2)$。然后，主服务器

均匀随机选择 $r_1 \leftarrow_R [N/2^{t+2}, N/2^{t+1}]$（以文中深度学习描述的区间为范围，以均匀随机选取的区间为区间内的整数），$0 \leqslant r_2 \ll r_1$。依据 r_1, r_2 计算得到 H：

$$H = E(m_1 - m_2)^{r_1} E(r_2) \tag{3-3}$$

然后将 H 发送给辅助服务器。

步骤 2(@Assist-Server)：辅助服务器解密 H 得到 $l = r_1(m_1 - m_2) + r_2 \bmod N$，然后进行判断：

- If $\frac{N}{2} < l < N$，则 $m_1 < m_2$，输出 0。
- If $0 < l < \frac{N}{2}$，则 $m_1 > m_2$，输出 1。

辅助服务器获取输出结果后，将输出结果发送给主服务器。

步骤 3(@Server)：主服务器接收输出，如果输出为 0，即密文代价函数小于等于误差阈值，则停止训练获得最优模型，否则继续训练。

解密的正确性：在步骤 1 中，两个密文比 $E(m_1)/E(m_2)$ 的解密正确性如下式所示：

$$\begin{aligned} D\left(\frac{E(m_1)}{E(m_2)}\right) &= D\left(\frac{g^{m_1} r_1^N}{g^{m_2} r_2^N} \bmod N^2\right) \\ &= D\left(g^{m_1 - m_2}\left(\frac{r_1}{r_2}\right)^N \bmod N^2\right) \\ &= D(E(m_1 - m_2)) \end{aligned} \tag{3-4}$$

依据 Paillier 的加法同态性质，步骤 2 中 H 的解密正确性如下式所示：

$$D(H) = D(E(m_1 - m_2)^{r_1} E(r_2) \bmod N^2) = r_1(m_1 - m_2) + r_2 \bmod N \tag{3-5}$$

(四)安全除法协议

为了解决方案中的除法操作，我们对参考文献[36]中的除法协议进行改进，设计一个 SDP 协议。当某些数据是浮点数时，SDP 可以通过以下方法计算比较结果。

步骤 1(@Server)：给定密文数据 $E(h)$，主服务器均匀随机选择 $r \in \mathbb{Z}_N^*$，加密 r 得到 $E(r)$，依据加法同态性质计算 $E(\alpha) = E(h + r)$，然后发送 $E(\alpha)$ 给辅助服务器。

步骤 2(@Assist-Server)：辅助服务器解密 $E(\alpha)$ 得到 α。计算 $e = \mathrm{Accu}(\alpha / f)$，

然后将 e 加密为 $E(e)$，并将 $E(e)$ 发送给主服务器。

步骤 3（@ Server）：在主服务器中，通过移除随机数的方式计算 $E(\text{Accu}(h/f))$。其解密正确性如下式所示：

$$D(E(\text{Accu}(h/f)))=D(E(e)E(\text{Accu}(-r/f))) \tag{3-6}$$

最后，辅助服务器解密 $E(\text{Accu}(h/f))$ 得到 $\text{Accu}(h/f)$，然后去除 $2^{accuracy}$ 精度获得 h/f，从而得到两个数的比较结果。

二、基于 sigmoid 激活函数和交叉熵函数的 PIDL 方案

本小节详细描述深度学习训练过程中基于 sigmoid 激活函数和交叉熵函数的 PIDL 方案，即 PIDLSC。在隐含层，激活函数应使用 ReLU 激活函数；在输出层，激活函数应使用 sigmoid 激活函数，代价函数应选择交叉熵代价函数。其具体过程如下所述。

（一）PIDLSC 中隐私保护的前向传播

首先，我们描述了 PIDLSC 的前向传播过程。这个过程包括 4 个步骤：① 计算密文输入向量 $E(\text{Accu}(z^{(l+1)}))$；② 计算密文 ReLU 函数；③ 计算密文 sigmoid 激活函数 $E(\text{Accu}(f(z_i^{(L)})))$；④ 计算密文交叉熵代价函数。以上步骤的具体操作如下。

步骤 1（@ Server）：主服务器用 MLP 网络的第 l 层中的密文输入向量 $E(\text{Accu}(x^{(l)}))$ 计算第 l 层的输出，该输出作为第 $l+1$ 层的密文输入向量 $E(\text{Accu}(z^{(l+1)}))$，其中，第一层的输入为用户上传的密文输入向量 $E(\text{Accu}(x^{(1)}))$，则 $E(\text{Accu}(z^{(l+1)}))$ 的解密正确性如下式所述：

主服务器依据 SMP 协议计算 $E(\text{Accu}(x^{(l)})\text{Accu}(W^{(l)}))$，并发送给辅助服务器。辅助服务器解密后计算 $\text{Accu}(x^{(l)}W^{(l)})=(\text{Accu}(x^{(l)})\text{Accu}(W^{(l)}))/2^{accuracy}$，加密得到 $E(\text{Accu}(x^{(l)}W^{(l)}))$ 并发送给主服务器。主服务器依据收到的 $E(\text{Accu}(x^{(l)}W^{(l)}))$ 及 Paillier 同态加密的加法性质计算得到 $E(\text{Accu}(z^{(l+1)}))$。其解密正确性如下式所示：

$$\begin{aligned}D(E(\text{Accu}(z^{(l+1)}))) &= D(E(\text{Accu}(x^{(l)}W^{(l)})+\text{Accu}(b^{(l)}))) \\ &= D(E(\text{Accu}(x^{(l)}W^{(l)}))E(\text{Accu}(b^{(l)})))\end{aligned} \tag{3-7}$$

步骤 2（@Server&Assist-Server）：在 MLP 的第二层和第三层，通过算法 4

中的密文 ReLU 激活函数计算神经元的密文输出。

算法 4 密文线性整流(ReLU)函数计算

输入：$E(\mathrm{Accu}(z_i^{(l+1)}))$

输出：$E(\mathrm{Accu}(z_i^{(l+1)}))$ 或 $E(0)$

主服务器：

均匀随机选择 $r \in \mathbb{Z}_{N/2}$；

计算 $E(X_1)=E(2\mathrm{Accu}(z_i^{(l+1)})+1)$，$E(Y_1)=E(2\cdot 0)=E(0)$；

计算 $E(\beta)=(E(X_1)E(Y_1)^{N-1})^r=E(r(2\mathrm{Accu}(z_i^{(l+1)})+1))$；

发送 $E(\beta)$ 给辅助服务器。

辅助服务器：

用私钥 sk 解密 $E(\beta)$ 得到 $r(2\mathrm{Accu}(z_i^{(l+1)})+1)$；

if $r(2\mathrm{Accu}(z_i^{(l+1)})+1)>\frac{N}{2}$ then

结果 $z_i^{(l+1)}>0$；

else 结果 $z_i^{(l+1)}\leqslant 0$；

发送比较结果给主服务器；

end if

主服务器：

if 结果为 $z_i^{(l+1)}>0$ then

输出 $E(\mathrm{Accu}(z_i^{(l+1)}))$；

else 输出 $E(0)$。

end if

步骤 3(@Server)：在输出层，首先计算密文 sigmoid 函数 $E(\mathrm{Accu}(f(z_i^{(L)})))$，该过程中的 sigmoid 激活函数通过泰勒定理的分段函数构建不同段的泰勒逼近方法计算获得。先前的很多方案利用单点泰勒展开的前三项或前四项近似 sigmoid 函数，但经过测试发现，计算结果与实际值之间依据项数不同存在偏差，所以我们对近似方法重新设计，提出了基于分段函数分段查找逼近点的方法，将每段的逼近点采用泰勒展开的方式实现。具体方法如下所述。

首先，在辅助服务器中预置分段函数。由于 w_{ij} 和 $z_i^{(l+1)}$ 经过正则化处理后满足 $w_{ij}\in[-1,1]$ 和 $z_i^{(l+1)}\in(0,1]$，辅助服务器可以得到输出层的输入范围 $(-n_3-1,n_3+1)$。依据数据集的数量选取近似逼近的范围，将该数据集分段在不同的分段函数上，分段函数以泰勒展开的形式存在。以 1 个数据为例，取这个数据为一个构建分段函数数据范围的近似点 x_0。如果离近似点 x_0 的近似范围小于 0.5，则指定这个已知的邻近点 x_0 为构建范围；如果大于 0.5，则为近似点 x_0+1 构建范围。通过上述方法，建立 $(x_0-0.5, x_0+0.5)$ 的逼近点 x_0 所在的分段函数，依次构建不同范围内的逼近函数。在得到输出层的输入值后，利用分段函数选择最佳逼近点和逼近公式，得到 sigmoid 激活函数的最佳逼近。

在获取输出层的密文输入 $E(\mathrm{Accu}(z_i^{(L)}))$ 后，使用算法 5 查找并计算不同神经元的泰勒逼近点和逼近公式，从而获得输出层神经元的输出。具体过程如算法 5 所示。

算法 5　密文 sigmoid 激活函数计算

输入：$E(\mathrm{Accu}(z_i^{(L)}))$

输出：$E(\mathrm{Accu}(f(z_i^{(L)})))$

主服务器：

发送 $E(\mathrm{Accu}(z_i^{(L)}))$ 到辅助服务器。

辅助服务器：

预置分段函数范围；

用私钥解密 $E(\mathrm{Accu}(z_i^{(L)}))$ 去除 $2^{accuracy}$ 精度后得到 $z_i^{(L)}$；

用二进制查找 $z_i^{(L)}$ 分段函数中近似点的范围；

用范围内的近似点 x_0 计算近似公式 $f(z_i^{(L)})$；

加密并发送 $E(\mathrm{Accu}(f(z_i^{(L)})))$ 到主服务器。

主服务器：

获得密文 sigmoid 函数的结果 $E(\mathrm{Accu}(f(z_i^{(L)})))$。

在算法 5 中，计算 $f(z_i^{(L)})$ 的具体公式如下式所示：

$$f(z_i^{(L)})=\frac{1}{1+e^{-z_i^{(L)}}}=f(x_0)+f'(x_0)(z_i^{(L)}-x_0)+\frac{f''(x_0)}{2!}(z_i^{(L)}-x_0)^2+R_n(z_i^{(L)}) \tag{3-8}$$

其中，$R_n(z_i^{(L)})$ 为泰勒展开的剩余项。算法 5 中输出层的输入满足 $E(\mathrm{Accu}(z_i^{(L)}))=E(\mathrm{Accu}(z_i^{(l+1)}))$。为了保证式(3-8)进行密文计算后数据的正确性，需要考虑多项式系数齐次化的方法，该方法在 3.6.1 小节的正确性分析部分进行了分析和验证。

步骤4(@Server&Assist-Server):主服务器获取输出层的输出后,主服务器计算每个输出的密文交叉熵代价函数,其过程通过以下三个步骤计算输出值 $x_i^{(L)}(x)$ 和真实值 y_i 的密文代价函数 $E(\mathrm{Accu}(C))$ 。

步骤(1)(@Server):计算获得 $E(\mathrm{Accu}(x_i^{(L)}(x)))=E(\mathrm{Accu}(f(z_i^{(L)})))$ 后,主服务器发送密文输出值 $E(\mathrm{Accu}(x_i^{(L)}(x)))$ 给辅助服务器。

步骤(2)(@Assist-Server):辅助服务器解密 $E(\mathrm{Accu}(x_i^{(L)}(x)))$ 除以 $2^{accuracy}$ 后得到原始输出值 $x_i^{(L)}(x)$ 。计算 $\ln x_i^{(L)}(x)$ 和 $\ln(1-x_i^{(L)}(x))$,然后计算 $\mathrm{Accu}(\ln x_i^{(L)}(x))$ 和 $\mathrm{Accu}(\ln(1-x_i^{(L)}(x)))$ 。辅助服务器加密它们得到相应密文 $E(\mathrm{Accu}(\ln x_i^{(L)}(x)))$ 和 $E(\mathrm{Accu}(\ln(1-x_i^{(L)}(x))))$,然后发送这两个密文给主服务器。

步骤(3)(@Server):已知 y_i 和 $1-y_i$,依据Paillier同态性质及SMP,主服务器计算:

$E\left(\mathrm{Accu}\left(-\frac{1}{d}y_i\right)\mathrm{Accu}(\ln x_i^{(L)}(x))\right)$,$E\left(\mathrm{Accu}\left(-\frac{1}{d}(1-y_i)\right)\mathrm{Accu}(\ln(1-x_i^{(L)}(x)))\right)$ 最后,主服务器计算密文交叉熵代价函数 $E(\mathrm{Accu}(C))$ 。其解密正确性如下所示:

$$
\begin{aligned}
& D(E(\mathrm{Accu}(C)\cdot 2^{accuracy})) \\
&= \mathrm{Accu}\left(-\frac{1}{d}\sum_i\sum_x[y_i\ln x_i^{(L)}(x)+(1-y_i)\ln(1-x_i^{(L)}(x))]\right)\cdot 2^{accuracy} \\
&= D\left(E\left(\sum_i\sum_x\left[\mathrm{Accu}\left(-\frac{1}{d}y_i\right)\mathrm{Accu}(\ln x_i^{(L)}(x))+\right.\right.\right. \\
&\left.\left.\left.\mathrm{Accu}\left(-\frac{1}{d}(1-y_i)\right)\mathrm{Accu}(\ln(1-x_i^{(L)}(x)))\right]\right)\right) \\
&= D\left(\prod_i\prod_x E\left(\left[\mathrm{Accu}\left(-\frac{1}{d}y_i\right)\mathrm{Accu}(\ln x_i^{(L)}(x))+\right.\right.\right. \\
&\left.\left.\left.\mathrm{Accu}\left(-\frac{1}{d}(1-y_i)\right)\mathrm{Accu}(\ln(1-x_i^{(L)}(x)))\right]\right)\right) \\
&= D\left(\prod_i\prod_x E\left(\mathrm{Accu}\left(-\frac{1}{d}y_i\right)\mathrm{Accu}(\ln x_i^{(L)}(x))\right)\right. \\
&\left.E\left(\mathrm{Accu}\left(-\frac{1}{d}(1-y_i)\right)\mathrm{Accu}(\ln(1-x_i^{(L)}(x)))\right)\right)
\end{aligned}
\tag{3-9}
$$

辅助服务器解密 $E(\mathrm{Accu}(C)\cdot 2^{accuracy})$ 后除以 $2^{accuracy}$,再加密获得

$E(\mathrm{Accu}(C))$，并发送给主服务器。

(二)PIDLSC 中隐私保护反向传播

反向传播是依据输出节点的总误差，利用链式法则计算误差梯度的一种方法。根据算法 3 描述的反向传播，针对单个输出的密文交叉熵代价函数，利用 SGD 算法更新网络中相应的权重和偏置，其具体过程如下所示。

步骤 1：获取密文代价函数 $E(\mathrm{Accu}(C))$ 后，主服务器使用 SCP 协议将其与误差阈值 $E(\mathrm{Accu}(\tau))$ 进行比较。如果输出为 0，则训练过程停止；如果输出为 1，且满足 $C > \tau$，主服务器进行反向传播。以四层神经网络为例，其具体过程如下所述：

步骤 2：在输出层，主服务器计算梯度 $\mathrm{Accu}(\delta_i^{(4)})$ 的密文为 $E(\mathrm{Accu}(\delta_i^{(4)}))$。因为 $f(z_i^{(l)}) = $ 1mathord/vphantom1$(1 + e^{-z_i^l})$ nkern－nulldelimiterspace$(1 + e^{-z_i^{(l)}})$，

$f(z_i^{(l)}) = 1/(1 + e^{-z_i^{(l)}})$ 和 $f'(z_i^{(l)}) = f(z_i^{(l)})(1 - f(z_i^{(l)}))$，依据上面式子和获得的 $1/d$ 和 y_i/d，辅助服务器计算密文结果 $E(\mathrm{Accu}(\delta_i^{(4)}))$ 并发送给主服务器。其解密正确性如下所示：

$$D(E(\mathrm{Accu}(\delta_i^{(4)}))) = D\left(E\left(\mathrm{Accu}\left(\frac{1}{d}(x_i^{(4)}(x) - y_i)\right)\right)\right) \tag{3-10}$$

其中，式(3-10)由式(3-28)推导所得。然后，主服务器依据式(3-10)计算输出层偏置的密文梯度 $E(\mathrm{Accu}(\nabla b_i^{(3)}))$。其解密正确性如下所示：

$$\begin{aligned} D(E(\mathrm{Accu}(\nabla b_i^{(3)}))) &= D(E(\mathrm{Accu}(\nabla b_i^{(3)}) + \mathrm{Accu}(\delta_i^{(4)}))) \\ &= D(E(\mathrm{Accu}(\nabla b_i^{(3)})E(\mathrm{Accu}(\delta_i^{(4)})))) \end{aligned} \tag{3-11}$$

步骤 3：在 MLP 的第二层和第三层，主服务器使用 ReLU 激活函数得到 $f'(z_i^{(l+1)}) = 1$ 或者 $f'(z_i^{(l+1)}) = 0$，计算下一层密文梯度 $\delta_j^{(l)}$ 得到 $E(\mathrm{Accu}(\delta_j^{(l)}))E(\mathrm{Accu}(\delta_i^{(l+1)}))$ 或者 $E(\mathrm{Accu}(\delta_j^{(l)})) = E(0)$。然后，主服务器用隐含层中的 $E(\mathrm{Accu}(\delta_j^{(l)}))$ 计算隐含层偏置的密文梯度 $E(\mathrm{Accu}(\nabla b_j^{(l-1)}))$。其解密正确性如式(3-12)所示：

$$\begin{aligned} D(E(\mathrm{Accu}(\nabla b_j^{(l-1)}))) &= D(E(\mathrm{Accu}(\nabla b_j^{(l-1)} + \delta_j^{(l)}))) \\ &= D(E(\mathrm{Accu}(\nabla b_j^{(l-1)}))E(\mathrm{Accu}(\delta_j^{(l)}))) \end{aligned} \tag{3-12}$$

步骤 4：根据不同层的梯度 $\delta_j^{(l)}$，主服务器通过 SMP 协议及加法同态性质计算权重的密文梯度 $E(\mathrm{Accu}(\nabla w_{ij}^{(l)}))$。其解密正确性如式(3-13)所示：

$$\begin{aligned} D(E(\mathrm{Accu}(\nabla w_{ij}^{(l)}))) &= D(E(\mathrm{Accu}(\nabla w_{ij}^{(l)} + x_j^{(l)}\delta_i^{(l+1)}))) \\ &= D(E(\mathrm{Accu}(\nabla w_{ij}^{(l)}))E(\mathrm{Accu}(x_{ij}^{(l)}\delta_i^{(l+1)}))) \end{aligned} \tag{3-13}$$

其中，$E(\mathrm{Accu}(x_j^{(l)}\delta_i^{(l+1)}))$ 通过在主服务器上计算 $E(\mathrm{Accu}(x_j^{(l)})\mathrm{Accu}(\delta_i^{(l+1)}))$，

并发送给辅助服务器，在辅助服务器上解密去除 $2^{accuracy}$ 后再加密得到。

基于算法 3，使用 SMP 及 Paillier 加法同态性质，主服务器根据上述密文梯度更新密文权重 $E(\mathrm{Accu}(w_{ij}^{(l)}))$ 和密文偏置 $E(\mathrm{Accu}(b_i^{(l)}))$。其解密正确性如下式所示：

$$\begin{aligned} D(E(\mathrm{Accu}(w_{ij}^{(l)}))) &= D(E(\mathrm{Accu}(w_{ij}^{(l)} - \eta \nabla w_{ij}^{(l)}))) \\ &= D(E(\mathrm{Accu}(w_{ij}^{(l)}))E(\mathrm{Accu}(-\eta \nabla w_{ij}^{(l)}))) \end{aligned} \tag{3-14}$$

$$\begin{aligned} D(E(\mathrm{Accu}(b_i^{(l)}))) &= D(E(\mathrm{Accu}(b_i^{(l)} - \eta \nabla b_i^{(l)}))) \\ &= D(E(\mathrm{Accu}(b_i^{(l)}))E(\mathrm{Accu}(-\eta \nabla b_i^{(l)}))) \end{aligned} \tag{3-15}$$

其中，上述两个公式中的 $E(\mathrm{Accu}(-\eta \nabla w_{ij}^{(l)}))$ 和 $E(\mathrm{Accu}(-\eta \nabla b_i^{(l)}))$ 的计算方法参考 $E(\mathrm{Accu}(x_j^{(l)}\delta_i^{(l+1)}))$ 的计算方法。

三、基于 softmax 激活函数和最大似然函数的 PIDL 方案

本小节描述基于 softmax 激活函数和最大似然代价函数的 PIDL 方案，即 PIDLSL。在隐含层，该方案的激活函数仍然使用 ReLU 激活函数；在输出层，激活函数使用的是 softmax 激活函数，代价函数选择的是最大似然代价函数。其具体过程如下所述。

（一）PIDLSL 的隐私保护前向传播

在 PIDLSL 方案中，步骤 1 和步骤 2 与 PIDLSC 方案执行过程相同。在步骤 3 中，由于输出层使用了 softmax 激活函数，因此下面给出输出层一个输入 $z_i^{(L)}$ 的密文 softmax 激活函数的计算过程，其描述具体过程如下所述。

步骤 1（@ Server）：主服务器均匀随机选择 $r_1 \in \mathbb{Z}_{2^{54}}$，掩码 $E(\mathrm{Accu}(z_i^{(L)}))$ 得到 $E(\mathrm{Accu}(z_i^{(L)}) + r_1)$ 并发送给辅助服务器。其解密正确性如下式所示：

$$D(E(\mathrm{Accu}(z_i^{(L)}) + r_1)) = D(E(\mathrm{Accu}(z_i^{(L)}))E(r_1)) \tag{3-16}$$

步骤 2（@ Assist-Server）：辅助服务器解密 $E(\mathrm{Accu}(z_i^{(L)}) + r_1)$ 并去除 $2^{accuracy}$，得到 $z_i^{(L)} + r_1/2^{accuracy}$，然后计算 $\mathrm{Accu}(e^{z_i^{(L)} + r_1/2^{accuracy}})$，再用相同区域公钥加密它得到 $E(\mathrm{Accu}(e^{z_i^{(L)} + r_1/2^{accuracy}}))$，并发送该密文给主服务器。

步骤 3（@ Server）：主服务器首先计算 $E(\mathrm{Accu}(e^{-r_1/2^{accuracy}}))$，用 SMP 协议移除随机数 $r_1/2^{accuracy}$，计算得到 $E(\mathrm{Accu}(e^{z_i^{(L)}}))$。其解密正确性如下式所示：

$$D(E(\mathrm{Accu}(e^{z_i^{(L)}}))) = D(E(\mathrm{Accu}(e^{z_i^{(L)} + r_1/2^{accuracy}})\,\mathrm{Accu}(e^{-r_1/2^{accuracy}})))$$

$$= D(SMP(E(\mathrm{Accu}(e^{z_i^{(L)}+r_1/2^{accuracy}})\mathrm{Accu}(e^{-r_1/2^{accuracy}}))))$$
(3-17)

主服务器均匀随机选择 $r_2 \in \mathbb{Z}_{2^{54}}$，计算 $E(\mathrm{Accu}(e^{z_i^{(L)}})+r_2)$，同时，用公式(3-17)计算所有的 $E(\mathrm{Accu}(e^{z_k^{(L)}}))$，然后发送它们给辅助服务器。

步骤 4(@Assist-Server)：辅助服务器依据获得的所有的 $E(\mathrm{Accu}(e^{z_k^{(L)}}))$，使用 Paillier 的加法同态性质计算 $E(\mathrm{Accu}(d))$。其解密正确性如下式所示：

$$D(E(\mathrm{Accu}(d))) = D(E(\mathrm{Accu}(e^{z_1^{(L)}}))E(\mathrm{Accu}(e^{z_2^{(L)}}))\cdots E(\mathrm{Accu}(e^{z_{n_4}^{(L)}})))$$
$$= D\left(E\left(\sum_{k=1}^{n_4}\mathrm{Accu}(e^{z_k^{(L)}})\right)\right) \quad (3\text{-}18)$$

辅助服务器解密 $E(\mathrm{Accu}(d))$ 和 $E(\mathrm{Accu}(e^{z_i^{(L)}})+r_2)$，分别得到 $\mathrm{Accu}(d)$ 和 $\mathrm{Accu}(e^{z_i^{(L)}})+r_2$，然后计算 $E(\mathrm{Accu}((\mathrm{Accu}(e^{z_i^{(L)}})+r_2)/\mathrm{Accu}(d)))$，并将它和 $\mathrm{Accu}(d)$ 发送给主服务器。

步骤 5(@Server)：主服务器收到 $E(\mathrm{Accu}((\mathrm{Accu}(e^{z_i^{(L)}})+r_2)/\mathrm{Accu}(d)))$ 和 $\mathrm{Accu}(d)$ 后，计算 $E(\mathrm{Accu}(-r_2/\mathrm{Accu}(d)))$，然后计算密文输出 $E(\mathrm{Accu}(x_i^{(L)}(x)))$。其解密正确性如下式所示：

$$D(E(\mathrm{Accu}(x_i^{(L)}(x)))) = D\left(E\left(\mathrm{Accu}\left(\frac{\mathrm{Accu}(e^{z_i^{(L)}})}{\mathrm{Accu}(d)}\right)\right)\right)$$
$$= D\left(SDP\left(E\left(\mathrm{Accu}\left(\frac{\mathrm{Accu}(e^{z_i^{(L)}})}{\mathrm{Accu}(d)}\right)\right)\right)\right)$$
$$= D\left(E\left(\mathrm{Accu}\left(\frac{\mathrm{Accu}(e^{z_i^{(L)}})+r_2}{\mathrm{Accu}(d)}\right)\right)E\left(\mathrm{Accu}\left(\frac{-r_2}{\mathrm{Accu}(d)}\right)\right)\right)$$
(3-19)

替换 PIDLSC 中正向传播过程步骤 4 的交叉熵代价函数为最大似然代价函数，PIDLSL 方案中的主服务器需计算密文代价函数，即密文最大似然代价函数 $E(\mathrm{Accu}(C))$，其计算过程如下所述。

步骤(1)(@Server)：主服务器获得 softmax 激活函数的密文结果后，将输出层神经元的第 i 个密文输出 $E(\mathrm{Accu}(x_i^{(L)}(x)))$ 发送给辅助服务器。

步骤(2)(@Assist-Server)：辅助服务器将 $E(\mathrm{Accu}(x_i^{(L)}(x)))$ 解密去除 $2^{accuracy}$ 得到 $x_i^{(L)}(x)$，并计算 $\mathrm{Accu}(\log x_i^{(L)}(x))$。然后，辅助服务器加密 $\mathrm{Accu}(\log x_i^{(L)}(x))$ 得到 $E(\mathrm{Accu}(\log x_i^{(L)}(x)))$，并发送给主服务器。

步骤(3)(@Server)：主服务器计算 $SMP(E(\mathrm{Accu}(-y_i)\mathrm{Accu}(\log x_i^{(L)}(x))))$，其中 $E(\mathrm{Accu}(y_i))$ 是已知的。然后，主服务器计算密文最大似然代价函数

$E(\text{Accu}(C))$ 。其解密正确性如下式所示：

$$\begin{aligned} D(E(\text{Accu}(C)\cdot 2^{accuracy})) &= D\Big(E\Big(-\sum_i \text{Accu}(y_i)\,\text{Accu}(\log x_i^{(L)}(x))\Big)\Big) \\ &= D\Big(\prod_i E(\text{Accu}(-y_i)\,\text{Accu}(\log x_i^{(L)}(x)))\Big) \\ &= D\Big(\prod_i SMP(E(\text{Accu}(-y_i)\,\text{Accu}(\log x_i^{(L)}(x))))\Big) \end{aligned} \tag{3-20}$$

辅助服务器获得 $E(\text{Accu}(C)\cdot 2^{accuracy})$ ，解密并除以 $2^{accuracy}$ 得到 $\text{Accu}(C)$ ，然后加密得到 $E(\text{Accu}(C))$ 后发送给主服务器。

(二)PIDLSL 的隐私保护反向传播

在反向传播过程中，除了梯度 $\delta_i^{(4)}$ 的密文计算外，其他过程与 PIDLSC 的反向传播过程一样，则 PIDLSL 方案密文梯度计算的过程如下所述。

首先，主服务器获得梯度 $\text{Accu}(\delta_i^{(4)})$ 的密文 $E(\text{Accu}(\delta_i^{(4)}))$ 。因为 $f(z_i^{(L)}) = e^{z_i}/\sum_k e^{z_k}$ 和 $f'(z_i^{(l)}) = f(z_i^{(l)})(1-f(z_i^{(l)}))$ ，又因 $E(\text{Accu}(-y_i))$ 已知，则辅助服务器计算密文梯度 $E(\text{Accu}(\delta_i^{(4)}))$ 并发送给主服务器。其解密正确性如下式所示

$$\begin{aligned} D(E(\text{Accu}(\delta_i^{(4)}))) &= D(E(\text{Accu}(-y_i(1-x_i^{(4)}(x))))) \\ &= D(SMP(E(\text{Accu}(-y_i(1-x_i^{(4)}))))) \end{aligned} \tag{3-21}$$

其中，上式的正确性由公式(3-29)推导所得。

主服务器获得训练好的模型后通过分类的方式将用户的输入数据进行分类，然后辅助服务器从主服务器中获取密文分类结果，最后授权用户从辅助服务器下载相应密文的分类结果并解密。

第六节　正确性和安全性分析

一、正确性分析

(一)多安全乘法协议正确性

在前面提到的方案中，用到的 SMP 协议使用了三次安全乘法。为了验证多安全乘法协议的正确性，依据同态性质我们可以从公式(3-1)推导出如下内容：

$$B=D(E(c)^r)D(E(d)^r)D(E(t)^r)=rc\cdot rd\cdot rt=r^3cdt \tag{3-22}$$

辅助服务器加密 B 得到 $E(B)=E(r^3cdt)$，然后主服务器去除盲因子 r 得到 $E(cdt)$。其解密正确性如下所示：

$$D(E(cdt))=D(E(B)^{r^{N-3}})=D(E(r^3cdt)^{r^{N-3}}) \tag{3-23}$$

因此，多安全乘法协议也满足 SMP 协议。

(二)Sigmoid 解密正确性

Sigmoid 在加密前，将泰勒展开中系数的浮点数扩展为整数，以 $x_0=0$ 为例，则 sigmoid 的泰勒展开公式如下：

$$\begin{aligned}f(z_i^{(L)})&=\frac{1}{1+e^{-z_i^{(L)}}}\\&=f(0)+f'(0)z_i^{(L)}+\frac{f''(0)}{2!}(z_i^{(L)})^2+\frac{f^{(3)}(0)}{3!}(z_i^{(L)})^3+\cdots+R_n(z_i^{(L)})\\&=\frac{1}{2}+\frac{z_i^{(L)}}{4}-\frac{(z_i^{(L)})^3}{48}+R_n(z_i^{(L)})\\&\approx 0.5+0.25z_i^{(L)}-0.02(z_i^{(L)})^3\end{aligned} \tag{3-24}$$

由于不同项的系数放大倍数不同，可能得到错误的解密结果。为了确保解密的正确性，我们将泰勒函数变为齐次化的泰勒函数，以前 3 项为例，其增大 $100u^3$ 的齐次化过程如下式所示：

$$\begin{aligned}100u^3f(z_i^{(L)})&\approx 100u^3(0.5+0.25z_i^{(L)}-0.02(z_i^{(L)})^3)\\&=50u^3+25u^2(uz_i^{(L)})-2(uz_i^{(L)})^3\end{aligned} \tag{3-25}$$

设 $u=10^8$，$uz_i^{(L)}=v$，将式(3-25)改为：

$$f(v)=50\times10^{24}+25\times10^{16}v-2v^3 \tag{3-26}$$

当 v 放大 8 位精度，$f(v)$ 的加密结果是 $E(f(v))$。其解密正确性如下式所示：

$$D(E(f(v)))=D(E(50\times10^{24})E(25\times10^{16}v)E(v^3)^{N-2}) \tag{3-27}$$

假设解密密文 $E(f(v))$ 得到 $f(v)$，并缩小 $100u^3$ 倍就可以得到正确的值。因此，确保了数据的正确性。

(三)PIDLSC 的密文梯度正确性

在 PIDLSC 方案的反向传播过程中，我们用公式 $\delta_i^{(4)}=\frac{1}{d}(x_i^{(4)}(x)-y_i)$ 去

计算密文梯度 $E(\mathrm{Accu}(\delta_i^{(4)}))$ ，其正确性能从以下公式推导出来：

$$
\begin{aligned}
&D(E(\mathrm{Accu}(\delta_i^{(4)})))\\
&=D\left(E\left(\mathrm{Accu}\left(\frac{\partial C}{\partial z_i^{(4)}}\right)\right)\right)\\
&=D\left(E\left(\mathrm{Accu}\left(-\frac{1}{d}(y_i\ln x_i^{(4)}(x)+(1-y_i)\ln(1-x_i^{(4)}(x))')\right)\right)\right)\\
&=D\left(E\left(\mathrm{Accu}\left(-\frac{1}{d}\left(\frac{y_i}{x_i^{(4)}(x)}-\frac{1-y_i}{1-x_i^{(4)}(x)}\right)\cdot\frac{\partial x_i^{(4)}(x)}{\partial z_i^{(4)}}\right)\right)\right)\\
&=D\left[E\left[\mathrm{Accu}\left[-\frac{1}{d}\cdot\frac{y_i-x_i^{(4)}(x)}{x_i^{(4)}(x)(1-x_i^{(4)}(x))}\cdot\frac{e^{-z_i^{(4)}}}{(1+e^{-z_i^{(4)}})^2}\right]\right]\right]\\
&=D\left(E\left(\mathrm{Accu}\left(-\frac{1}{d}\cdot\frac{y_i-x_i^{(4)}(x)}{x_i^{(4)}(x)(1-x_i^{(4)}(x))}\cdot x_i^{(4)}(x)(1-x_i^{(4)}(x))\right)\right)\right)\\
&=D\left(E\left(\mathrm{Accu}\left(-\frac{1}{d}\cdot(y_i-x_i^{(4)}(x))\right)\right)\right)\\
&=D\left(E\left(\mathrm{Accu}\left(\frac{1}{d}\cdot(x_i^{(4)}(x)-y_i)\right)\right)\right)
\end{aligned}
\tag{3-28}
$$

由上式可知，梯度越大，神经元学习速度收敛越快，因为它是由 $x_i^{(4)}(x)-y_i$ 控制的，而平方误差代价函数的梯度 $\delta_i=(x_i^{(4)}(x)-y_i)\cdot f'(z_i^{(4)})$ 中存在 $f'(z_i^{(4)})$ ，这影响了神经元的学习收敛速度。

（四）PIDLSL 密文梯度的正确性

在 PIDLSL 方案中，使用 $\delta_i^{(4)}=-y_i(1-x_i^{(4)}(x))$ 计算密文梯度 $E(\mathrm{Accu}(\delta_i^{(4)}))$ ，其正确性推导过程如下：

$$
\begin{aligned}
&D(E(\mathrm{Accu}(\delta_i^{(4)})))\\
&=D\left(E\left(\mathrm{Accu}\left(\frac{\partial C}{\partial z_i^{(4)}}\right)\right)\right)\\
&=D\left(E\left(\mathrm{Accu}\left(-\frac{y_i}{x_i^{(4)}(x)}\cdot\frac{\partial x_i^{(4)}(x)}{\partial z_i^{(4)}}\right)\right)\right)\\
&=D\left[E\left[\mathrm{Accu}\left[-\frac{y_i}{x_i^{(4)}(x)}\cdot\left[\frac{e^{z_i^{(4)}}}{\sum_k e^{z_k^{(4)}}}\right]'\right]\right]\right]\\
&=D\left[E\left[\mathrm{Accu}\left[-\frac{y_i}{x_i^{(4)}(x)}\cdot\frac{e^{z_i^{(4)}}\left(\sum_k e^{z_k^{(4)}}-e^{z_i^{(4)}}\right)}{\left(\sum_k e^{z_k^{(4)}}\right)^2}\right]\right]\right]
\end{aligned}
$$

$$= D\left(E\left(\text{Accu}\left(-\frac{y_i}{x_i^{(4)}(x)} \cdot x_i^{(4)}(x) \cdot (1 - x_i^{(4)}(x))\right)\right)\right)$$

$$= D(E(\text{Accu}(-y_i \cdot (1 - x_i^{(4)}(x))))) \tag{3-29}$$

从上述 PIDLSC 和 PIDLSL 的密文梯度正确性分析可知，我们提出的两个方案密文梯度中都不含 $f'(\text{Accu}(z_i^{(L)}))$ 项，避免了现有隐私保护深度学习方案中使用的密文平方误差代价函数中存在的 $f'(\text{Accu}(z_i^{(L)}))$ 引起的密文训练收敛速度慢的问题。

二、安全性分析

Paillier 密码方案是 IND-CPA 安全的，这个安全性已在原有方案中得到证明，在这里不再赘述。我们首先用理想 / 现实模型的形式化证明对协议、算法和方案的过程进行证明，然后对 PIDL 的安全性进行分析。

在理想 / 现实模型中，令 $\text{REAL}_{\pi,A,Z}$ 表示在环境 Z 中算法或协议 π 与敌手 A 交互的输出，$\text{IDEAL}_{F,S,Z}$ 表示在环境 Z 中仿真器敌手 S 与理想函数 F 交互的输出，该设置适用于该章论文的整个理想 / 现实模型。该方案中用理想 / 现实模型形式化证明的协议、算法及密文计算过程有 SMP 协议、SCP 协议、SDP 协议、密文 ReLU 函数、密文 sigmoid 函数、密文 softmax 函数、密文交叉熵代价函数、密文最大似然代价函数、密文反向传播等，通过分析整个模型训练的密文训练过程，证明了我们的方案的安全性。它们的具体分析如下所述。

我们提出的 SMP 协议是安全的。在 SMP 协议中，敌手 A 在环境 Z 中运行协议 π，并与辅助服务器及主服务器进行交互，则敌手 A 在现实世界中的视图为：

$$V_{\text{Real}} = \{E(c), E(d), E(c)^r, E(d)^r, r^2cd, E(cd)\}$$

在理想世界中，构建一个仿真器敌手 S，从理想函数 F 中获得相同数量的随机数，则仿真器敌手 S 在理想世界的视图为：

$$V_{\text{Ideal}} = \{r_1, r_2, r_1r, r_2r, r^2r_1r_2, r_1r_2\}$$

其中，随机数 $r_1, r_2, r_1r, r_2r, r^2r_1r_2, r_1r_2 \in \mathbb{Z}_{N^2}$。

从上面可知，现实世界视图是真实的密文和掩码密文，理想世界视图是与密文同分布的随机数。因为 Paillier 密码体制的语义安全性，上述两组视图对应的真实密文和随机数是不可区分的，且 r^2cd 和 $r^2r_1r_2$ 都含有随机数，它们也是不可区分的，说明 SMP 协议 π 安全地计算到了理想函数 F，即在现实模型中

运行包含敌手 A 的协议 π 的全局输出与在理想模型中运行包含敌手 S 的理想函数 F 的全局输出是不可区分的，于是便有：

$$\{\mathrm{IDEAL}_{F,S,Z}^{SMP}(V_{\mathrm{Ideal}})\} \overset{c}{\approx} \{\mathrm{REAL}_{\pi,A,Z}^{SMP}(V_{\mathrm{Real}})\}$$

上式的不可区分性表明协议 π 至少和理想函数 F 一样安全。因此，我们提出的 SMP 协议是安全的。

我们提出的 SCP 协议是安全的。在 SCP 协议中，敌手 A 在环境 Z 中运行协议 π ，并与辅助服务器及主服务器进行交互，则敌手 A 在现实世界中的视图为：

$$V_{\mathrm{Real}'} = \{E(m_1 - m_2), E(m_1 - m_2)^{r_1}, E(r_2), H, l\}$$

在理想世界中，构建一个仿真器敌手 S ，从理想函数 F 中获得相同数量的随机数，则仿真器敌手 S 在理想世界的视图为：

$$V_{\mathrm{Ideal}'} = \{r_H, r_{H1}, r_{H2}, r_{HH}, r_{Hl}\}$$

其中，随机数 $r_H, r_{H1}, r_{H2}, r_{HH}, r_{Hl} \in \mathbb{Z}_{N^2}$

同样，从上面可知，现实世界视图是真实的密文和掩码密文，理想世界视图是与密文同分布的随机数。因为 Paillier 密码体制的语义安全性，所以上述两组视图对应的真实密文和随机数是不可区分的，且 l 和 r_{Hl} 都含有随机数，它们也是不可区分的，这说明 SCP 协议 π 安全地计算到了理想函数 F ，即在现实模型中运行包含敌手 A 的协议 π 的全局输出与在理想模型中运行包含敌手 S 的理想函数 F 的全局输出是不可区分的，于是便有：

$$\{\mathrm{IDEAL}_{F,S,Z}^{SCP}(V_{\mathrm{Ideal}'})\} \overset{c}{\approx} \{\mathrm{REAL}_{\pi,A,Z}^{SCP}(V_{\mathrm{Real}'})\}$$

因此，我们的 SCP 协议是安全的。

我们提出的 SDP 协议是安全的。在 SDP 协议中，敌手 A 在环境 Z 中运行协议 π ，并与辅助服务器及主服务器进行交互，则敌手 A 在现实世界中的视图为：

$$U_{\mathrm{Real}} = \{E(h), E(r), E(\alpha), E(e), E(\mathrm{Accu}(h/f))\}$$

在理想世界中，构建一个仿真器敌手 S ，从理想函数 F 中获得相同数量的随机数，则敌手 S 在理想世界的视图为：

$$U_{\mathrm{Ideal}} = \{r_{1h}, r_{2r}, r_\alpha, r_e, r_{hf}\}$$

其中，随机数 $r_{1h}, r_{2r}, r_\alpha, r_e, r_{hf} \in \mathbb{Z}_{N^2}$ 。从上面可知，现实世界视图是真实的密文，理想世界视图是与密文同分布的随机数。

由于 Paillier 密码体制的语义安全性,上述两组视图对应的真实密文和随机数是不可区分的,这说明 SDP 协议 π 安全地计算到了理想函数 F ,即在现实模型中运行包含敌手 A 的协议 π 的全局输出与在理想模型中运行包含敌手 S 的理想函数 F 的全局输出是不可区分的,于是便有:

$$\{\mathrm{IDEAL}_{F,S,Z}^{SDP}(U_{\mathrm{Ideal}})\} \overset{c}{\approx} \{\mathrm{REAL}_{\pi,A,Z}^{SDP}(U_{\mathrm{Real}})\}$$

因此,我们的 SDP 协议是安全的。

我们提出的密文 ReLU 计算算法是安全的。在安全 ReLU 计算算法中,敌手 A 在环境 Z 中运行算法 π ,并与主服务器进行交互,则敌手 A 在现实世界中的视图为:

$$U_{\mathrm{Real}'} = \{E(X_1), E(Y_1), E(\beta), E(\mathrm{Accu}(z^{(l+1)}))/E(0)\}$$

在理想世界中,构建一个仿真器敌手 S ,从理想函数 F 中获得相同数量的随机数,则敌手 S 在理想世界的视图为:

$$U_{\mathrm{Ideal}'} = \{r_{X1}, r_{Y1}, r_{\beta}, r_{z0}\}$$

其中,随机数 $r_{X1}, r_{Y1}, r_{\beta}, r_{z0} \in \mathbb{Z}_{N^2}$ 。

由于 Paillier 密码体制的语义安全性,上述两组视图对应的真实密文和随机数是不可区分的,这说明安全 ReLU 计算算法 π 安全地计算到了理想函数 F ,即在现实模型中运行包含敌手 A 的协议 π 的全局输出与在理想模型中运行包含敌手 S 的理想函数 F 的全局输出是不可区分的,于是便有:

$$\{\mathrm{IDEAL}_{F,S,Z}^{ReLU}(U_{\mathrm{Ideal}'})\} \overset{c}{\approx} \{\mathrm{REAL}_{\pi,A,Z}^{ReLU}(U_{\mathrm{Real}'})\}$$

辅助服务器上存在 $r(2\mathrm{Accu}(z_i^{(l+1)})+1)$ 和 $\mathrm{Accu}(z_i^{(l+1)})$,由于辅助服务器是可信的,所以这些信息不会被泄露。辅助服务器在发送 $z_i^{(l+1)}$ 的判定结果的过程中,即使敌手在通信线路上获得了判定结果,也不能获得任何的用户或模型训练信息。因此,我们的安全 ReLU 计算算法是安全的。

我们提出的密文 sigmoid 函数计算算法是安全的。与主服务器进行数据交互的过程中,敌手 A 能获得 $E(\mathrm{Accu}(z_i^{(L)}))$, $E(f(\mathrm{Accu}(z_i^{(L)})))$ 两个密文信息。由于 Paillier 是 IND-CPA 安全的,所以敌手不能从两个密文中获取任何信息。辅助服务器是可信的,所以敌手 A 不能与辅助服务器交互获取任何信息。因此,我们的密文 sigmoid 函数计算算法是安全的。

我们提出的密文交叉熵代价函数的计算过程是安全的。由于辅助服务器是可信的,我们只考虑主服务器上的数据安全性。在密文交叉熵代价函数的计算过程中，敌手 A 在环境 Z 中运行算法 π，并与主服务器进行交互，可以获得交互过程中的各种数据 Q_{Real}。则敌手 A 在现实世界的真实视图为：

$$Q_{\text{Real}} = \{E(\text{Accu}(y_i)), E(\text{Accu}(1-y_i)), SMP\left(E\left(\text{Accu}\left(-\frac{1}{d}y_i \ln x_i^{(L)}(x)\right)\right)\right)$$

$$SMP\left(E\left(\text{Accu}\left(-\frac{1}{d}(1-y_i)\ln(1-x_i^{(L)}(x))\right)\right)\right), E(\text{Accu}(C))\}$$

在理想世界中，构建一个仿真器敌手 S，从理想函数 F 中获得相同数量的随机数，则敌手 S 在理想世界中的视图为：

$$Q_{\text{Ideal}} = \{r_a, r_{la}, r_{lai}, r_y, r_{yi}, r_{dya}, r_{dyi}, r_{er}\}$$

其中，随机数 $r_a, r_{la}, r_{lai}, r_y, r_{yi}, r_{dya}, r_{dyi}, r_{er} \in \mathbb{Z}_{N^2}$。从上面可知，现实世界视图是真实密文，理想世界视图是与密文同分布的随机数。

由于 Paillier 密码体制的语义安全性，上述两组视图对应的真实密文和随机数是不可区分的，这说明密文交叉熵代价函数的计算过程 π 安全计算到理想函数F，即在现实模型中运行包含敌手A 的协议π 的全局输出与理想模型中运行包含敌手S 的理想函数F 的全局输出是不可区分的，于是便有：

$$\{\text{IDEAL}_{F,S,Z}^{CROS}(Q_{\text{Ideal}})\} \overset{c}{\approx} \{\text{REAL}_{\pi,A,Z}^{CROS}(Q_{\text{Real}})\}$$

因此，我们的密文交叉熵代价函数的计算过程是安全的。

我们提出的密文 softmax 激活函数的计算过程是安全的。同样，我们只考虑主服务器上的数据安全性。在密文 softmax 激活函数计算过程中，敌手 A 在环境 Z 中运行算法 π，并与主服务器进行交互，则敌手 A 在现实世界中的视图为：

$$R_{\text{Real}} = \{E(\text{Accu}(z_i^{(L)} + r_1)), E(\text{Accu}(e^{z_i^{(L)}+r_1})), E(\text{Accu}(e^{z_i^{(L)}}))$$

$$E(\text{Accu}(e^{z_i^{(L)}} + r_2)), E(\text{Accu}(e^{z_k^{(L)}})), E\left(\text{Accu}\left(\frac{e^{z_i^{(L)}} + r_2}{d}\right)\right)$$

$$E\left(\text{Accu}(d), \text{Accu}\left(\frac{-r_2}{d}\right)\right), E\left(\text{Accu}\left(\frac{e^{z_i^{(L)}}}{d}\right)\right)\}$$

在理想世界中，构建一个仿真器敌手 S，从理想函数 F 中获得 8 个随机数和 1 个明文 d，则敌手 S 在理想世界的视图为：

$$R_{\text{Ideal}} = \{r_{zr}, r_{ezr}, r_{ez}, r_{ezr2}, r_{ezk}, r_{der}, d, r_{dr2}, r_{dez}\}$$

其中，随机数 $r_{zr}, r_{ezr}, r_{ez}, r_{ezr2}, r_{ezk}, r_{der}, r_{dr2}, r_{dez} \in \mathbb{Z}_{N^2}$。

由于 Paillier 密码体制的语义安全性，所以上述两组视图对应的 8 个真实密文和 8 个随机数是不可区分的，其中，$d=\sum_{k=1}^{n_4} e^{z_k^{(L)}}$ 是求和的结果，敌手 A 无法从该结果中获得模型训练的任何信息，这说明密文 softmax 激活函数的计算过程 π 安全地计算到了理想函数 F，即在现实模型中运行包含敌手 A 的协议 π 的全局输出与在理想模型中运行包含敌手 S 的理想函数 F 的全局输出是不可区分的，于是便有：

$$\{\mathrm{IDEAL}_{F,S,Z}^{SOFT}(R_{\mathrm{Ideal}})\} \stackrel{c}{\approx} \{\mathrm{REAL}_{\pi,A,Z}^{SOFT}(R_{\mathrm{Real}})\}$$

因此，我们的密文 softmax 激活函数的计算过程是安全的。

我们提出的密文最大似然代价函数的计算过程是安全的。同样，我们只考虑主服务器上的数据安全性。在密文最大似然代价函数的计算过程中，敌手 A 在环境 Z 中运行算法 π，并与主服务器进行交互，则敌手 A 在现实世界中的视图为：

$$R_{\mathrm{Real}'}=\{E(\mathrm{Accu}(x_i^{(L)}(x))),E(\mathrm{Accu}(\log x_i^{(L)}(x)))$$
$$SMP(E(\mathrm{Accu}(-y_i)\mathrm{Accu}(\log x_i^{(L)}(x)))),E(\mathrm{Accu}(y_i)),E(\mathrm{Accu}(C))\}$$

在理想世界中，构建一个仿真器敌手 S，从理想函数 F 中获得相同数量的随机数，则敌手 S 在理想世界的视图为：

$$R_{\mathrm{Ideal}'}=\{r_{aL},r_{laL},r_{yla},r_{yi},r_{err}\}$$

其中，随机数 $r_{aL},r_{laL},r_{yla},r_{yi},r_{err}\in\mathbb{Z}_{N^2}$。

从上面可知，现实世界视图是真实的密文，理想世界视图是与密文同分布的随机数。由于 Paillier 密码体制的语义安全性，所以上述两组视图对应的真实密文和随机数是不可区分的，这说明密文最大似然代价函数的计算过程 π 安全计算到了理想函数 F，即在现实模型中运行包含敌手 A 的协议 π 的全局输出与在理想模型中运行包含敌手 S 的理想函数 F 的全局输出是不可区分的，于是便有：

$$\{\mathrm{IDEAL}_{F,S,Z}^{LOGL}(R_{\mathrm{Ideal}'})\} \stackrel{c}{\approx} \{\mathrm{REAL}_{\pi,A,Z}^{LOGL}(R_{\mathrm{Real}'})\}$$

因此，我们的密文最大似然代价函数的计算过程是安全的。

PIDLSC 和 PIDLSL 的反向传播过程是安全的。PIDLSC 和 PIDLSL 两个方案的反向传播过程除了求密文梯度 $\delta_i^{(4)}$ 不一样，其余过程都一样，因此我们统一进行了安全证明。在反向传播过程中，步骤Ⅰ的 SCP 协议的安全性在前面已经证明,步骤Ⅱ-Ⅳ的安全性有以下分析保证。在步骤Ⅱ-Ⅳ的计算过程中,敌手 A 在环境 Z 中运行算法 π ,并与主服务器进行交互,则敌手 A 在现实世界中的视图为:

$$Q_{\text{Real}'} = \{E(\text{Accu}(\delta_i^{(4)})), E(\text{Accu}(\nabla b_i^{(3)})), E(\text{Accu}(\delta_j^{(l)})), E(\text{Accu}(\nabla b_j^{(l-1)}))$$

$$E(\text{Accu}(\nabla w_{ij}^{(l)})), E(\text{Accu}(w_{ij}^{(l)})), E(\text{Accu}(b_i^{(l)}))\}$$

在理想世界中,构建一个仿真器敌手 S ,从理想函数 F 中获得相同数量的随机数,则敌手 S 在理想世界的视图为:

$$Q_{\text{Ideal}'} = \{r_{\delta i}, r_{bi}, r_{\delta j}, r_{bj}, r_{\delta ij}, r_{ij}, r_{bi}\}$$

其中,随机数 $r_{\delta i}, r_{bi}, r_{\delta j}, r_{bj}, r_{\delta ij}, r_{ij}, r_{bi} \in \mathbb{Z}_{N^2}$ 。

从上面可知,现实世界视图是真实的密文,理想世界视图是与密文同分布的随机数。由于 Paillier 密码体制的语义安全性,所以上述两组视图对应的真实密文和随机数是不可区分的,这说明反向传播的计算过程 π 安全地计算到了理想函数 F ,即在现实模型中运行包含敌手 A 的协议 π 的全局输出与在理想模型中运行包含敌手 S 的理想函数 F 的全局输出是不可区分的,于是便有:

$$\{\text{IDEAL}_{F,S,Z}^{BACK}(Q_{\text{Ideal}'})\} \stackrel{c}{\approx} \{\text{REAL}_{\pi,A,Z}^{BACK}(Q_{\text{Real}'})\}$$

我们的方案可以保证输入数据、模型数据和分类结果的安全。

(1)输入数据安全:用户的输入向量 x 为第一层的输入,其他层神经元的输入向量是 $\boldsymbol{z}^{(l+1)}$,它们在主服务器的深度学习模型中以 $E(\text{Accu}(x))$ 和 $E(\text{Accu}(z^{(l+1)}))$ 的形式存在,依据 Paillier 密码系统的 IND-CPA 安全性,方案保证了各层的输入数据的安全。

(2)模型数据安全:在模型训练过程中,隐含层的 ReLU 激活函数和输出层的 sigmoid 或 softmax 激活函数输出为 $f(\boldsymbol{z}_i^{(l+1)})$,这个输出在训练过程中都是以密文的形式存在的。交叉熵代价函数或最大似然代价函数 C 也以密文 $E(\text{Accu}(C))$ 的形式存在的。在反向传播过程中,所有梯度 δ_i 、权重矩阵 W 和偏置向量 b 的计算都是以密文的形式进行训练的。依据 Paillier 密码系统的 IND-CPA 安全性,我们方案的整个训练过程是安全的,因此方案保证了模型数据的安全。

(3)分类结果安全:获得最优训练模型后,主服务器进行模型分类,分类结果是以密文的形式存在的,辅助服务器获得的是密文的分类结果,则用户下载的也是密文的分类结果，依据 Paillier 密码系统的 IND-CPA 安全性，我们的方案保证了分类结果的安全。

我们的方案可以保证私钥的安全。腐化的主服务器敌手 A 或外部敌手 A 希望获取用户私钥 sk，但无法获取私钥 sk。当 A 想从辅助服务器获得私钥时，辅助服务器会禁止未经授权的用户访问，因此 A 无法获得私钥。通信线路采用安全隧道技术，避免了 A 窃听，从而使 A 无法获得私钥。在本系统中，私钥由辅助服务器分发给授权用户或留给辅助服务器本身，则只有辅助服务器和授权用户拥有私钥，因此，该方案系统的私钥是安全的。

第七节　性能分析

在本节中，我们将评估所提方案的性能。首先，我们分析通信代价和计算代价。同时，通过实验和性能分析，评估方案的效率和准确率。

一、理论分析

（一）通信代价

用户向主服务器发送密文数据产生 $M|k|_2$ 比特的通信代价，其中 M 表示小批量样本数据的个数，$|k|_2$ 表示密文长度。在 PIDLSC 的前向传播过程中，SMP 的通信代价为 $3|k|_2$，在密文输入计算过程中，产生 $(3n_1n_2+n_2)|k|_2$ 的通信代价。在隐含层，主服务器使用 ReLU 函数作为激活函数，这个训练过程产生 $n_2n_3(|k|_2+1)$ 比特的通信代价。在输出层，主服务器与辅助服务器协作对 sigmoid 激活函数和交叉熵代价函数进行模型训练，分别产生 $2n_4|k|_2$ 比特和 $10n_4|k|_2$ 比特的通信代价。反向传播产生 $(2(n_1+n_2+n_3)+n_4)|k|_2$ 比特的通信代价。

在 PIDLSL 的前向传播过程中，输入层和隐含层的通信代价与 PIDLSC 的这两层的通信代价相同。在输出层，主服务器在计算密文 softmax 激活函数时产生 $(8n_4+4)|k|_2$ 比特的通信代价，然后以 $6n_4|k|_2$ 比特的通信代价计算密文代价函数。反向传播产生 $(2(n_1+n_2+n_3)+n_4)|k|_2$ 比特的通信代价。

表 3-1 将方案的通信代价与现有的两个方案[50,81]的通信代价进行了比较。

如表 3-1 所示，我们的两个方案都使用了四层网络进行了模型训练，而比较的两个方案使用了三层网络，这意味着我们方案的隐含层节点数比现有方案[29,50]多 n_3 个节点。如果我们用三层的神经网络，我们的通信代价将比现有的方案的通信代价更低。

表 3-1 通信代价的比较

隐私保护方案	加密方案	通信代价
PIDLSC	Paillier	$(M+3n_1n_2+n_2n_3+2n_1+3n_2+2n_3+13n_4)\mid k\mid_2+n_2n_3$
PIDLSL	Paillier	$(M+3n_1n_2+n_2n_3+2n_1+3n_2+2n_3+15n_4+4)\mid k\mid_2+n_2n_3$
Zhang 等[81]	BGV	$M(2Mn_1n_2+n_1+n_2)\mid k\mid_2$
PDLM[50]	DT-PKC	$Mn_2(8n_1+7n_3)\mid k\mid_2$

M 表示小批量样本数据的个数，n_1,n_2,n_3,n_4 为各层节点的数目，$\mid k\mid_2$ 表示密文长度。

为了使通信代价的比较结果更明晰，我们以各参数数据的变化对通信代价进行了分析。在该分析中，我们设置每个参数的固定值，M 设为 100，各层神经元节点 $\{n_1,n_2,n_3,n_4\}$ 的对应数量是{784, 30, 30, 30}，密文长度 $\mid k\mid_2$ 设为 2048。在每次数据分析的过程中，我们只对其中一个或两个参数发生通信代价变化的影响进行了分析。首先，我们比较了随着小批量样本数据 M 的变化通信代价的变化，其中 M 的变化设为{10, 20, 30, …, 100}，其比较结果如表 3-2 所示。

表 3-2 小批量样本数据变化通信代价的变化(MB)

M	**10**	**20**	**30**	**40**	**50**	**60**	**70**	**80**	**90**	**100**
PIDLSC	144	144	144	144	144	144	144	144	144	144
PIDLSL	144	144	144	144	144	144	144	144	144	144
Zhang 等[81]	9203	36782	82735	147064	229767	330845	450299	588127	744331	918909
PDLM[50]	3798	7596	11394	15192	18990	22788	26586	30384	34182	37980

接着，我们分别比较了随着输入神经元数量(INN)、隐含层神经元数量(HNN)、输出层神经元数量(ONN)通信代价的变化。在表 3-3 中，我们分析了输入层神经元数量 n_1 为{100, 200, 300, …, 1000}时通信代价的变化。在表 3-4 中，我们的隐含层神经元数量 n_2，n_3 设为{10, 20, 30, …, 100}，同次计算

中两层的节点数相同;其他两个方案[50,81]的隐含层神经元数量 n_2 设为{10, 20, 30, …, 100}。在表 3-5 中,我们的输出层神经元数量 n_4 设为{10, 20, 30, …, 100},其他两个方案[50,81]的输出层神经元数量 n_3 设为{10, 20, 30, …, 100}。

表 3-3　输入层神经元数量变化通信代价的变化(MB)

INN	100	200	300	400	500	600	700	800	900	1000
PIDLSC	21	39	57	75	93	111	129	147	165	183
PIDLSL	21	39	57	75	93	111	129	147	165	183
Zhang 等[81]	117213	234420	351627	468834	586041	703248	820455	937662	1054869	1172076
PDLM [50]	3	5	7	10	12	14	17	19	21	23

表 3-4　隐含层神经元数量变化通信代价的变化(MB)

HNN	10	20	30	40	50	60	70	80	90	100
PIDLSC	50	97	144	192	240	288	337	386	436	486
PIDLSL	50	97	144	192	240	288	337	386	436	486
Zhang 等[81]	150	299	449	598	748	897	1047	1196	1346	1495
PDLM[50]	12660	25320	37980	50641	63301	75961	88621	101281	113941	126602

表 3-5　输出层神经元数量变化通信代价的变化(MB)

ONN	10	20	30	40	50	60	70	80	90	100
PIDLSC	143	144	144	144	145	145	145	145	146	146
PIDLSL	143	144	144	144	145	145	145	145	146	146
Zhang 等[81]	449	449	449	449	449	449	449	449	449	449
PDLM[50]	37160	37570	37980	38391	38801	39211	39621	40031	40441	40852

最后,我们分析了随着密文长度的变化。通信代价的变化情况,如表 3-6 所示。在该表中,我们设密文长度为{1024, 2048, 3072, 4096, 8192},并在表中

记录了其分析结果。

表 3-6　输出层神经元数量变化通信代价的变化(MB)

密文长度	1024	2048	3072	4096	8192
PIDLSC	72	144	216	288	576
PIDLSL	173	203	233	263	383
Zhang 等[81]	459454	918909	1378363	1837818	3675636
PDLM[50]	18990	37980	56971	75961	151922

(二)计算代价

为了简化表述,我们将点乘/除法表示为 Mul/Div,对数表示为 Ln,泰勒操作表示为 Tay,指数运算表示为 Exp。在 PIDLSC 的前向传播中,SMP 协议的计算代价为 9Exp + 2Div + 2Mul,在隐含层的第一层输入中产生 $(9n_1n_2+4n_2)$Exp$+2(n_1n_2+n_2)$(Div+Mul) 的计算代价。在两个隐含层中,计算密文 ReLU 激活函数产生 (n_2+n_3)(5Exp+2Mul+Div) 的计算代价。在输出层中,主服务器计算密文 sigmoid 函数产生 n_4(4Exp+Mul+2Div+Tay) 的计算代价,计算密文交叉熵代价函数产生 n_4(41Exp+2Ln+10Div+15Mul) 的计算代价。在反向传播过程中,主服务器在计算输出层密文梯度时产生 n_4(4Exp+2Mul) 的计算代价,计算偏置的密文梯度时产生 $(n_2+n_3+n_4)$Mul 的计算代价。更新权重时产生 $(n_1n_2+n_2n_3+n_3n_4)$(9Exp+2Div+3Mul) 的计算代价,更新偏置时产生 $(n_2+n_3+n_4)$(9Exp+2Div+3Mul) 的计算代价。

在 PIDLSL 中,前向传播过程的输入层和隐含层的计算代价与 PIDLSC 的前向传播中的计算代价相同。在输出层中,密文 softmax 函数产生 $n_4((3n_4+13)$Mul$+(9n_4+26)$Exp$+(9+2n_4)$Div) 的计算代价,密文最大似然代价函数产生 $n_4((9+9n_4)$Exp$+(4+2n_4)$Div+Ln$+(3+2n_4)$Mul) 的计算代价。在反向传播中,主服务器在计算输出层密文梯度时产生 n_4(12Exp+5Mul+2Div) 的计算代价。

由于其他方案中未采用较为复杂的交叉熵代价函数,且没有将数据取整函数考虑进方案,因此,在表 3-7 中,我们只比较了 PIDLSC 和 PIDLSL 的计算代价。

表 3-7　计算代价的比较

PIDLSC	计算代价	PIDLSL	计算代价
第一层隐含层输入密文	$(9n_1n_2+4n_2)\mathrm{Exp}+2(n_1n_2+n_2)(\mathrm{Div}+\mathrm{Mul})$	第一层隐含层输入密文	$(9n_1n_2+4n_2)\mathrm{Exp}+2(n_1n_2+n_2)(\mathrm{Div}+\mathrm{Mul})$
密文 ReLU 激活函数	$(n_2+n_3)(5\mathrm{Exp}+2\mathrm{Mul}+\mathrm{Div})$	密文 ReLU 激活函数	$(n_2+n_3)(5\mathrm{Exp}+2\mathrm{Mul}+\mathrm{Div})$
密文 sigmoid 函数	$n_4(4\mathrm{Exp}+\mathrm{Mul}+2\mathrm{Div}+\mathrm{Tay})$	密文 softmax 函数	$n_4((3n_4+13)\mathrm{Mul}+(9n_4+26)\mathrm{Exp}+(9+2n_4)\mathrm{Div})$
密文交叉熵代价函数	$n_4(41\mathrm{Exp}+2\mathrm{Ln}+10\mathrm{Div}+15\mathrm{Mul})$	密文最大似然代价函数	$n_4((9+9n_4)\mathrm{Exp}+(4+2n_4)\mathrm{Div}+\mathrm{Ln}+(3+2n_4)\mathrm{Mul})$
输出层密文梯度	$n_4(4\mathrm{Exp}+2\mathrm{Mul})$	输出层密文梯度	$n_4(12\mathrm{Exp}+5\mathrm{Mul}+2\mathrm{Div})$
密文偏置梯度	$(n_2+n_3+n_4)\mathrm{Mul}$	密文偏置梯度	$(n_2+n_3+n_4)\mathrm{Mul}$
更新权重	$(n_1n_2+n_2n_3+n_3n_4)(9\mathrm{Exp}+2\mathrm{Div}+3\mathrm{Mul})$	更新权重	$(n_1n_2+n_2n_3+n_3n_4)(9\mathrm{Exp}+2\mathrm{Div}+3\mathrm{Mul})$
更新偏置	$(n_2+n_3+n_4)(9\mathrm{Exp}+2\mathrm{Div}+3\mathrm{Mul})$	更新偏置	$(n_2+n_3+n_4)(9\mathrm{Exp}+2\mathrm{Div}+3\mathrm{Mul})$

二、实验分析

该方案实验环境使用配置为 Intel Core i7-4790 CPU @3. 60GHz (8 CPUs),8GB RAM 的计算机,运行环境是 64 位 Windows 10 操作系统和 Python 3. 7. 6。实验数据集采用 Mnist 和 Cifar-10 数据集。Mnist 数据集包含 60000 个手写数字的训练集,10000 个手写数字的验证集和 10000 个手写数字的测试集。其中,单个 Mnist 图像可以表示为 28×28 的像素图像,训练数据以一个元组的形式返回 784 个值。Cifar-10 数据集由 10 类 60000 张 32 * 32 的彩色图像组成,其中,每类图像有 6000 张,训练图像有 50000 张,测试图像有 10000 张。

首先,我们对提出的两种方案的通信代价与现有方案[50, 81]的通信代价进行了比较。图 3-2(a)描述了随着小批量样本数据的变化,通信代价变化的情

况，其中小批量训练数据的个数 M 为{10, 20, 30, …, 100}，各层神经元节点{n_1, n_2, n_3, n_4}对应的数量是{784, 30, 30, 30}，密文长度 $|k|_2$ 值设为 2048。如图 3-2(a)所示，随着 M 的增长，现有方案[50, 81]的通信代价明显增加，我们的两个方案的通信代价几乎相同。结果表明，我们方案的通信代价低于现有方案[50, 81]的通信代价。

图 3-2(b)比较的是随着输入层节点的变化，通信代价的变化情况，其中参数{$M, n_2, n_3, n_4, |k|_2$}分别设置为{100, 30, 30, 30, 2048}，输入层节点变化的数量设为{10, 20, 30, …, 100}。结果表明，所提方案的通信代价随输入层神经元数量的变化而不断变化，而 Zhang 等提出的方案[81]的通信代价则随着输入层节点数量的增加而显著增加。

如图 3-2(c)所示，隐含层神经元数量实例的变化范围为{10, 20, 30, …, 100}，输入层神经元数量设为 784，输出层神经元数量设为 30，其他参数保持不变。如此可以得出，我们方案的通信代价变化较慢，比较的两个方案[50, 81]的通信代价增长较快。

如图 3-2(d)所示，输出层神经元的数量变化范围为{10, 20, 30, …, 100}，其他参数保持不变。结果表明，比较的方案[81]通信代价保持不变，比较的方案[50]通信代价不断增加，我们的通信代价也保持不变，但我们的通信代价明显低于其他比较的两个方案。从整体分析，图 3-2 给出的结果表明，我们方案的通信代价除了输入层数据变化影响通信代价不是最低的，其他数据变化产生的通信代价低于方案[50, 81]的通信代价。

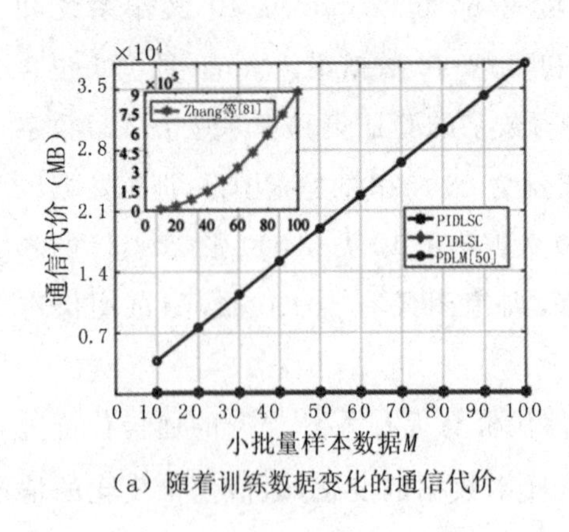

(a) 随着训练数据变化的通信代价

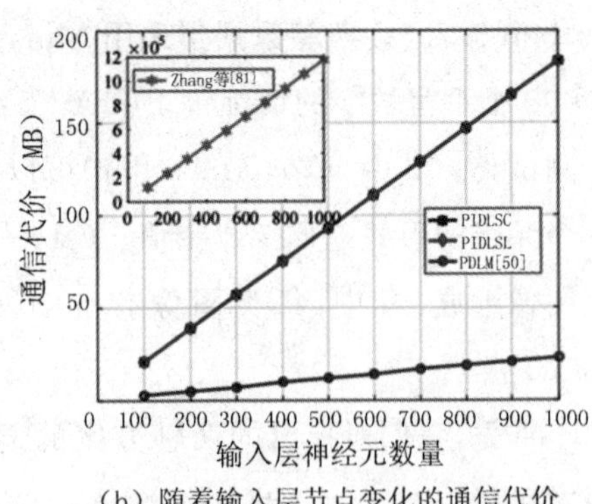

(b) 随着输入层节点变化的通信代价

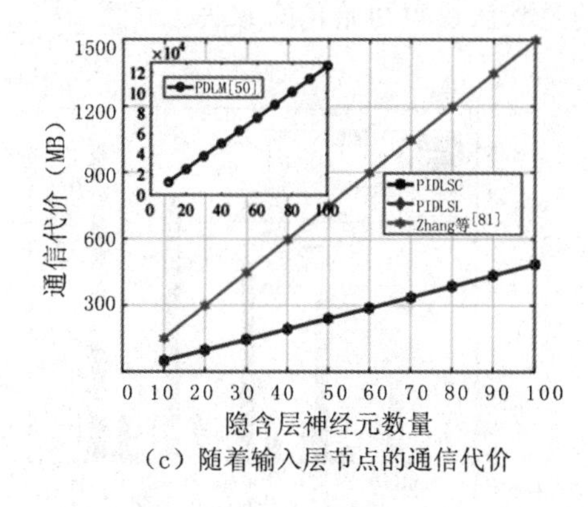

（c）随着输入层节点的通信代价

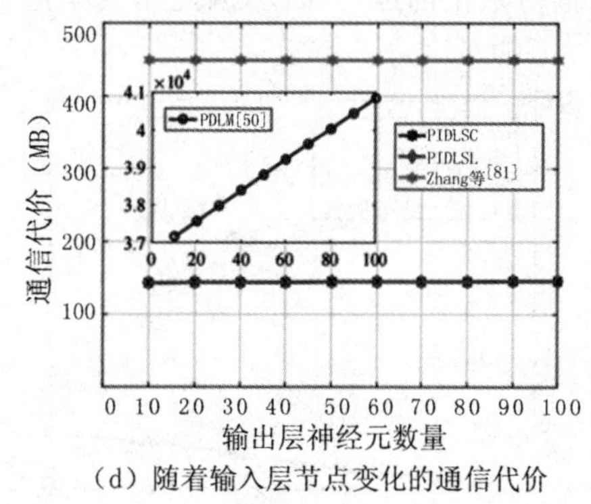

（d）随着输入层节点变化的通信代价

图 3-2 通信代价

图 3-3 测试了 Mnist 和 Cifar-10 数据集下的加解密效率。如图 3-3(a)所示，随着图像数量的增加，即随着 Mnist 和 Cifar-10 数据集的增加，加密的运行时间不断增加，解密的运行时间也在增加，但解密时间变化不大，看起来像一条直线。结果表明，方案所用的加密时间远远大于解密时间。

图 3-3(b)比较了随着图像或特征数量的变化，加密时间的变化情况。如图 3-3(b)所示，随着{1，2，3，4，5}个图像或{150，300，450，600，784}个图像特征的变化，每类测试的直方图的运行时间都在不断增加，即随着图像数量的变化，Mnist 和 Cifar-10 数据集的图像的加密时间明显增加，特征的加密时间也略有增加，但变化较小。结果表明，小批量或特征提取是比使用整个图像更好的训练方法。

图 3-3(c)比较了随着图像和特征的变化，解密时间的变化情况。如图 3 3(c)所示，随着 Mnist 和 Cifar-10 数据集中{1,2,3,4,5}个图像或{150,300,450,600,784}个图像特征的增加，图像和特征的解密时间不断增加，但特征的解密时间变化小于图像的解密时间变化。实验结果也表明，小批量或特征提取是一种比使用整个图像更好的训练方法。因此，本文采用小批量特征提取的方式。

图 3-3(d)比较了权重初始化的加密时间，权重初始化的选取方式采用默认权重和大权重。如图 3-3(d)所示，默认权重和大权重的加密时间随着隐含层节点数的增加而增加。当隐含层数量大于 30 个节点时，大权重的加密时间增长较快。结果表明，随着隐含层节点的增加，大权重初始化的运行时间大于默认

权重初始化的运行时间，因此本文采用的是默认权重初始化的方法。

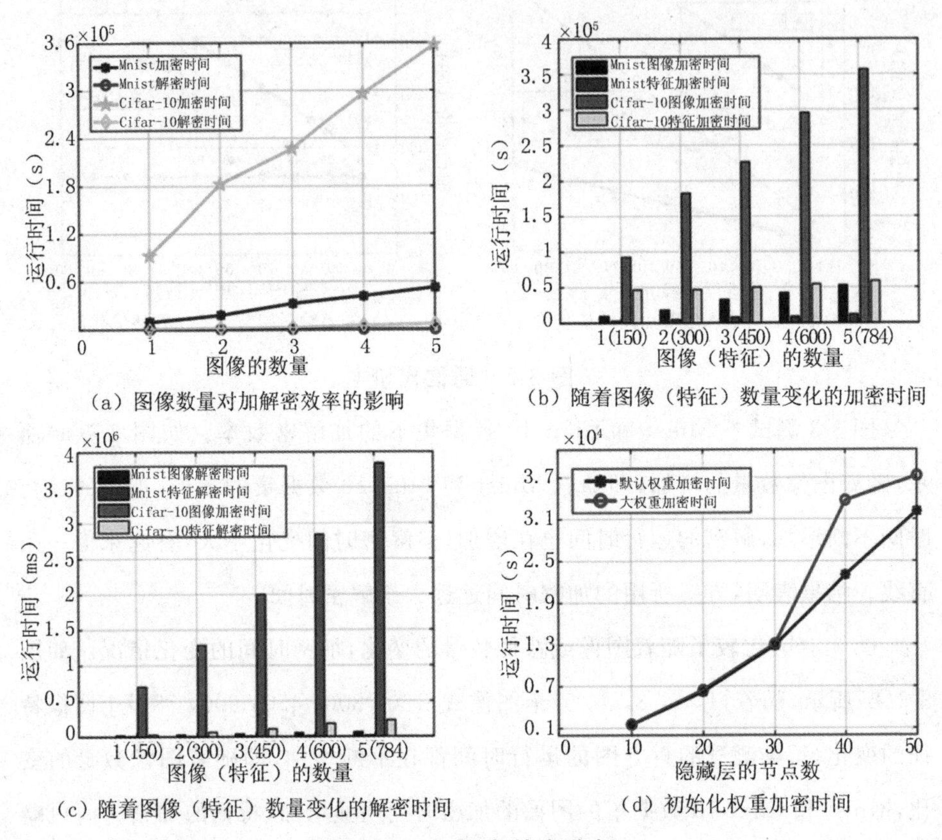

（a）图像数量对加解密效率的影响

（b）随着图像（特征）数量变化的加密时间

（c）随着图像（特征）数量变化的解密时间

（d）初始化权重加密时间

图 3-3 加解密效率分析

图 3-4 比较了三层网络和四层网络的准确率，即随着 epoch 和训练集大小的增长，比较该方案训练模型的准确率与 PDLM[50] 方案的准确率。如图 3-4(a)所示，随着 epoch 数量的增加，两个方案的分类准确率都不断提高。结果表明，所提方案的四层网络的分类准确率优于 PDLM[50] 的三层网络的分类准确率。图 3-4(b)绘制了随着训练数据集大小的变化，两个方案准确率的变化。仿真结果表明，随着训练数据集数量的增加，两个方案的准确率都不断增加。通过与 PDLM[50] 进行比较，发现当数据集足够大时，四层网络优于三层网络。结果表明，epoch 数量和数据集的大小选择也明显影响深度学习的训练准确率，因此选择合适的参数值是必要的。

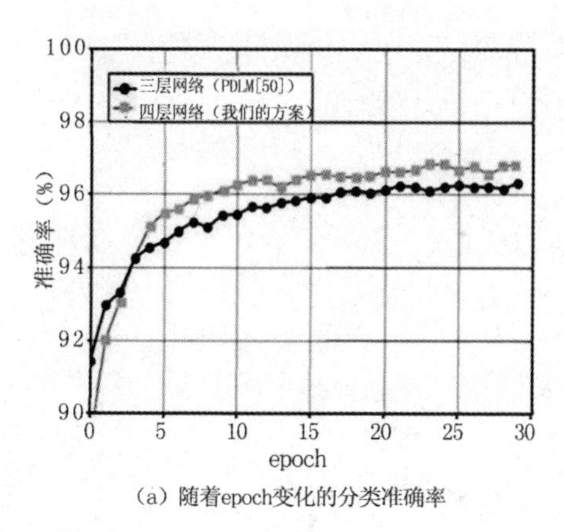

（a）随着epoch变化的分类准确率

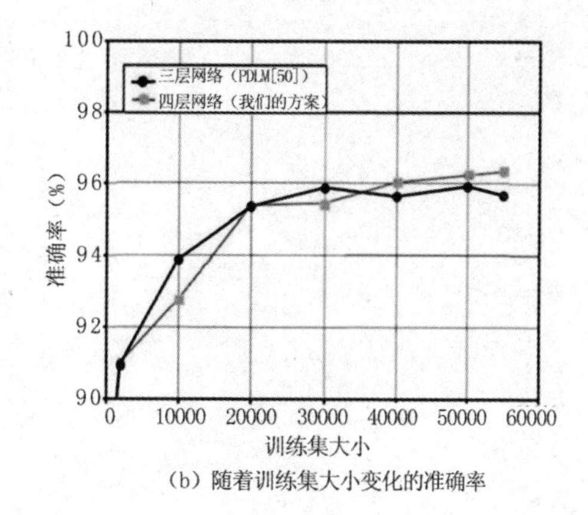

（b）随着训练集大小变化的准确率

图 3-4　准确率分析

第八节　本章小结

深度学习在图像分类训练过程中需要收集大量用户图像，这其中含有用户的敏感信息，容易导致用户隐私信息的泄露。为了解决用户隐私泄露问题，目前提出了许多隐私保护深度学习训练方案，然而现有方案中存在部分复杂非线性函数密文无法计算、密文训练收敛速度慢等问题。针对这些问题，我们设计了一个安全、正确的隐私保护深度学习方案，保护了数据隐私、模型隐私和分类结果隐私。尽管方案在服务器间交互轮数较多，但不影响用户的交互轮数。同时，通过两组恰当的密文激活函数和密文代价函数的使用，实现了隐私保护的深度学习训练与分类方案，在保证方案准确率的同时，解决了部分复杂非线性函数密文计算的问题。我们的方案适用于双云模型或双服务器下的深度学习模型训练场景。

第四章

基于同态重加密的隐私保护深度学习方案

深度学习通过神经网络学习样本数据的内在规律和表示层次，提取文字、图像和声音等数据，目前在很多领域都取得了重大突破。然而，深度学习模型需要收集大量的用户数据进行训练，这容易导致用户信息隐私泄露。针对深度学习训练过程中的用户隐私泄露问题，研究者们提出了许多隐私保护深度学习方案。在多密钥隐私保护深度学习方案中，现有的多密钥深度学习模型训练效率较低。为了解决这个问题，本书提出一个基于同态重加密的隐私保护深度学习方案(PDLHR)。该方案利用提出的同态重加密方案将不同公钥下的密文转换为相同公钥下的密文，实现了多用户的多密钥转换；并设计安全计算协议包和安全函数计算算法用于模型的训练。在训练过程中，我们使用设计的密文ReLU激活函数、密文sigmoid激活函数和密文交叉熵代价函数等密文训练函数来训练模型，实现训练过程在密文下的训练，保证方案的输入隐私、模型隐私及推理结果的隐私安全。尽管方案增加了服务器间的交互轮数，但我们通过封包调用的方式在一定程度上减少了服务器间的交互轮数，同时，方案不影响用户的交互轮数。

第一节　概述

深度学习作为一种强大的特征提取技术，能够通过学习样本数据的内在规律，从海量数据中提取有用的知识，执行多源用户的训练及推理任务，从而通过训练大量数据获得智能决策和推理结果。在多源用户的深度学习训练过程中，数据量小会影响模型的准确率，甚至会导致模型过拟合。因此，需要从大量的用户或智能设备中收集大量的数据，然而这容易导致用户数据泄露。为了防止数据泄露和保护用户隐私，出现了很多关于隐私保护深度学习的研究。然而对于现有的隐私保护深度学习方案，仍存在一些问题需要解决。

深度学习模型下多参与方、多密钥协同计算效率有待提高。目前，如何对多个参与者的数据进行加密，以及如何有效地进行密文计算均是热门的研究问题，这也引出了加密数据的另一个挑战，即在深度学习中如何用多个用户产生的多密钥数据协同进行模型训练。在现有的多密钥隐私保护深度学习方案中，主要使用 FHE、BCP 和 MK-FHE 联合及分布式 DT-PKC 等方式实现了多密钥下的隐私保护协同计算。然而，FHE 和 MK-FHE 密文扩张大，计算效率低，DT-PKC 效率也相对较低，本章在后续与 DT-PKC 方案进行了相关比较。整体来说，现有隐私保护深度学习方案中多密钥协同计算的效率有待提高。

隐私保护深度学习训练过程中激活函数、代价函数的选择影响着密文训练收敛速度。深度学习中的非线性激活函数和代价函数对于有效学习具有重要意义，因此，在隐私保护深度学习方案下选择恰当的激活函数和代价函数也可以提高密文训练的收敛速度，上一章已进行了相关研究。同时，深度学习中非线性激活函数和代价函数的复杂性给深度学习的密文计算带来了挑战。针对部分非线性函数密文计算没有设计或存在的一些问题，第三章中有详细阐述和比较，因此本章利用或改进第三章的一些方法，选择 sigmoid 激活函数和交叉熵代价函数进行 MLP 网络的密文训练，以达到隐私保护深度学习下密文训练快速收敛的目的。

针对深度学习隐私泄露、多用户场景下多密钥协同计算效率低等问题，我们提出一种基于同态重加密的隐私保护深度学习方案（PDLHR），该方案采用 BCP 加密和基于 BCP 的同态重加密方案实现深度学习模型下的密文模型训练。

第二节　系统模型

我们的系统模型涉及三个实体，分别是：重加密服务器（Re--encryption Server，Ree-Server）、服务器（Server）和用户。在该模型中，用户生成自己的公私钥对，并加密自己的数据上传给重加密服务器。重加密服务器在聚合不同用户的密文数据后，将不同用户在不同公钥下的密文转换为相同公钥下的密文传输给服务器。服务器与重加密服务器协作进行深度学习模型的密文训练。该方案的系统模型如图 4-1 所示，系统实体的详细描述如下所述。

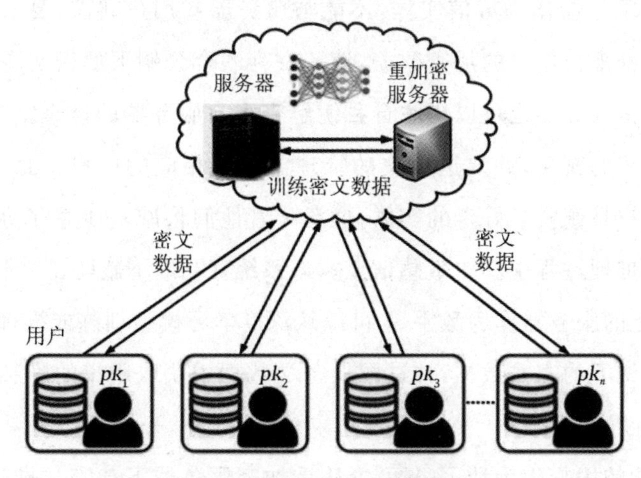

图 4-1　PDLHR 系统模型

重加密服务器（Ree-Server）：为重加密实体，配合服务器在密文下进行深度学习模型训练。该重加密服务器聚合来自不同用户的密文数据，然后将不同用户在不同公钥下的密文重加密为联合公钥下的密文，再发送给服务器。在推理阶段，由于重加密服务器还需将相同公钥下的密文转换为不同公钥下的密文，它需要替代用户实现部分功能，因此，该重加密服务器要求是可信实体。它可以下载和管理推理结果，并将联合公钥下的推理结果解密后转换为所推理用户对应公钥下的密文，然后发送给相应的用户。

服务器（Server）：作为深度学习模型训练的主服务器，服务器是一个半诚实的实体。它收集来自重加密服务器中联合公钥下的密文，然后通过和重加密服务器协作实现联合公钥下隐私保护深度学习的模型训练和模型推理。

用户：用户为训练模型提供数据，即用户将加密后的密文数据发送给重加密服务器，重加密服务器重加密后发送给服务器进行模型训练。同时，用户能从重加密服务器上下载密文推理结果，使用自己的私钥解密以获得明文推理结果。

第三节 威胁模型

重加密服务器作为可信实体，不能与服务器或用户共谋，要通过用重加密密钥重新加密来自用户的加密数据，使其变为联合公钥下的密文进而进行模型训练。重加密服务器也可以用联合私钥解密来自服务器的推理结果，将它们加密为不同公钥的密文，并发送密文的推理结果给相应的用户。此外，我们假设服务器和用户是诚实且好奇的实体，这意味着他们将诚实地遵守协议并试图从模型训练或推理过程中获取敏感信息。该系统存在以下威胁。

(1)腐化的服务器作为敌手 A 可以从深度学习模型训练或推理过程中获取所有联合公钥下的密文数据，并试图从密文数据中获取用户的隐私信息。该敌手 A 可以与用户共谋。

(2)腐化的用户作为敌手 A 可以从重加密服务器下载密文推理结果，并试图获取其他用户的隐私信息。该敌手 A 可以与服务器共谋。

(3)外部敌手 A 试图从服务器和用户或通信线路中获取数据。此外，该敌手 A 可以与服务器和用户共谋。

第四节 设计目标

依据系统模型和威胁模型，我们方案的设计目标如下。

(1)确保输入数据的隐私性：在深度学习训练过程中，需确保输入数据的隐私安全。因此，方案需要确保重加密服务器和服务器中输入数据的隐私性。

(2)确保模型数据的隐私性：在深度学习训练过程中，包括参数在内的训练过程中的所有数据可能存在敏感信息，因此，方案需确保训练过程中各种参数、模型和数据的隐私性。

(3)确保推理结果的隐私性：在用户推理结果中包含用户的隐私，因此，方案需确保推理结果在服务器、重加密服务器及传输线路中的隐私性。

(4)支持多密钥协同计算：在单密钥环境下用户拥有相同的私钥，使用户可以分享相同的数据。但在多用户、多密钥的环境下，需设计能支持多密钥数据协同计算的方法。因此,方案需设计将多密钥转换为相同密钥下的密文转换方法。

第五节　基于同态重加密的隐私保护深度学习方案的构造

在本章中,我们提出了一个基于 BCP 和同态重加密的 PDLHR 方案。由于不同公钥的密文无法直接进行有意义的密文运算,所以必须将不同公钥下的密文转换为相同公钥下的密文。首先,用户加密本地的图像数据并将加密后的密文数据上传给重加密服务器。重加密服务器将不同公钥下的密文重加密成联合公钥的密文,然后将重加密后的密文数据发送给服务器。服务器通过与重加密服务器协作,使用深度学习模型训练重加密的密文数据,最后获得最优模型并进行推理服务。重加密服务器在获得服务器的密文推理结果后,使用联合私钥对该结果进行解密,并将解密结果加密成推理用户公钥下的密文,然后将密文分发给对应的用户。用户用自己的私钥解密密文推理结果。系统工作流程如图 4-2 所示。

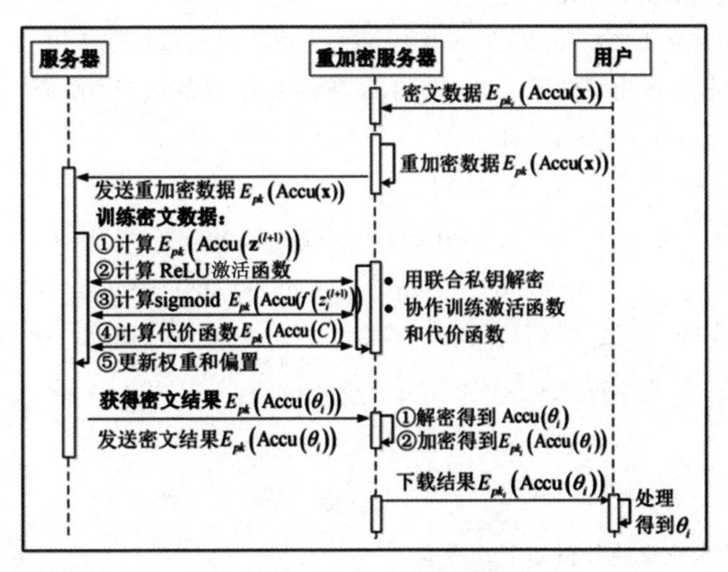

图 4-2　PDLHR 工作流程

一、改进的同态重加密方案

为了更好地适应我们的方案，我们提出一个基于 BCP 密码体制的同态重加密方案，该方案比 Shao 等[82]的方案更简化。方案具体过程如下。

初始化(λ)：选择两个素数 p，q，其中 $p=2p'+1$，$q=2q'+1$，p' 和 q' 也是素数，计算 $N=pq$。均匀随机选择 $\alpha \in \mathbb{Z}_{N^2}^*$，计算 $g=\alpha^2 \bmod N^2$，令系统参数 param=(N,g)。

密钥生成(param)：用户均匀随机选择 $a_i \in \mathbb{Z}_{Np'q'}^*$，令私钥 $sk_i=a_i$，公钥 $pk_i=h_i=g^{a_i} \bmod N^2$。重加密服务器通过 SMPC 从 n 个用户的私钥 a_i 中计算联合私钥 $sk=s=\sum_{i=1}^{n} a_i \bmod N^2$，并秘密保存。然后，计算对应的联合公钥 $pk=g^{\sum_{i=1}^{n} a_i} \bmod N^2$，并发送给系统。

加密算法(m_i,pk_i)：用户均匀随机选择 $r_i \in \mathbb{Z}_{N^2}$，对明文 $m_i \in \mathbb{Z}_N$ 加密，计算得到密文 $E_{pk_i}(m_i)=(A_i,B_i)=(g^{r_i} \bmod N^2, {h_i}^{r_i}(1+m_iN) \bmod N^2)$，然后将 $E_{pk_i}(m_i)$ 发送给重加密服务器。

重加密密钥生成(sk)：重加密服务器均匀随机选择 $r \in \mathbb{Z}_{N^2}$，计算 $g^{sr} \bmod N^2$ 并发送给用户。用户计算重加密密钥 $rk_{a_i \to s}=g^{srr_i-a_ir_i} \bmod N^2$，然后发送给重加密服务器。

重加密算法($rk_{a_i \to s}$,$E_{pk_i}(m_i)$)：重加密服务器用重加密密钥 $rk_{a_i \to s}$ 将不同公钥 pk_i 下的密文转换为相同公钥 pk 下的密文，计算如下式所示：

$$\begin{aligned} E_{pk_i \to pk}(m_i) &= (A_i',B_i')_{pk} \\ &= (A_i^r, B_i \cdot rk_{a_i \to s})_{pk} \\ &= ((g^{r_i})^r \bmod N^2, {h_i}^{r_i}(1+m_iN)g^{srr_i-a_ir_i} \bmod N^2)_{pk} \\ &= (g^{rr_i} \bmod N^2, g^{srr_i}(1+m_iN) \bmod N^2)_{pk} \end{aligned} \tag{4-1}$$

重解密算法(sk,$E_{pk_i \to pk}(m_i)=(A_i',B_i')$)：已知 sk 和密文 $E_{pk_i \to pk}(m_i)$，重解密得到明文：

$$m_i=\frac{\left(\frac{B_i'}{(A_i')^s}-1\right) \bmod N^2}{N} \tag{4-2}$$

重解密正确性分析如下式所示：

$$\frac{B_i'}{(A_i')^s}-1=\frac{g^{sr_ir}(1+m_iN)}{(g^{r_ir})^s}-1 \bmod N^2=m_iN \bmod N^2 \tag{4-3}$$

因为 $m_i \in \mathbb{Z}_N$，所以 $0 \leqslant m_i N < N^2$，即 $m_i N = m_i N \mod N^2$，所以：

$$m_i = \frac{\left(\frac{B_i{}'}{(A_i{}')^s} - 1\right) \mod N^2}{N}$$

该同态重加密方案存在如下性质。

加法同态性：给定两个重加密密文 $E_{pk_1 \to pk}(m_1)$ 和 $E_{pk_2 \to pk}(m_2)$，当 $0 \leqslant m_1 + m_2 \leqslant N - 1$，同态重加密方案的加法同态性质如下式所示：

$$D(E_{pk_1 \to pk}(m_1) E_{pk_2 \to pk}(m_2)) = m_1 + m_2 \tag{4-4}$$

任意 $t \in \mathbb{N}$，当 $0 \leqslant tm_i \leqslant N - 1$ 时，同态重加密方案具有如下性质：

$$D(E_{pk_i \to pk}(m_i)^t) = tm_i \tag{4-5}$$

二、安全计算协议包

（一）数据取整说明

深度学习在训练过程中存在很多小数，为了实现对训练过程中的数据进行加密，需对小数放大取整后使其成为 BCP 加密方案明文所在空间 $\mathbb{Z}_N$ 中的数据，然后再对处理后的数据进行加密，解密时需考虑去除放大的精度。为了减少每次预处理数据的重复性描述，我们定义一个数据取整函数 Accu(x)满足 Accu(x)＝ $[x \cdot 2^{accuracy}]$，其中 $accuracy$ 为数据的精度。本章后续使用放大取整时我们将直接调用函数 Accu(x)，并假设小数取 8 位的数据精度，在实际使用中则考虑 54 位的精度。同时，方案参考了上章的齐次化泰勒函数的方法进行齐次化。

（二）安全乘法协议

在深度学习的训练过程中，隐含层和输出层的输入值 $z_i^{(l+1)}$ 需要计算密文乘法，但 BCP 加密不支持乘法同态。因此，我们设计一个安全乘法协议 SMP，将 $E_{pk}(x_1 x_2)$ 标记为 $SMP(E_{pk}(x_1 x_2))$。SMP 计算过程如下所述。

步骤 1（@ Server）：服务器均匀随机选择 $r_a, r_b \in \mathbb{Z}_N$，掩码密文 $E_{pk}(x_1)$ 和 $E_{pk}(x_2)$ 分别得到 $E_{pk}(x_1 + r_a)$ 和 $E_{pk}(x_2 + r_b)$。其解密正确性如下式所示：

$$D(E_{pk}(x_1 + r_a)) = D(E_{pk}(x_1) E_{pk}(r_a)) \tag{4-6}$$

$$D(E_{pk}(x_2 + r_b)) = D(E_{pk}(x_2) E_{pk}(r_b)) \tag{4-7}$$

然后，服务器发送 $E_{pk}(x_1+r_a)$ 和 $E_{pk}(x_2+r_b)$ 到重加密服务器。

步骤 2(@Ree-Server)：重加密服务器用联合私钥解密 $E_{pk}(x_1+r_a)$ 和 $E_{pk}(x_2+r_b)$，得到 x_1+r_a 和 x_2+r_b。然后，重加密服务器计算 $H=(x_1+r_a)(x_2+r_b)$，用联合公钥 pk 加密 H 得到 $E_{pk}(H)$，并发送 $E_{pk}(H)$ 给服务器。

步骤 3(@Server)：服务器收到 $E_{pk}(H)$ 以后，计算 $E_{pk}(x_1)^{N-r_b}$，$E_{pk}(x_2)^{N-r_a}$，$E_{pk}(r_a r_b)^{N-1}$，然后通过移除 $E_{pk}(H)$ 中随机数 r_a，r_b 的方式计算得到 $E_{pk}(x_1x_2)$。其计算过程满足解密正确性如下式所示：

$$\begin{aligned}D(SMP(E_{pk}(x_1x_2)))&=D(E_{pk}(x_1x_2))\\&=D(E_{pk}(H)E_{pk}(x_1)^{N-r_b}E_{pk}(x_2)^{N-r_a}E_{pk}(r_ar_b)^{N-1})\end{aligned}\tag{4-8}$$

(三)安全比较协议

为了比较基于重加密的密文代价函数 $E_{pk}(\mathrm{Accu}(C))$ 和基于 BCP 加密的密文误差阈值 $E_{pk}(\mathrm{Accu}(\tau))$，我们提出一个 SCP 协议，具体过程如下所述。

已知两个明文 $m_1, m_2\in(0,\sqrt{N})$，其对应的两个相同公钥下的基于同态重加密的密文 (A_1,B_1) 和基于 BCP 加密的密文 (A_2,B_2)，(A_1,B_1) 和 (A_2,B_2) 的表示如下式所示：

$$(A_1,B_1)=(g^{\Delta r} \bmod N^2, g^{s\Delta r}(1+m_1N) \bmod N^2)\tag{4-9}$$

$$(A_2,B_2)=(g^{r_\tau} \bmod N^2, g^{sr_\tau}(1+m_2N) \bmod N^2)\tag{4-10}$$

其中，Δr 是两个随机数的计算结果，r_τ 是加密 τ 时的随机数。

步骤 1：服务器均匀随机选择 $r_1,r_2\in(0,\sqrt{N})$，计算 $(A_1,B_1)^{r_1}$，$(A_2,B_2)^{r_2}$，然后发送它们给重加密服务器。

步骤 2：重加密服务器用重加密方案的解密算法解密 $(A_1,B_1)^{r_1}$ 获得 r_1m_1，用 BCP 加密方案的解密算法解密 $(A_2,B_2)^{r_2}$ 得到 r_2m_2。然后，重加密服务器比较 $u=(r_1m_1)/(r_2m_2)$，并发送结果给服务器。

步骤 3：当服务器从重加密服务器接收 u 时，比较结果的判定如下所示：

- If $u\geqslant 1\ \&\ \frac{r_2}{r_1}\geqslant 1$，$m_1\geqslant m_2$
- If $u<1\ \&\ \frac{r_2}{r_1}<1$，$m_1<m_2$

如果 $u\geqslant 1\ \&\ r_2/r_1<1$ 或 $u<1\ \&\ r_2/r_1>1$，我们不能判断 m_1 和 m_2 的大小，需重新评估 r_1 和 r_2，目的是保持 r_2/r_1 的比值和 u 与 1 比较大小的方向一

致性。重新执行步骤 1-2，得到满足步骤 3 时 m_1 与 m_2 的比较结果，否则继续循环该过程。

三、基于同态重加密的隐私保护深度学习方案

为了提高深度学习训练效率，减少训练过程中的交互，方案采用 BCP 密码体制和同态重加密方案实现密文训练，同时通过封包调用安全计算协议包和安全函数算法来减少训练过程中的交互。该方案保护了输入数据、模型数据和输出数据的安全。方案 PDLHR 的构造过程如下。

(一)初始化阶段

用户 $ID_i(i \in \{1,2,\cdots,n\})$ 生成自己的公私钥对 (pk_i, sk_i) 。在重加密服务器上设置 BCP 密码体制及其同态重加密方案的参数，用 SMPC 计算联合私钥 $sk = \sum_{i=1}^{n} a_i \bmod N^2$，并用联合私钥 sk 计算对应的联合公钥 $pk = g^{\sum_{i=1}^{n} a_i} \bmod N^2$，然后生成公钥 (N, g, pk) ，并将其发送到系统，它自己保留联合私钥 sk 。服务器使用高斯分布的默认权重方法对权重 $W^{(l)}$ 进行初始化，该方法优于我们在第二章中提到的大权重方法。然后，对初始化的权重进行加密，同时对真实值 y 中的期望值 y_i 进行加密。

(二)数据上传阶段

用户将输入样本向量 $x \in \mathbb{R}^d$ 用公钥 pk_i 加密成 $E_{pk_i}(\text{Accu}(x))$ ，并上传到重加密服务器，其中 d 为输入样本数，$\mathbb{R}$ 为实数域。数据上传算法如算法 6 所示。

算法 6　数据上传算法

输入：x

输出：$E_{pk_i}(x)$

用户：

do

{用 BCP 加密 x 得到 $E_{pk_i}(\text{Accu}(x))$ ；

传输 $E_{pk_i}(\text{Accu}(x))$ 到重加密服务器。}

while(1)

(三)重加密阶段

当重加密服务器从用户接收到密文图像数据 $E_{pk_i}(\mathrm{Accu}(x))$，因为来自不同用户的图像数据是不同公钥下的密文，而加密数据不能在不同公钥下进行训练，因此需要对不同公钥下的密文进行重新加密，以得到相同公钥下的密文。

重加密服务器均匀随机选择 $r \in \mathbb{Z}_{N^2}$，计算 $g^{sr} \bmod N^2$ 并发送给用户。用户均匀随机选择 $r_i \in \mathbb{Z}_{N^2}$ 并计算 $rk_{a_i \to s} = g^{srr_i - a_i r_i} \bmod N^2$，然后将重加密密钥 $rk_{a_i \to s}$ 发送给重加密服务器。重加密服务器用重加密方式将不同公钥下的密文 $E_{pk_i}(\mathrm{Accu}(x))$ 重加密为联合公钥下的密文 $E_{pk}(\mathrm{Accu}(x))$。最后，重加密服务器发送这些相同公钥下的密文给服务器。

(四)训练阶段

当服务器从重加密服务器接收到联合公钥 pk 下的密文时，可以在深度学习模型中对这些密文数据进行训练。在训练过程中，隐含层采用 ReLU 激活函数，输出层采用 sigmoid 激活函数，代价函数采用交叉熵代价函数。密文的训练过程如下所述。

步骤 1：在输入层中，服务器将 $E_{pk}(\mathrm{Accu}(x))$ 中的密文数据 $E_{pk}(\mathrm{Accu}(x_j))(\mathrm{Accu}(x_j))(\in \mathrm{Accu}(x))$ 作为深度学习模型的输入数据。在隐含层和输出层中，每一层的密文输入向量为 $E_{pk}(\mathrm{Accu}(z^{(l+1)}))$。其解密正确性如下所述：

主服务器依据 SMP 协议计算 $E_{pk}(\mathrm{Accu}(x^{(l)})\mathrm{Accu}(W^{(l)}))$，并发送给重加密服务器。重加密服务器解密计算 $\mathrm{Accu}(x^{(l)}W^{(l)}) = (\mathrm{Accu}(x^{(l)})\mathrm{Accu}(W^{(l)}))/2^{accuracy}$，再加密得到 $E_{pk}(\mathrm{Accu}(x^{(l)}W^{(l)}))$，并发送给主服务器。

主服务器依据 Paillier 同态加法性质及 $E_{pk}(\mathrm{Accu}(x^{(l)}W^{(l)}))$ 计算得到 $E_{pk}(\mathrm{Accu}(z^{(l+1)}))$。其解密正确性如下所示：

$$D(E_{pk}(\mathrm{Accu}(z^{(l+1)}))) = D(E_{pk}(\mathrm{Accu}(x^{(l)}W^{(l)}))E_{pk}(\mathrm{Accu}(b^{(l)}))) \tag{4-11}$$

步骤 2：在隐含层中，由于 ReLU 激活函数在图像数据中的学习速度比其他激活函数快，所以我们选择 ReLU 作为激活函数。根据 ReLU 激活函数的特性，如果 $z_i^{(l+1)}$ 大于等于 0，则输出值为 $z_i^{(l+1)}$；否则，输出值为 0。当获取密文输入数据为 $E_{pk}(\mathrm{Accu}(z_i^{(l+1)}))$ 时，我们可以通过密文 ReLU 函数算法计算隐含层的输出，其描述如算法 7 所示。

算法 7　密文 ReLU 函数算法

输入：$E_{pk}(\mathrm{Accu}(z_i^{(l+1)}))$

输出：$E_{pk}(\mathrm{Accu}(z_i^{(l+1)}))$ 或 $E_{pk}(0)$

服务器：

均匀随机选择 $r \in \mathbb{Z}_{N/2}$；

计算 $E_{pk}(X_1)=E_{pk}(2\mathrm{Accu}(z_i^{(l+1)})+1)$，

$E_{pk}(Y_1)=E_{pk}(2\cdot 0)=E_{pk}(0)$；

计算 $E_{pk}(\beta)=(E_{pk}(X_1)E_{pk}(Y_1)^{N-1})^r=E_{pk}(r(2\mathrm{Accu}(z_i^{(l+1)})+1))$；

发送 $E_{pk}(\beta)$ 给重加密服务器。

重加密服务器：

用联合私钥 sk 解密 $E_{pk}(\beta)$ 得到 $r(2\mathrm{Accu}(z_i^{(l+1)})+1)$；

if　$r(2\mathrm{Accu}(z_i^{(l+1)})+1)\geqslant \frac{N}{2}$　then 结果 $z_i^{(l+1)}\geqslant 0$；

else 结果 $z_i^{(l+1)}<0$；

发送比较结果给服务器；

end if

服务器：

if 结果为 $z_i^{(l+1)}\geqslant 0$　then

　　输出 $E_{pk}(\mathrm{Accu}(z_i^{(l+1)}))$；

else 输出 $E_{pk}(0)$。

end if

步骤 3：在输出层中，依据输入数据 $z_i^{(l+1)}=z_i^{(L)}$，利用改进的泰勒定理近似方法，计算密文 sigmoid 激活函数 $E_{pk}(\mathrm{Accu}(f(z_i^{(L)})))$。通过模拟和比较，我们发现在一些方案中，使用泰勒公式将 sigmoid 的泰勒展开保留 3 项或 4 项进行逼近训练，通过模拟发现真实值和保留项两种方式间测试结果有很大的不同，这影响了方案训练数据的准确率。因此，我们通过构造不同范围的分段函数方法，在重加密服务器上用二分法查找近似最优 sigmoid 激活函数的逼近点，即分段函数中存在很多逼近点，以一个逼近点 x_0 为例，其范围是 $(x_0-0.5, x_0+0.5)$，从而避免单一泰勒公式逼近单点的方法引起的错误。密文 sigmoid

激活函数的算法如算法 8 所示。

在算法 8 中，$f(z_i^{(l+1)})$ 定义为：

$$f(z_i^{(l+1)})=f(z_i^{(L)})\approx f(z_i^{(L)}+r)=\frac{1}{1+e^{-(z_i^{(L)}+r)}}$$

$$=f(x_0)+f'(x_0)(z_i^{(L)}+r-x_0)+\frac{f''(x_0)}{2!}(z_i^{(L)}+r-x_0)^2+R_n(z_i^{(L)}+r) \quad (4\text{-}12)$$

其中，$R_n(z_i^{(L)}+r)$ 为泰勒展开的剩余项。

算法 8 密文 sigmoid 近似算法

输入：$E_{pk}(\mathrm{Accu}(z_i^{(L)}))$

输出：$E_{pk}(\mathrm{Accu}(f(z_i^{(L)})))$

根据近似点的范围预设分段函数。

服务器：

均匀随机选择 $r\in\mathbb{Z}_{2^{54}}$；

计算并发送 $E_{pk}(\mathrm{Accu}(z_i^{(L)})+r)$ 给重加密服务器。

重加密服务器：

用联合私钥 sk 解密 $E_{pk}(\mathrm{Accu}(z_i^{(L)})+r)$ 得到 $\mathrm{Accu}(z_i^{(L)})+r$；

通过二进制搜索方法查找 $z_i^{(L)}+r/2^{accuracy}$ 的逼近点；

在逼近点 x_0 计算泰勒公式的逼近取整值 $\mathrm{Accu}(f(z_i^{(L)}+r/2^{accuracy}))$；

加密并发送 $E_{pk}(\mathrm{Accu}(f(z_i^{(L)}+r/2^{accuracy})))$ 给服务器。

服务器：

获取加密结果 $E_{pk}(\mathrm{Accu}(f(z_i^{(L)})))$。其解密正确性如下，

$D(E_{pk}(\mathrm{Accu}(f(z_i^{(L)}))))\approx D(E_{pk}(\mathrm{Accu}(f(z_i^{(L)}+r/2^{accuracy}))))$。

因为 $f(z_i^{(L)})=x_i^{(L)}(x)$，所以输出层的单个输出是计算密文 sigmoid 激活函数的结果，即 $E_{pk}(\mathrm{Accu}(f(z_i^{(L)})))$。然后，服务器与重加密服务器进行协作计算，获得密文交叉熵代价函数 $E_{pk}(\mathrm{Accu}(C))$。其代价函数公式如下式所示：

$$C=-\frac{1}{d}\sum_i\sum_x[y_i\ln x_i^{(L)}(x)+(1-y_i)\ln(1-x_i^{(L)}(x))] \quad (4\text{-}13)$$

则该密文代价函数算法如算法 9 所示。该密文代价函数的算法具体过程如下式所示。

算法 9　密文交叉熵代价函数算法

输入：$E_{pk}(\mathrm{Accu}(x_i^{(L)}(x)))$

输出：$E_{pk}(\mathrm{Accu}(C))$

服务器：

均匀随机选择 $r \in \mathbb{Z}_{N^2}$；

计算并发送 $E_{pk}(\mathrm{Accu}(x_i^{(L)}(x)))^r$ 和 $E_{pk}(\mathrm{Accu}(1-x_i^{(L)}(x)))^r$ 到重加密服务器。

重加密服务器：

解密上述值得到 $\mathrm{Accu}(x_i^{(L)}(x)r)$ 和 $\mathrm{Accu}((1-x_i^{(L)}(x))r)$；

计算 $x_i^{(L)}(x)r$ 和 $(1-x_i^{(L)}(x))r$；

计算 $\mathrm{Accu}(\ln(x_i^{(L)}(x)r))$ 和 $\mathrm{Accu}(\ln((1-x_i^{(L)}(x))r))$；

加密得到 $E_{pk}(\mathrm{Accu}(\ln x_i^{(L)}(x)+\ln r))$ 和 $E_{pk}(\mathrm{Accu}(\ln(1-x_i^{(L)}(x))+\ln r))$；

发送上述值给服务器。

服务器：

计算 $E_{pk}(\mathrm{Accu}(\ln r)^{N-1})$；

移除盲因子 r，计算得到 $E_{pk}(\mathrm{Accu}(\ln x_i^{(L)}(x)))$ 和 $E_{pk}(\mathrm{Accu}(1-\ln x_i^{(L)}(x)))$；

计算 $E_{pk}\left(\mathrm{Accu}\left(-\frac{1}{d}y_i\right)\right)$ 和 $E_{pk}\left(\mathrm{Accu}\left(-\frac{1}{d}(1-y_i)\right)\right)$；

计算 $E_{pk}(\mathrm{Accu}(C))$。

步骤 1：服务器收到 $E_{pk}(\mathrm{Accu}(x_i^{(L)}(x)))$ 后，均匀随机选择 $r \in \mathbb{Z}_{N^2}$，然后计算并发送 $E_{pk}(\mathrm{Accu}(x_i^{(L)}(x)))^r$ 和 $E_{pk}(\mathrm{Accu}(1-x_i^{(L)}(x)))^r$ 到重加密服务器。

步骤 2：重加密服务器收到 $E_{pk}(\mathrm{Accu}(x_i^{(L)}(x)))^r$ 和 $E_{pk}(\mathrm{Accu}(1-x_i^{(L)}(x)))^r$ 后，用联合私钥 sk 分别解密它们得到

$\text{Accu}(x_i^{(L)}(x)r)$ 和 $\text{Accu}((1-x_i^{(L)}(x))r)$，然后计算 $x_i^{(L)}(x)r$ 和 $(1-x_i^{(L)}(x))r$。得到上述结果后，依据结果计算 $\text{Accu}(\ln(x_i^{(L)}(x)r))$ 和 $\text{Accu}(\ln((1-x_i^{(L)}(x))r))$，并分别加密它们得到 $E_{pk}(\text{Accu}(\ln x_i^{(L)}(x)+\ln r))$ 和 $E_{pk}(\text{Accu}(\ln(1-x_i^{(L)}(x))+\ln r))$，然后发送给服务器。

步骤3：服务器首先计算 $E_{pk}(\text{Accu}(\ln r)^{N-1})$，然后依据 $E_{pk}(\text{Accu}(\ln r)^{N-1})$ 移除 $E_{pk}(\text{Accu}(\ln x_i^{(L)}(x)+\ln r))$ 和 $E_{pk}(\text{Accu}(\ln(1-x_i^{(L)}(x))+\ln r))$ 中的盲因子 r，计算得到 $E_{pk}(\text{Accu}(\ln x_i^{(L)}(x)))$ 和 $E_{pk}(\text{Accu}(1-\ln x_i^{(L)}(x)))$。其计算过程满足解密正确性，内容如下所示：

$$\begin{aligned}&D(E_{pk}(\text{Accu}(\ln x_i^{(L)}(x))))\\&=D(E_{pk}(\text{Accu}(\ln x_i^{(L)}(x)+\ln r))E_{pk}(\text{Accu}(\ln r)^{N-1}))\end{aligned} \tag{4-14}$$

$$\begin{aligned}&D(E_{pk}(\text{Accu}(\ln(1-x_i^{(L)}(x)))))\\&=D(E_{pk}(\text{Accu}(\ln(1-x_i^{(L)}(x))+\ln r))E_{pk}(\text{Accu}(\ln r)^{N-1}))\end{aligned} \tag{4-15}$$

已知 y_i 和 $1-y_i$，计算 $E_{pk}\left(\text{Accu}\left(-\frac{1}{d}y_i\right)\right)$ 和 $E_{pk}\left(\text{Accu}\left(-\frac{1}{d}(1-y_i)\right)\right)$ 后，依据以下公式计算 $E_{pk}(\text{Accu}(C))$。其计算过程满足解密正确性，如式(4-16)所示：

$$\begin{aligned}&D(E_{pk}(\text{Accu}(C)\cdot 2^{accuracy}))\\&=D\left(\prod_i\prod_x E_{pk}\left(\text{Accu}\left(-\frac{1}{d}y_i\right)\text{Accu}(\ln x_i^{(L)}(x))\right)\right.\\&\left.\cdot E_{pk}\left(\text{Accu}\left(-\frac{1}{d}(1-y_i)\right)\text{Accu}(\ln(1-x_i^{(L)}(x)))\right)\right)\end{aligned} \tag{4-16}$$

计算上述 $E_{pk}(\text{Accu}(C)\cdot 2^{accuracy})$ 后，将它发送给重加密服务器，重加密服务器解密 $E_{pk}(\text{Accu}(C)\cdot 2^{accuracy})$ 后去除 $2^{accuracy}$ 得到 $\text{Accu}(C)$，加密它并发 $E_{pk}(\text{Accu}(C))$ 给服务器，然后服务器获得 $E_{pk}(\text{Accu}(C))$。

步骤4：服务器获得密文代价函数 $E_{pk}(\text{Accu}(C))$ 后，通过SCP协议与密文误差阈值 $E_{pk}(\text{Accu}(\tau))$ 进行比较。如果 $C>\tau$，服务器进行密文反向传播过程；否则，服务器停止训练，获得训练好的训练模型，并可以用该模型进行推理。算法10描述了密文反向传播过程。其算法的具体过程如下所示。

步骤1：首先，服务器用SCP协议比较密文代价函数 $E_{pk}(\text{Accu}(C))$ 和密文误差阈值 $E_{pk}(\text{Accu}(\tau))$。如果 $C > \tau$，则在输出层计算密文梯度 $E_{pk}(\text{Accu}(\delta_i^{(L)}))$。其计算过程满足解密正确性，过程如下所示：

$$D(E_{pk}(\text{Accu}(\delta_i^{(L)}))) = D\left(E_{pk}\left(\text{Accu}\left(\frac{1}{d}(x_i^{(L)}(x) - y_i)\right)\right)\right)$$

$$= D(E_{pk}(\text{Accu}(x_i^{(L)}(x)))^{\frac{1}{d}} E_{pk}(\text{Accu}(y_i))^{N-\frac{1}{d}}) \tag{4-17}$$

具体参见式(3-10)的计算方法。

步骤2：在输出层中，服务器计算偏置的密文梯度 $E(\text{Accu}(\nabla b_i^{(1)}))$。其计算的过程解密正确性如下所示：

$$D(E(\text{Accu}(\nabla b_i^{(l)}))) = D(E(\text{Accu}(\nabla b_i^{(l)}))E(\text{Accu}(\delta_i^{(l+1)}))) \tag{4-18}$$

步骤3：在隐含层中，服务器首先计算ReLU激活函数的密文梯度 $E_{pk}(0)$ 或 $E_{pk}(\text{Accu}(\delta_j^{(l)})) = E_{pk}(\text{Accu}(\delta_i^{(l+1)}))$；然后计算隐含层偏置的密文梯度 $E(\text{Accu}(\nabla b_j^{(l-1)}))$。其计算过程满足解密正确性，其公式如下所示：

$$D(E(\text{Accu}(\nabla b_j^{(l-1)}))) = D(E(\text{Accu}(\nabla b_j^{(l-1)}))E(\text{Accu}(\delta_j^{(l)}))) \tag{4-19}$$

步骤4：服务器计算权重的密文梯度 $E(\text{Accu}(\nabla w_{ij}^{(l)}))$。其解密正确性如下所示：

$$D(E(\text{Accu}(\nabla w_{ij}^{(l)}))) = D(E(\text{Accu}(\nabla w_{ij}^{(l)}))E(\text{Accu}(x_j^{(l)}\delta_i^{(l+1)}))) \tag{4-20}$$

具体参见式(3-13)的计算方法。

步骤5：依据算法3，计算密文权重和偏置 $E_{pk}(\text{Accu}(w_{ij}^{(l)}))$ 和 $E_{pk}(\text{Accu}(b_i^{(l)}))$。其解密正确性如下式所示：

$$D(E_{pk}(\text{Accu}(w_{ij}^{(l)}))) = D(E_{pk}(\text{Accu}(w_{ij}^{(l)}))E_{pk}(\text{Accu}(-\eta\nabla w_{ij}^{(l)}))),$$

$$D(E_{pk}(\text{Accu}(b_i^{(l)}))) = D(E_{pk}(\text{Accu}(b_i^{(l)}))E_{pk}(\text{Accu}(-\eta\nabla b_i^{(l)}))) \tag{4-21}$$

上述式子参见式(3-14)、式(3-15)的计算过程。如果 $C < \tau$，则获取加密后的推理结果，并从训练中退出。

算法 10 密文反向传播算法

输入:密文代价函数 $E_{pk}(\mathrm{Accu}(C))$,密文误差阈值 $E_{pk}(\mathrm{Accu}(\tau))$,密文学习率 $E_{pk}(\mathrm{Accu}(\eta))$,初始化的密文参数 $\{E_{pk}(\mathrm{Accu}(W^{(l)})), E_{pk}(\mathrm{Accu}(b^{(l)}))\}$

输出:更新的密文参数 $\{E_{pk}(\mathrm{Accu}(W^{(l)})), E_{pk}(\mathrm{Accu}(b^{(l)}))\}$

用 SCP 协议比较密文代价函数 $E_{pk}(\mathrm{Accu}(C))$ 和密文误差阈值 $E_{pk}(\mathrm{Accu}(\tau))$;

if $C > \tau$ then

输出层:

计算密文梯度 $E_{pk}(\mathrm{Accu}(\delta_i^{(L)}))$;

计算输出层偏置的密文梯度 $E(\mathrm{Accu}(\nabla b_i^{(l)}))$。

隐含层:

计算 ReLU 的密文梯度 $E_{pk}(\mathrm{Accu}(\delta_j^{(l)})) = E_{pk}(\mathrm{Accu}(\delta_i^{(l+1)}))$ 或 $E_{pk}(0)$;

计算隐含层偏置的密文梯度 $E(\mathrm{Accu}(\nabla b_j^{(l-1)}))$;

计算权重的密文梯度 $E(\mathrm{Accu}(\nabla w_{ij}^{(l)}))$;

依据算法 3,计算和更新密文权重 $E_{pk}(\mathrm{Accu}(w_{ij}^{(l)}))$ 和密文偏置 $E_{pk}(\mathrm{Accu}(b_i^{(l)}))$。

else 获取加密后的推理结果,并从训练中退出。

end if

(五)数据提取阶段

当达到预置迭代次数或者权重不再更新时,服务器获得训练好的模型。用户用联合公钥加密推理数据后上传给服务器,服务器用训练好的模型进行推理获得密文推理结果 $E_{pk}(\mathrm{Accu}(\theta_i))$。然后,重加密服务器从服务器获得密文结果 $E_{pk}(\mathrm{Accu}(\theta_i))$,解密得到 $\mathrm{Accu}(\theta_i)$。接着用 BCP 方案及用户的公钥 pk_i 加密 $\mathrm{Accu}(\theta_i)$,得到 $E_{pk_i}(\mathrm{Accu}(\theta_i))$。被授权用户下载密文推理结果 $E_{pk_i}(\mathrm{Accu}(\theta_i))$,解密并去除 $2^{accuracy}$,获得推理结果 θ_i。数据提取算法如算法 11 所示。

算法 11　数据提取算法

输入：$E_{pk}(\mathrm{Accu}(\theta_i))$

输出：θ_i

服务器：

推理获得密文推理结果 $E_{pk}(\mathrm{Accu}(\theta_i))$；

发送密文推理结果 $E_{pk}(\mathrm{Accu}(\theta_i))$ 给重加密服务器。

重加密服务器：

解密密文推理结果 $E_{pk}(\mathrm{Accu}(\theta_i))$ 得到 $\mathrm{Accu}(\theta_i)$；

通过 BCP 加密 $\mathrm{Accu}(\theta_i)$ 得到 $E_{pk_i}(\mathrm{Accu}(\theta_i))$。

用户 ID_i：

下载密文推理结果 $E_{pk_i}(\mathrm{Accu}(\theta_i))$；

解密密文推理结果 $E_{pk_i}(\mathrm{Accu}(\theta_i))$ 去除 $2^{accuracy}$ 得到 θ_i。

第六节　安全性分析

我们首先证明提出的重加密方案的 IND-CPA 安全性，然后分析方案的数据安全性。同时，用理想 / 现实模型的形式化证明方法分析 SMP 和 SCP 协议的安全。

定理 1：如果敌手 A 以 ε 优势攻破重加密方案，就可以构造模拟者以 $((n-q_r)/n)(\varphi(N^2)/N^2)\varepsilon$ 的优势攻破 BCP 方案。

证明：假设存在一个敌手 A 能够以不可忽略的优势 ε 攻破所构造的重加密方案的 IND-CPA 安全性，我们就能构造一个模拟者来攻破 BCP 方案的 IND-CPA 安全性。运行 A，执行如下步骤。

系统建立(Setup)：假设系统中存在 n 个用户。收到 BCP 方案生成的系统参数 (N,g,h)。令 $h_1=h=g^{a_1} \mod N^2$。随后，生成 $n-1$ 个用户的公私钥对，随机选择 $a_2,a_3,\cdots,a_n \in \mathbb{Z}_{N^2}^*$，计算 $h_i=g^{a_i} \mod N^2$，$i\in\{2,\cdots,n\}$，并把系统参数 (N,g,h) 以及 $n-1$ 个用户的公钥 $\{h_i \mid i=2,\cdots,n\}$ 发送给 A。

密钥询问(Key Query)：在这一阶段中，A 可以进行 q_k 次密钥询问及 q_r 次重加密密钥询问。由于所构造的重加密方案的密钥生成阶段与 BCP 方案的密钥生成阶段完全相同，当 A 发出密钥询问时，将 A 的询问转发给 BCP 方案，并将 BCP 方案的回复直接发送给 A 即可。

在 A 进行重加密密钥询问时，A 向发送 h_i，询问 $a_i \to s$ 的重加密密钥。均匀随机选择 $r \in \mathbb{Z}_{N^2}$，执行如下步骤。

若 $h_i = h_1$，模拟失败，终止回复。

若 $h_i \neq h_1$，均匀随机选择 $r_i \in \mathbb{Z}_{N^2}$，生成的重加密密钥为：

$$rk_{a_i \to s} = g^{srr_i - a_i r_i} \bmod N^2 = \frac{g^{srr_i}}{g^{a_i r_i}} \bmod N^2 = \frac{(h_1 g^{\sum_{i=2}^{n} a_i})^{rr_i}}{g^{a_i r_i}} \bmod N^2$$

然后，β 将 $rk_{a_i \to s}$ 返回给 A。

挑战(Challenge)：β 收到 A 发送的两个明文 $m_0, m_1 \in \mathbb{Z}_N$ 后，计算 $r^{-1}m_0, r^{-1}m_1$ 并发送给 BCP 方案。收到 BCP 方案发送的挑战密文：

$$CT = (A, B) = (g^{r_1} \bmod N^2, h_1^{r_1}\beta(1 + r^{-1}m_b N) \bmod N^2)$$

随后，β 计算挑战密文：

$$CT^* = (A^r, (A^{\sum_{i=2}^{n} a_i} B)^r \bmod N^2)$$

将生成的挑战密文 CT^* 发送给 A。

猜测(Guess)：β 收到 A 发送的猜测 c'，并转发给 BCP 方案。

下面，我们分析 β 成功攻破 BCP 方案的优势。如果 A 在重加密密钥询问阶段没有询问 h_1，则模拟不中断，相应的概率为 $\binom{n-1}{q_r} / \binom{n}{q_r} = (n - q_r)/n$；另外在 β 中 r 不可逆的情况下挑战阶段无法进行，当 r 可逆时模拟不中断，相应的概率为 $\varphi(N^2)/N^2$，其中 $\varphi(N^2)$ 为 N^2 的欧拉函数。在模拟顺利进行的情况下，β 可以成功模拟出挑战密文，其正确性验证如下所示：

$$A^r = (g^{r_1})^r \bmod N^2 = g^{rr_1} \bmod N^2,$$

$$\begin{aligned}(A^{\sum_{i=2}^{n} a_i} B)^r \bmod N^2 &= (g^{r_1 \sum_{i=2}^{n} a_i} h_1^{r_1} (1 + r^{-1} m_b N))^r \bmod N^2 \\ &= (g^{r_1 \sum_{i=2}^{n} a_i} g^{a_1 r_1} (1 + r^{-1} m_b N))^r \bmod N^2 \\ &= g^{(r_1 \sum_{i=2}^{n} a_i + r_1 a_1) r} (1 + m_b N) \bmod N^2 \\ &= g^{srr_1} (1 + m_b N) \bmod N^2\end{aligned}$$

因此，如果敌手可以以不可忽略的优势 ε 攻破我们的重加密方案，我们就能够以不可忽略的优势 $((n - q_r)/n)(\varphi(N^2)/N^2)\varepsilon$ 攻破 BCP 方案的 IND-CPA 安全性。由于 BCP 方案的 IND-CPA 安全性在文献中已经证明，因此，不存在以不可忽略的优势攻破我们构造的重加密方案的敌手,定理已证。

接着,我们分析本方案的安全性和提出协议的安全性。

我们方案的所有参与者的输入数据是安全的。用户对输入样本向量 x 加密,其中所有输入的数据都是密文 $E_{pk_i}(\mathrm{Accu}(x_j))$ 。在服务器端,重加密服务器的输入数据为 $E_{pk_i}(\mathrm{Accu}(x_j))$,是用户上传的密文数据因为 BCP 的密文是 IND-CPA 安全的,因此保护了重加密服务器的输入数据的安全性。在重加密服务器中重新加密 $E_{pk_i}(\mathrm{Accu}(x_j))$ 后,得到的重加密数据 $E_{pk}(\mathrm{Accu}(x_j))$ 作为服务器的输入数据同样是密文数据,保证了服务器上的输入数据的安全性。腐化的用户敌手 A 和外部敌手 A 只能获得密文数据,依据 BCP 加密和同态重加密的语义安全性,保证了整个系统的输入数据的安全。

我们的方案在训练过程中的模型数据是安全的。在前向传播过程中,训练参数如 w_{ij} ,b_i ,函数计算数据等均采用密文形式。训练参数在服务器中以密文形式一起参与训练,密文函数计算如 ReLU、sigmoid、交叉熵等都是在密文下进行,或通过随机掩码方式与重加密服务器协作进行。在服务器中,所有计算数据都是密文。在重加密服务器中,激活函数(ReLU 和 sigmoid)和交叉熵代价函数的中间值使用不同的随机数,用于盲化相应的训练数据或参数来保护传输过程的安全,同时重加密服务器作为可信服务器不影响数据和参数的隐私。在反向传播过程中,从 SCP 协议、梯度计算、权重和偏置的更新过程中,所有的参数和计算也都是在密文中进行的。腐化的服务器敌手 A 和外部敌手 A 只能从训练过程中获得密文数据,依据 BCP 加密和重加密方案的 IND-CPA 安全,可以保证模型的数据安全。

我们方案的推理结果是安全的。服务器获取密文推理结果 $E_{pk}(\mathrm{Accu}(\theta_i))$ 后,将推理结果发送给重加密服务器。重加密服务器对 θ_i 解密,并使用 BCP 加密 θ_i 获得 $E_{pk_i}(\mathrm{Accu}(\theta_i))$ 。授权用户可以从重加密服务器中下载 $E_{pk_i}(\mathrm{Accu}(\theta_i))$,并解密结果得到 θ_i 。在服务器和重加密服务器中,推理结果是基于重加密和 BCP 加密的密文。此外,通信线路中的这些数据以密文的形式在信道上进行传输。腐化的服务器敌手 A 或一个外部敌手 A 从服务器或通信线路可以窃听到密文推理结果,但 BCP 加密和同态重加密的 IND-CPA 安全性,保证了推理结果的安全。此外,重加密服务器是可信的,在重加密服务器的解密过程中,未经授权的用户无法访问和获取解密后的数据,也保证了推理结果的安全。

我们提出的 SMP 协议是安全的。在 SMP 协议中,所有的密文数据都是基于 BCP 加密的,由于 BCP 密码体制的语义安全性,SMP 协议保护了密文数据的安全性。同时,重加密服务器中的解密数据拥有盲因子 r_a , r_b ,遮掩了明文 x_1, x_2,因此重加密服务器无法获取任何关于明文的信息。我们用理想 / 现实模型分析了 SMP 协议、SCP 协议的安全性。在该理想/现实模型中,令 $\mathrm{REAL}_{\pi,A,Z}$ 表示在环境 Z 中算法或协议 π 与敌手 A 交互的输出, $\mathrm{IDEAL}_{F,S,Z}$ 表示在环境 Z 中仿真器敌手 S 与理想函数 F 交互的输出。SMP 协议安全性的形式化证明分析如下所述。

(1) 在 SMP 协议中,对于半诚实的敌手 A_{Server} ,步骤 I(@Server) 是安全的。

在 SMP 协议的步骤 I 中,敌手 A_{Server} 运行协议 π ,服务器可以安全地与半诚实的敌手 A_{Server} 进行交互,则 A_{Server} 在现实世界中的视图为:

$$V_{\mathrm{Real}}=\{E_{pk}(x_1),E_{pk}(x_2),E_{pk}(x_1+r_a),E_{pk}(x_2+r_b)\}$$

在理想世界中,构建一个仿真器敌手 S ,从理想函数 F 中获得相同数量的随机数,则敌手 S 在理想世界中的视图为

$$V_{\mathrm{Ideal}}=\{r_{11},r_{12},r_{21}+r_{2a},r_{22}+r_{2b}\}$$

其中,随机数 $r_{11},r_{12},r_{21},r_{2a},r_{22},r_{2b}\in\mathbb{Z}_N$ 。从上述可知,现实世界视图是真实的 BCP 或同态重加密密文,理想世界视图是与 BCP 或同态重加密密文同分布的随机数。因为 BCP 或同态重加密方案具有 IND-CPA 安全性,上述两组视图对应的真实密文和随机数是不可区分的,这说明协议 π 安全地计算到了理想函数 F ,即在现实模型中运行包含敌手 A_{Server} 的协议 π 的全局输出与在理想模型中运行包含敌手 S 的理想函数 F 的全局输出是不可区分的,于是便有:

$$\{\mathrm{IDEAL}_{F,S,Z}^{SMP}(V_{\mathrm{Ideal}})\}\overset{c}{\approx}\{\mathrm{REAL}_{\pi,A_{Server},Z}^{SMP}(V_{\mathrm{Real}})\}$$

(2)在 SMP 协议中,重加密服务器上的步骤 II(@Ree-Server) 是安全的。

在步骤 II 中,重加密服务器解密得到 x_1+r_a 和 x_2+r_b ,并计算 $H=(x_1+r_a)(x_2+r_b)$,这个过程中含有随机数 r_a,r_b 分别掩码了明文 x_1,x_2,保证了明文 x_1,x_2 的安全性。该过程的其余数据 $E_{pk}(x_1+r_a)$ 、$E_{pk}(x_2+r_b)$ 和 $E_{pk}(H)$ 都是密文的形式,由于 BCP 或同态重加密方案的 IND-CPA 安全性,从

而保证了这些数据的安全性。同时，重加密服务器是可信的，所以外部敌手无法从重加密服务器获得任何信息。

(3)在 SMP 协议中，对于半诚实的敌手 A_{Server}，步骤 III(@Server) 是安全的。

在 SMP 协议的步骤 III 中，敌手 A_{Server} 运行协议 π，服务器可以安全地与半诚实的敌手 A_{Server} 进行交互，则 A_{Server} 在现实世界中的视图为：

$$V_{\text{Real}}{}' = \{E_{pk}(H), E_{pk}(x_1)^{N-r_b}, E_{pk}(x_2)^{N-r_a}, E_{pk}(r_a r_b)^{N-1}, E_{pk}(x_1 x_2)\}$$

在理想世界中，构建一个仿真器敌手 S，从理想函数 F 中获得相同数量的随机数，则敌手 S 在理想世界中的视图为：

$$V_{\text{Ideal}}{}' = \{r_H, r_{x1}, r_{x2}, r_{ab}, r_{x12}\}$$

其中，随机数 $r_H, r_{x1}, r_{x2}, r_{ab}, r_{x12} \in \mathbb{Z}_N$。从上面可知，现实世界视图是真实的 BCP 或同态重加密密文，理想世界视图是与 BCP 或同态重加密密文同分布的随机数。因为 BCP 或同态重加密方案具有 IND-CPA 安全性，上述两组视图对应的真实密文和随机数是不可区分的，这说明协议 π 安全地计算到了理想函数 F，即在现实模型中运行包含敌手 A_{Server} 的协议 π 的全局输出与在理想模型中运行包含敌手 S 的理想函数 F 的全局输出是不可区分的，于是便有：

$$\{\text{IDEAL}_{F,S,Z}^{SMP}(V_{\text{Ideal}}{}')\} \overset{c}{\approx} \{\text{REAL}_{\pi,A_{Server},Z}^{SMP}(V_{\text{Real}}{}')\}$$

我们提出的 SCP 协议是安全的。在 SCP 协议中，所有的密文数据都是基于 BCP 加密或者同态重加密方案，由于 BCP 加密和同态重加密方案的语义安全性，从而保证了协议数据的安全性。同时，解密数据利用盲因子 r_1, r_2 来掩码明文 m_1, m_2，保证了明文的安全性。用理想 / 现实模型的形式化证明分析 SCP 协议安全性如下所述。

(1)在 SCP 协议中，对于半诚实的敌手 A_{Server}，Step-I(@Server) 是安全的。

在步骤 I 中，半诚实的敌手 A_{Server} 在现实世界中运行协议 π，并与服务器进行交互，其在现实世界的视图为：

$$U_{\text{Real}} = \{(A_1, B_1), (A_2, B_2), (A_1, B_1)^{r_1}, (A_2, B_2)^{r_2}\}$$

在理想世界中，构建一个仿真器敌手 S，从理想函数 F 中获得相同数量的随机数，则敌手 S 在理想世界的视图为：

$$U_{\text{Ideal}} = \{(\beta_{11},\beta_{12}),(\beta_{21},\beta_{22}),(\beta_{11},\beta_{12})^{r_1'},(\beta_{21},\beta_{22})^{r_2'}\}$$

其中，随机数满足 $\beta_{11},\beta_{12},\beta_{21},\beta_{22} \in \mathbb{Z}_N$ 。从上述可知，现实世界视图是真实的 BCP 或同态重加密密文，理想世界视图是与 BCP 或同态重加密密文同分布的随机数。由于 BCP 加密和同态重加密方案具有 IND-CPA 安全性，上述两组视图对应的真实密文和随机数是不可区分的，这说明协议 π 安全地计算到了理想函数 F ，即在现实模型中运行包含敌手 A_{Server} 的协议 π 的全局输出与在理想模型中运行包含敌手 S 的理想函数 F 的全局输出是不可区分的，于是便有：

$$\{\text{IDEAL}_{F,S,Z}^{SCP}(U_{\text{Ideal}})\} \stackrel{c}{\approx} \{\text{REAL}_{\pi,A_{Server},Z}^{SCP}(U_{\text{Real}})\}$$

(2)在 SCP 协议中，所以重加密服务器上的步骤 II(@Ree-Server) 是安全的。

在步骤Ⅱ中，重加密服务器的视图是 $G_{\text{Real}} = \{r_1 m_1, r_2 m_2, u\}$ ，因为 $r_1 m_1$ 和 $r_2 m_2$ 分别含有掩码随机数 r_1 和 r_2，所以重加密服务器不能从 $r_1 m_1$ 和 $r_2 m_2$ 获取 m_1, m_2 的任何信息。同时，比较结果 u 中含有 r_1, r_2，因此重加密服务器不能直接获得结果 m_1/m_2。因为重加密服务器不知道 r_1 和 r_2，所以无法从 u 中获得任何信息。另外，重加密服务器是可信的，所以外部敌手无法从重加密服务器获得任何信息。

(3)在 SCP 协议中，对于半诚实的敌手 A_{Server} ，步骤 Ⅲ(@Server) 是安全的。

在步骤Ⅲ中，半诚实的敌手 A_{Server} 在现实世界中运行协议 π ，并与服务器进行交互，其在现实世界的视图为 $Q_{\text{Real}} = \{u, r_2/r_1\}$ 。

在理想世界中，构建一个仿真器敌手 S ，从理想函数 F 中获得相同数量的随机数，则敌手 S 在理想世界的视图为 $Q_{\text{Ideal}} = \{r_{33}', r_{21}'\}$ 。

其中随机数满足 $r_{33}', r_{21}' \in \mathbb{Z}_N$ 。从上述可知，在现实世界中，服务器通过 u 和 r_2/r_1 获得比较结果，理想世界视图是与现实世界同分布的随机数。在这个过程中，敌手 A_{Server} 不能区分 u 和 r_{33}' ，也不能区分 r_2/r_1 和 r_{21}' ，这说明协议 π 安全地计算到了理想函数 F 。

也就是说，在现实模型中运行包含敌手 A_{Server} 的协议 π 的全局输出与在理想模型中运行包含敌手 S 的理想函数 F 的全局输出是不可区分的，于是便有：

$$\{\text{IDEAL}_{F,S,Z}^{SCP}(Q_{\text{Ideal}})\} \stackrel{c}{\approx} \{\text{REAL}_{\pi,A_{Server},Z}^{SCP}(Q_{\text{Real}})\}$$

第七节 性能分析

在本节中，我们对 PDLHR 的理论部分和实验部分进行评估。首先，从理论角度评估方案的通信代价、计算代价，然后进行功能性比较。其次，通过性能对比及实验分析，我们描述该方案的效率和准确率。

一、理论分析

在本小节中，我们首先分析方案的通信代价、计算代价。然后，与现有先进的方案进行功能性比较，具体分析和比较如下所述。

（一）通信代价

我们从系统的工作过程对提出的 PDLHR 方案进行通信代价的分析。在初始化阶段，当用户上传小批量数据 M 的密文到重加密服务器，产生 $M|v|_2$ 比特的通信代价，其中 $|v|_2$ 是密文长度。同态重加密以后，重加密服务器将 n 个用户在相同公钥下的密文传输小批量数据 M 到服务器产生 $nM|v|_2$ 比特的通信代价。在密文训练过程中，SMP 产生 $3|v|_2$ 的通信代价，密文输入产生 $5(n_2+n_3+n_4)|v|_2$ 的通信代价。在隐含层的 ReLU 激活函数的密文计算过程中，服务器发送数据到重加密服务器产生 $n_2n_3|v|_2$ 比特的通信代价，重加密服务器发送数据到服务器产生 n_2n_3 比特的通信代价。在输出层的 sigmoid 激活函数密文计算过程中，服务器与重加密服务器交互，产生 $2n_4|v|_2$ 比特的通信代价。

在交叉熵代价函数密文计算过程中，服务器发送数据到重加密服务器产生 $2n_4|v|_2$ 比特的通信代价，然后重加密服务器发送数据到服务器产生 $n_4(2|v|_2+1)$ 比特的通信代价。在密文反向传播过程中，SMP 协议在计算时，服务器发送数据到重加密服务器产生 $2(n_2+n_3+n_4)|v|_2$ 比特的通信代价，重加密服务器发送数据到服务器产生 $2(n_2+n_3+n_4)|v|_2$ 比特的通信代价，反向传播的其他过程没有产生通信代价。为了比较我们方案通信代价的性能，我们与上一章中的两个方案及先前的方案进行了比较，如表 4-1 所示。

表 4-1 通信代价比较

隐私保护方案	加密方案	通信代价
PIDLSC	Paillier	$(M+3n_1n_2+n_2n_3+2n_1+3n_2+2n_3+13n_4)\|v\|_2+n_2n_3$
PIDLSL	Paillier	$(M+3n_1n_2+n_2n_3+2n_1+3n_2+2n_3+15n_4+4)\|v\|_2+n_2n_3$
PDLM[50]	DT-PKC	$Mn_2(8n_1+7n_3)\|v\|_2$
PDLHR	BCP、同态重加密	$(2nM+15n_4+9n_2+9n_3+n_2n_3)\|v\|_2+n_2n_3+n_4$

M 表示小批量样本数据的个数，n_1,n_2,n_3,n_4 为各层节点的数目，$|v|_2$ 表示密文长度。

依据上述的通信代价，我们以具体实例的形式分析了通信代价的大小。具体设置每个参数的固定值如下，小批量数据 M 设为 100，用户数 n 设为 100，各层神经元节点 $\{n_1,n_2,n_3,n_4\}$ 对应数量是 $\{784,30,30,30\}$，密文长度 $|v|_2$ 设为 2048。在每个分析实例中，只改变其中一个或两个参数的值。首先，我们比较了随着 M 的变化，通信代价的变化情况，其中 M 的变化设为 $\{5,10,15,\cdots,30\}$，比较结果如表 4-2 所示。

表 4-2 小批量样本数据变化后通信代价的变化情况(MB)

M	**1000**	**2000**	**3000**	**4000**	**5000**	**6000**
PIDLSC	146	148	150	152	153	155
PIDLSL	146	148	150	152	154	156
PDLM[50]	379805	759609	1139414	1519219	1899023	2278828
PDLHR	394	785	1176	1566	1957	2347

接着，我们分别比较了随着输入神经元数量(INN)、隐含层神经元数量(HNN)、输出层神经元数量(ONN)变化，通信代价的变化情况。表 4-3 分析了输入层神经元数量 n_1 为{100, 200, 300, … , 600}时，通信代价的变化情况。在表 4-4 中，隐含层神经元数量 n_2，n_3 设为{5, 10, 15, … , 30}，同次计算中两层的节点数相同；其中，PDLM 方案[50]的隐含层神经元数量 n_2 设为{5, 10, 15, … , 30}。在表 4-5 中，输出层神经元数量 n_4 设为{5, 10, 15, … , 30}，PDLM 方案[50]的输出层神经元数量 n_3 设为{5, 10, 15, … , 30}。具体比较分析数据如表 4-3，表 4-4，表 4-5 所示。

表 4-3　输入层神经元数量变化通信代价的变化(MB)

INN	100	200	300	400	500	600
PIDLSC	21	39	57	75	93	111
PIDLSL	21	39	57	75	93	111
PDLM[50]	3	5	7	10	12	14
PDLHR	43	43	43	43	43	43

表 4-4　隐含层神经元数量变化通信代价的变化(MB)

HNN	5	10	15	20	25	30
PIDLSC	26	50	73	97	120	144
PIDLSL	26	50	73	97	120	144
PDLM[50]	6330	12660	18990	25320	31650	37980
PDLHR	40	40	41	41	42	43

表 4-5　输出层神经元数量变化通信代价的变化(MB)

ONN	5	10	15	20	25	30
PIDLSC	143	143	144	144	144	144
PIDLSL	143	143	144	144	144	144
PDLM[50]	36955	37160	37365	37570	37775	37980
PDLHR	42	42	42	42	43	43

(二)计算代价

为了简化表示,将点乘/除法表示为 Mul/Div,对数表示为 Ln,指数表示为 Exp,泰勒展开表示为 Tay。在初始化阶段,重加密服务器计算联合公钥产生 $(n-1)$ Mul 的计算代价。在数据更新阶段,用户计算图像数据的密文产生 $2d$(Exp+Mul)的计算代价。在重加密过程中,重加密服务器计算重加密密钥产生 Mul + Exp + Div 的计算代价,重新加密密文产生 2(Exp+Mul)的计算代价。计算 SMP 产生 13Exp+ 4Div + 16Mul 的计算代价。

在模型训练阶段,除了输入层,各层计算输入值产生 n_l (7Exp+ 7 Div + 20Mul)的计算代价,其中, n_l 为各层的神经元数目。在隐含层中,计算密文 ReLU 函数产生 (n_2+n_3)(5Exp+2Mul+Div) 的计算代价。在输出层中,计算密文 sigmoid 函数产生 n_4(5Exp+6Mul+2Div+Tay)的计算代价。然后,输出层计算密文代价函数产生 $n_4((18+26n_4)\text{Exp}+(8n_4+9)\text{Div}+3\text{Ln}+(32n_4+18)\text{Mul})$ 的计算代价。在密文反向传播过程中，计算 SCP 协议产生 3Exp + 3Div 的计算代价，在输出层中，计算密文梯度产生 $3n_4(\text{Exp}+\text{Mul})$ 的计算代价，计算密文偏置梯度产生 $(n_2+n_3+n_4)\text{Mul}$ 的计算代价。在密文权重和偏置更新过程中，更新权重和偏置产生 $(n_1n_2+n_2n_3+n_3n_4)(4\text{Mul}+\text{Exp})$ 的计算代价。在数据提取过程中，训练好的模型推理之后，获得明文结果 θ_i，产生 4Exp＋4Div＋2Mul 的计算代价。

为了更好地比较我们的方案，我们将方案训练阶段的计算代价与上一章的方案 PIDLSC 的训练阶段的计算代价进行了比较，具体情况如表 4-6 所示。

表 4-6　计算代价的比较

PIDLSC[9]	计算代价	PDLHR	计算代价
隐含层输入密文	$(9n_1n_2+4n_2)\text{Exp}+2(n_1n_2+n_2)(\text{Div}+\text{Mul})$	隐含层输入密文	$n_l(7\text{Exp}+7\text{Div}+20\text{Mul})$
密文 ReLU	$(n_2+n_3)(5\text{Exp}+2\text{Mul}+\text{Div})$	密文 ReLU	$(n_2+n_3)(5\text{Exp}+2\text{Mul}+\text{Div})$
密文 sigmoid	$n_4(4\text{Exp}+\text{Mul}+2\text{Div}+\text{Tay})$	密文 sigmoid	$n_4(5\text{Exp}+6\text{Mul}+2\text{Div}+\text{Tay})$
密文交叉熵代价函数	$n_4(41\text{Exp}+2\text{Ln}+10\text{Div}+15\text{Mul})$	密文交叉熵代价函数	$n_4((18+26n_4)\text{Exp}+(8n_4+9)\text{Div}+3\text{Ln}+(32n_4+18)\text{Mul})$
输出层密文梯度	$n_4(4\text{Exp}+2\text{Mul})$	密文梯度	$3n_4(\text{Exp}+\text{Mul})$
密文偏置梯度	$(n_2+n_3+n_4)\text{Mul}$	密文偏置梯度	$(n_2+n_3+n_4)\text{Mul}$
更新权重	$(n_1n_2+n_2n_3+n_3n_4)(9\text{Exp}+2\text{Div}+3\text{Mul})$	更新权重	$(n_1n_2+n_2n_3+n_3n_4)(4\text{Mul}+\text{Exp})$
更新偏置	$(n_2+n_3+n_4)(9\text{Exp}+2\text{Div}+3\text{Mul})$	更新偏置	$(n_1n_2+n_2n_3+n_3n_4)(4\text{Mul}+\text{Exp})$

(三)功能性比较

我们用表 4-7 中的现有先进的方案与我们的方案进行了功能比较，比较的方案主要是基于同态密码的深度学习训练或预测方案。其中，ElGamal 上的代理重加密简写为 Re-ElG，BCP 上的重加密简写为 Re-BCP。

正如表 4-7 所示，方案[30]、[63]、[83]、[84]没有考虑多密钥协同计算问题，方案[40]、[84]、[85]没有考虑模型和推理结果安全，方案[50]、[83]、[85]没有分析通信代价和计算代价，方案 [40]、[49]、[83]、[85]没有考虑推理结果的准确率，而我们的方案考虑了所有功能。

表 4-7　功能性比较

方案	密码技术	服务器数量	多密钥	输入安全	模型安全	推理结果安全
[30]	SS，GC，Paillier	2	×	√	√	√
[40]	Paillier，Re-ElG	1	√	√	√	×
[49]	BCP，FHE	1	√	√	√	√
[50]	DT-PKC	2	√	√	√	√
[63]	Paillier	2	×	√	√	√
[83]	CKKS，SMPC	1	×	√	√	√
[84]	Paillier，LWE	1	×	√	√	×
[85]	BGV	2	√	√	×	√
PDLHR	BCP，Re-BCP	2	√	√	√	√

二、实验分析

我们实验的仿真环境是 Intel 4 CPUs，8GB RAM，64-bit Ubuntu 18.04.4 操作系统和 Python 3.7.6 版本，采用 Mnist 和 Cifar-10 数据集进行实验。Mnist 数据集由训练数据、验证数据和测试数据组成。训练数据为 50000 个手写数字的训练图像，验证数据和测试数据分别包含 10000 张图像。每幅图像包含 784 个特征值，代表 28 * 28 像素。Cifar-10 由 10 类 32 * 32 的彩色图片组成，每类有 6000 张图片，共有 60000 张图像，其中包括 50000 张训练图像和 10000 张测试图像。

为了测试其效率，我们用图像特征数量和图像数量的变化来测试加解密运行时间的变化,并与方案[50]进行比较。随着图像特征的变化和图像的变化,我们列出了它们的加密和解密运行时间,如表 4-8、表 4-9 所示。

表 4-8 图像特征变化下加解密的运行时间(ms)

FN	时间				
	150	300	450	600	784
方案[50]的 EM	2754.843	4424.762	7711.335	8697.082	11772.691
PDLHR 的 EM	1.305	2.098	2.701	3.810	5.645
方案[50]的 DM	2.312	4.614	7.972	10.371	13.303
PDLHR 的 DM	0.796	1.956	3.391	4.217	4.882
方案[50]的 EC	40356.045	41779.037	42698.653	43103.447	43979.619
PDLHR 的 EC	14.111	15.984	16.785	17.183	18.611
方案[50]的 DC	25.195	62.451	107.228	181.538	228.696
PDLHR 的 DC	15.682	17.299	19.129	21.434	22.686

表 4-9 图像变化下的加解密运行时间(ms)

FN	时间				
	1	2	3	4	5
方案[50]的 EM	11124.602	21333.382	32532.651	46286.824	134169.973
PDLHR 的 EM	5.101	10.006	14.995	20.850	24.496
方案[50]的 DM	19.601	26.720	37.711	52.692	63.050
PDLHR 的 DM	4.882	11.309	15.756	21.313	24.387
方案[50]的 EC	92225.529	182614.690	226578.345	295680.831	325460.310
PDLHR 的 EC	3.975	6.512	11.703	13.305	16.011
方案[50]的 DC	700.322	814.933	930.266	1045.834	1157.484
PDLHR 的 DC	13.926	47.821	85.939	151.392	233.662

为了简化表示,在 Mnist 数据集中,加密被标记为 EM;解密被标记为 DM;在 Cifar-10 中,加密被标记为 EC,解密被标记为 DC。另外,图像的特征数(FN)使用{150, 300, 450, 600, 784}特征数进行实验,图像数(IN)使用{1, 2, 3, 4, 5}数量的图像进行实验。在测试过程中,方案[50]的 DT-PKC 和我们方案的 BCP 把初始化过程考虑到了加密算法的测试中。

从这些数据可以看出,我们的方案中 Mnist 和 Cifar-10 加解密的运行时间小于方案[50]的加解密运行时间,因而我们方案的效率优于[50]的效率。

为了更好地比较效率，基于 Mnist 和 Cifar-10 数据集，图 4-3 通过改变图像中的特征和图像的数量来评估加密的运行时间。如图 4-3(a)所示，随着特征数量的变化，我们的方案的加密时间与方案[50]的加密时间进行了比较，在 784 个特征下，我们的方案的加密时间小于 20ms，而方案[50]的加密时间大于 2000ms。由此我们可以得出，随着特征数量的变化，方案[50]的加密时间比我们的方案更长。在图 4-3(b)中，随着图像数量的增加，方案[50]加密的运行时间仍明显增加。我们的加密时间小于 30ms，方案[50]的加密时间在 5 张图像下超过 9000ms。从图 4-3 中可以得出，我们方案的加密时间远低于方案[50]的加密时间，并且在加密过程中，我们方案的效率优于比较方案[50]的效率。

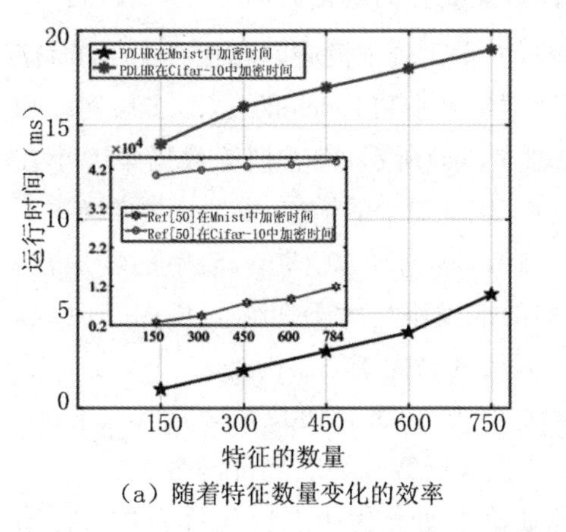

(a) 随着特征数量变化的效率

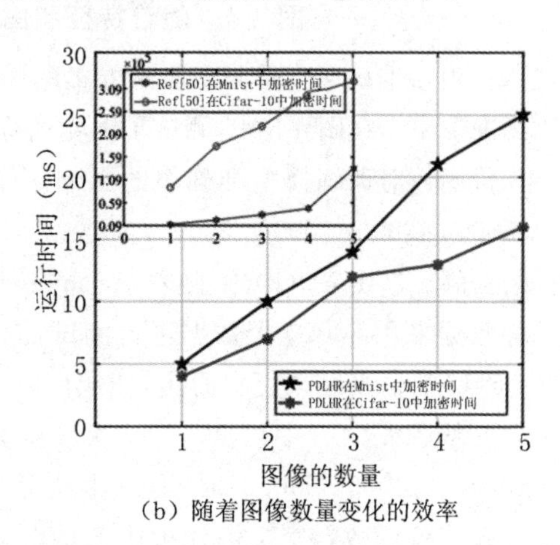

(b) 随着图像数量变化的效率

图 4-3 随着特征和图像数量变化的加密时间

在图 4-4 中，我们分别绘制了随特征数量和图像数量变化的解密运行时间。在图 4-4(a) 中，随着特征数量的变化，比较了 PDLHR 与方案[50]的解密时间，结果表明方案[50]的解密时间明显增加，PDLHR 的解密时间也随着特征数量的增加而不断增加，但 PDLHR 的解密时间小于方案[50]的解密时间。在 Cifar-10 数据集中，方案[50]的解密时间比其他的解密时间要长得多。同样，在图 4-4(b)中，随着图像数量的增加，解密时间也不断增加，但在同一数据集下，随着图像数量的变化，我们的解密时间要比方案[50]的解密时间少得多。从图 4-4 可以看出，我们方案的解密时间远少于方案[50]的解密时间。因此，我们方案的解密效率优于比较方案[50]的解密效率。

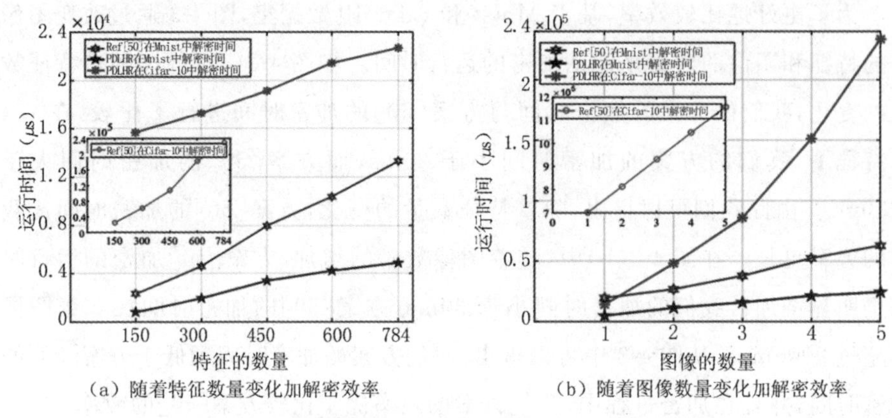

(a) 随着特征数量变化加解密效率　　(b) 随着图像数量变化加解密效率

图 4-4　随着特征和图像数量变化的解密时间

由于准确率不受同态加密方案的影响,方案比较了没有隐私保护的 PDLHR 的准确率。在图 4-5 中,测试了随着训练数据集大小和 epoch 的变化,多层网络和代价函数对训练模型准确率的影响。如图 4-5(a)所示,随着训练数据集大小在{5000, 10000, 20000, 30000, 40000, 50000, 55000}中的增加,模型分类准确率不断提高。在图 4-5(b)中,随着 epoch 在{5, 10, 20, 30, 40, 50, 55}中的增加,训练数据采用 50000 个数据进行测试,它们的准确率均大于 95%。由图 4-5(a)、4-5(b)的仿真结果可以看出,四层网络和五层网络优于三层网络。

从图 4-5(c)中可知,当训练数据集大小为{5000, 10000, 20000, 30000, 40000, 50000, 55000}时,通过比较交叉熵代价函数和二次代价函数(又称平方误差代价函数),交叉熵代价函数的分类准确率明显优于二次代价函数。在图 4-5(d)中,epoch 随着{5, 10, 20, 30, 40, 50, 55}的增加,对于 50000 个训练数据,准确率不小于 94%,交叉熵代价函数的准确率几乎都大于 96%。从图 4-5(c)(d)的仿真结果可以看出,在我们的方案中,交叉熵代价函数比二次代价函数分类效果更好。

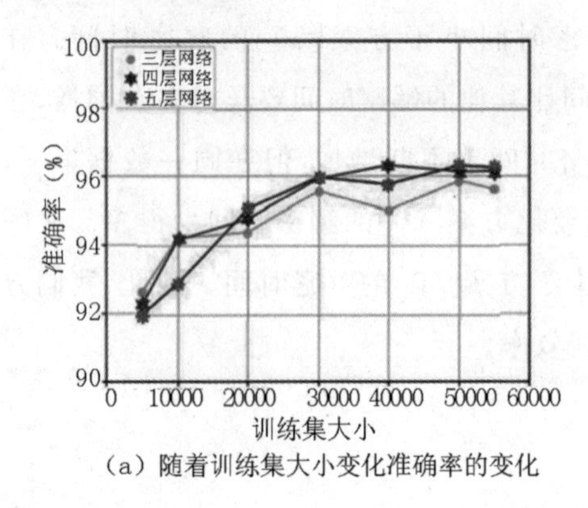

(a) 随着训练集大小变化准确率的变化

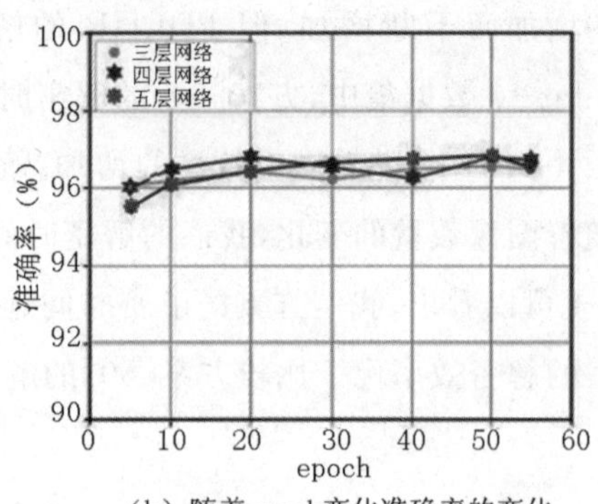

(b) 随着epoch变化准确率的变化

（c）随着训练集大小变化准确率变化

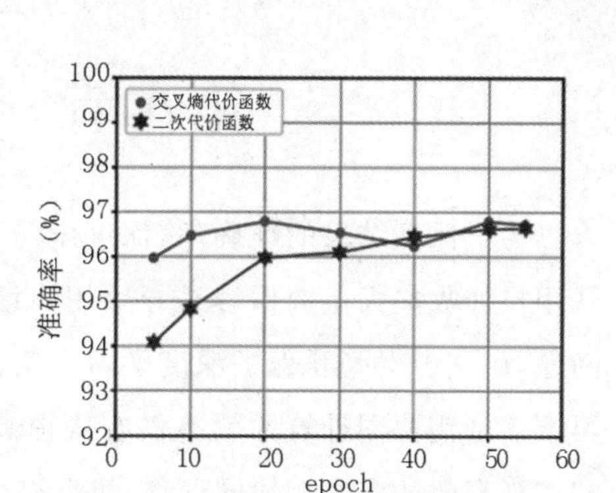

（d）随着epoch变化准确率的变化

图 4-5　随着训练集大小和 epoch 变化准确率的变化

最后，我们假设两个隐含层是节点数相同的层，然后将默认权重、大权重的加密时间进行了比较。如图 4-6 所示，我们的权重加密时间在左 y 轴中低于 200ms，方案[50]的权重加密时间（单位 10^4）在右 y 轴中大于 1500ms。而且，默认权重的运行时间总体上小于大权重的运行时间。结果表明，该方案的权重加密效率优于方案[50]的权重加密效率，且默认权重的加密效率优于大权重的加密效率。因此，我们使用默认的权重初始化方法。

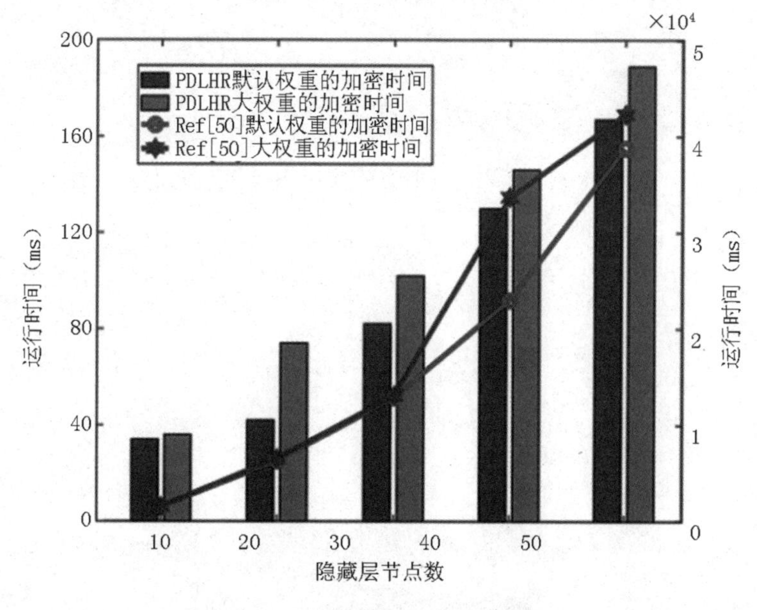

图 4-6　权重初始化加密时间

第八节　本章小结

为了保证结果的准确率，深度学习在训练过程中需要大量的数据。然而，从用户处收集大量数据容易导致用户敏感信息的泄露。针对用户隐私泄露的问题，研究者对隐私保护深度学习方案的研究越来越多，但在隐私保护深度学习下多密钥协同计算的效率仍有待提高。为了保护深度学习模型训练的隐私和实现高效的多密钥协同计算，我们提出了一个基于同态重加密的隐私保护深度学习方案（PDLHR）。在 PDLHR 中，尽管提出的协议或算法内增加了交互性，但我们通过封包调用的方式在一定程度上减少了交互，同时实现了多用户场景下不同公钥下的密文协同计算，保证了多用户数据协同训练的模型安全和数据安全。此外，我们提出的加密方案还可以用于其他多源数据协同计算的场景中。

第五章

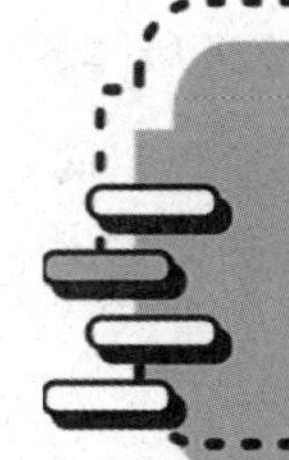

实用高效的隐私保护联邦深度学习方案

联邦学习是一种新兴的联合学习模型,可以在不收集用户原始数据的情况下,将不同用户的模型参数联合起来进行训练和推理。在目前的隐私保护联邦学习方案中,缺乏有效的适用于联邦深度学习的多密钥协同计算方案,且现有隐私保护联邦学习方案的收敛速度较慢。针对上述问题,我们提出了一个实用高效的隐私保护联邦学习方案(Practical and Efficient Privacy-preserving Federated Learning, PEPFL)。该方案通过改进升幂分布式 ElGamal 密码体制,实现我们方案中联邦学习系统模型下的多密钥协同计算;在通用联邦学习模型的框架下,方案使用了一个额外的训练器实体[44],该方式可以减少用户的交互和保持离线状态;MGD 方式的使用,能加快隐私保护联邦学习的密文训练下的收敛速度。

第一节 概述

联邦学习作为分布式机器学习的框架,能有效帮助多个机构或用户在满足隐私保护和法律法规的要求下,实现参与方在不共享数据的基础上联合建模,可以有效解决数据孤岛问题。尽管联邦学习在一定程度上保护了隐私,但一些方案[5,18]中表明,聚合服务器或攻击者仍然可以通过共享梯度或权重恢复一些敏感信息。为了防止敏感信息泄露,一些研究者提出了基于不同加密方案的隐私保护联邦学习方案[30,86]。经研究现有方案,本章主要对以下几个问题进行深入探讨。

多密钥协同训练的加密方案有待改进。在隐私保护联邦学习中，对于多密钥协同计算问题，研究者[87,88]提出了基于 BCP 同态加密的多密钥隐私保护联邦学习方案，Ma 等[89]提出了一个基于 xMK-CKKS（MK-CKKS 的改进版本）的隐私保护联邦学习方案，这些方案解决了联邦学习的隐私保护及多密钥问题。尽管这些方案基于 BCP 双解密机制和改进的 CKKS 实现了多密钥协同计算，但多密钥隐私保护联邦学习中加密方案的效率仍有待提高。

使用的 PHE 方案中不能进行矩阵加密。目前，基于 FHE 的隐私保护深度学习方案中，很多方案都利用了 SIMD 方法进行并行计算，如基于向量的 SIMD 方法[52]和基于格的 SIMD 方法[53]。然而，FHE 具有较高的数据膨胀率和较高的密文同态计算代价，不能有效地支持联邦学习。因此，在许多联邦学习方案中主要使用的是 PHE 方案[18,30]。但类似 FHE 方案的 SIMD 功能[31,51,52]，这些方案中并没有使用矩阵并行计算方法。由于 PHE 方案仅对单个明文或向量明文进行加密，而没有对矩阵明文加密，导致加密效率低，通信代价高。

现有隐私保护联邦学习方案很多都没有考虑用户离线功能或密文训练收敛速度问题。目前，一些方案[44]在通用联邦学习框架下引入训练器或雾节点，从而解决了用户在联合学习过程中一直在线交互的问题，但多数方案用户训练过程中仍然是与服务器在线交互的。MGD 方式的隐私保护联邦学习方案需要设计。为了提高 SGD 在训练过程中的收敛速度，一些方案[55,56]引入了动量项。然而，它们是在明文上进行设计来实现快速收敛的，这容易导致隐私泄露问题，为此，需研究含动量项的隐私保护联邦学习方案，以实现密文训练下的快速收敛。

基于上述问题，我们针对联邦学习中多密钥协同计算效率低、密文训练收敛速度慢等问题，提出了一个实用高效的隐私保护联邦学习方案，即 PEPFL 方案。

第二节　系统模型

在本节中，我们将简要概述 PEPFL 系统模型，它的体系结构如图 5-1 所示。

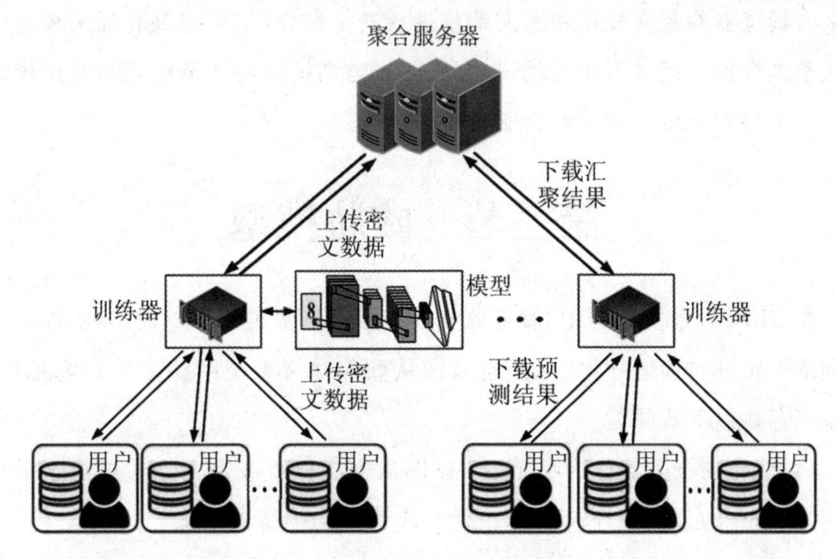

图 5-1　PEPFL 系统模型

在我们的系统模型中，采用三个实体：用户、训练器和聚合服务器。这与传统的两个实体（用户和聚合服务器）不同，模型引入了训练器[44]，支持用户离线功能，从而减少了用户交互。在该模型中，用户提供或获取密文数据，训练器上的本地训练采用 CNN 方式，聚合服务器聚合模型参数，通过聚合服务器与训练器的交互实现模型的训练。最终，联合训练后得到训练好的模型，然后可以在训练好的模型上进行密文下的数据推理。

用户：用户是一个拥有一组数据的实体，可以为系统提供原始数据编码后的密文，以用于联邦学习任务中的模型训练和模型推理。首先，每个用户生成公私钥对，然后将公钥发送给聚合服务器以获取联合公钥。使用联合公钥，用户需对其数据进行编码和加密，然后将密文数据发送给训练器。此外，用户还可以从训练器下载密文推理结果，然后对其进行解密和解码，从而得到推理结果。

训练器：训练器作为机器学习实体，拥有一个深度学习模型（如 CNN）来训练模型参数，并且可以从用户那里收集密文数据。具体来说，训练器从同一个区域的用户获取密文数据，然后在本地计算训练模型并上传给聚合服务器，经过与聚合服务器多次迭代协同训练模型，训练器可以获得训练好的模型，该模型用于推理用户的推理需求。

聚合服务器：作为协调器和聚合器，聚合服务器发布联合公钥给用户，并对来自训练器的密文权重和密文动量进行安全聚合，然后将聚合后的模型参数发送给训练器。经过多次迭代，聚合服务器与训练器协作最终获得最优模型参数。后文将聚合服务器简称为服务器。

第三节　威胁模型

在 PEPFL 系统模型中，服务器和训练器都是诚实且好奇的实体，即服务器和训练器将诚实地遵守协议，但也试图从联邦学习系统中获取用户隐私信息。该系统存在以下威胁：

(1)腐化的服务器作为敌手 A，试图从密文权重或密文动量中检索敏感信息，并从用户的公钥中计算私钥。敌手 A 可以与训练器共谋。

(2)腐化的训练器作为敌手 A，试图从服务器或用户处获取所有密文数据和密文参数。此外，敌手 A 可以与服务器共谋。

(3) 腐化的用户作为敌手 A，试图从加密的训练和推理数据中获取其他用户的敏感信息。此外，小于等于 $P-1$ 个的用户可以共谋。

(4) 外部的敌手 A 试图从所有参与者或通信线路中获取数据。

第四节　设计目标

依据系统模型和威胁模型，我们方案的设计目标如下所述。

(1) 确保输入数据的隐私性：用户的输入数据中包含用户的敏感信息，为防止其他实体和外部敌手窃取隐私信息，方案需确保用户输入数据的隐私性。

(2)确保模型数据的隐私性：训练器和服务器在联邦训练过程中，训练的参数和数据中包含用户的敏感信息，或者能从参数中获取敏感信息，为防止训练过程中用户的敏感信息泄露，需确保在训练时参数和数据的隐私性。

(3)确保推理结果的隐私性：得到训练好的模型后进行模型推理，推理结果中含有用户的敏感信息。因此，方案需确保推理结果的隐私性。

(4)支持多密钥协同计算：联邦学习作为分布式协同计算的一种重要方法，需解决多用户在多密钥环境下的协同计算问题。因此，方案需考虑能支持多密钥协同计算的加密方案。

(5)支持快速收敛：现有方案的联邦优化方式很多,隐私保护上的加速收敛方式有待进一步改进。因此,方案设计支持基于同态加密的隐私保护快速收敛方法。

第五节　实用高效的隐私保护联邦深度学习方案的构造

在本节中,我们将详细描述 PEPFL 方案。首先,用户向所在区域的训练器中上传加密的密文数据。在收集到一定数量的密文数据后,训练器首先根据服务器的初始权重和初始动量对模型进行训练。然后,训练器将更新后的密文动量和密文权重上传到服务器。服务器完成安全聚合后,训练器下载聚合结果并在本地迭代它们得到的新的密文动量和密文权重,然后再将更新的密文动量和密文权重上传给服务器。经过反复迭代,当获得一个训练好的模型,用户可以用其推理需要的数据。在接下来的描述中,我们将介绍改进的升幂分布式 ElGamal 密码体制,提出 PSIMD 构建块、相等性测试块(Equality Test Block,ETB)等计算构建块,并描述 PEPFL 的方案构造。

一、改进的升幂分布式 ElGamal 密码体制

在早期的研究中,一些方案[90,91]中的分布式 ElGamal 密码体制实现了在多个服务器上使用,假设在 P 个服务器上使用。如果存在一个外部敌手或存在 P 个服务器合谋的情况,敌手或其中的服务器一旦获得所有服务器的密文数据,就能获取用户的明文信息,导致信息泄露。因此,依据 ElGamal[72] 和分布式 ElGamal 密码体制[90],我们提出一个用 P ($P \neq 1$) 个用户替换 P 个服务器的改进的升幂分布式 ElGamal 密码体制(Lifted Distributed ElGamal Cryptosystem,LDEC)。方案的具体过程如下。

密钥生成算法：系统参数随机生成素数阶 p ,生成元为 g 的乘法循环群 $\mathbb{G}$,用户 $U_i(i \in \{1,\cdots,P\})$ 从 $\mathbb{Z}_p^*$ 中随机选择私钥 x_i ,然后计算和发送公钥 $y_i = g^{x_i}$ 给服务器。服务器收到所有用户的公钥后,依据公钥计算联合公钥 $y = \prod_{i=1}^{P} y_i = g^{\sum_{i=1}^{P} x_i}$,然后下发给用户。

加密算法：给定明文向量 $m_i \in \mathbb{G}$和联合公钥 y ,用户 U_i 均匀随机选择

$r_i \in \mathbb{Z}_p^*$ ，计算得到密文 $C = E(m_i) = (A_i, B_i)$ ，则用户的加密密文为：

$$A_i = g^{r_i}, \qquad B_i = g^{m_i} y^{r_i} \tag{5-1}$$

服务器用 SMPC 计算 $r = \sum_{i=1}^{P} r_i$ ，得到聚合后的密文为：

$$A = g^r, \qquad B = g^{\sum_{i=1}^{P} m_i} y^r \tag{5-2}$$

输入密文 (A_i, B_i) ，服务器用 SMPC 计算 $x' = \sum_{j=1, j\neq i}^{P} x_j$ ，并计算 $A_i{}^r$ 。然后，计算并发送 $A_i{}^r A^{\sum_{j=1, j\neq i}^{P} x_j}$ 给用户 U_i 。

该方法避免了原有分布式 ElGamal 密码体制[91]中服务器发送 A^{x_i} 引起的共谋问题，因为 $g^m = B/(A^{x_1} A^{x_2} \cdots A^{x_P}) = B/A^{\sum_{i=1}^{P} x_i}$ ，即 P 个服务器共谋能获取用户明文；同样，一个外部敌手窃听 P 个服务器的密文也能计算出用户的明文，从而导致用户信息泄露。

解密算法：用户 U_i 用 x_i ，r_i 和收到的 $A_i{}^r A^{\sum_{j=1, j\neq i}^{P} x_j}$ 解密密文 B 得到 $g^{\sum_{i=1}^{P} m_i}$ ，即：

$$g^{\sum_{i=1}^{P} m_i} = \frac{B}{A^{x_i - r_i} A_i{}^r A^{\sum_{j=1, j\neq i}^{P} x_j}} \tag{5-3}$$

然后，利用 Pollard Rho[73]的方法计算得到聚合明文 $\sum_{i=1}^{P} m_i$ 。

二、安全计算构建块

（一）数据取整说明

深度学习在训练过程中存在很多小数，为了实现对训练过程中数据的加密，需对小数进行放大取整后使其成为升幂 ElGamal 加密方案明文所在空间 $\mathbb{Z}_N$ 中的数据，然后再对处理后的数据进行加密，解密时需考虑去除放大的精度。本章我们定义一个数据取整函数 Accu(x) 满足 Accu(x) = $[x \cdot 2^{accuracy}]$ ，其中，$accuracy$ 为数据的精度，后续在使用放大取整时将直接调用函数 Accu(x)。

（二）部分单指令多数据流(PSIMD)构建块

在同态加密方案的研究工作中，FHE 方案中多数使用了 SIMD[51,52,92]，但由于 FHE 的特殊性，它们产生了很高的通信代价和计算代价。在 PHE 体制中，现有方案都没有使用 SIMD。为了提高 PHE 的有效性，针对密文数据在单个数据或向量数据加密方法中通信代价较高的问题，我们构造了一个通用的PSIMD方案来实现矩阵的并行计算，该方案适用于现有的大部分PHE方案中，能通过减少密文长度的方法提高方案的通信效率。PSIMD涉及编码和解码函数，这些函数能够用浮点存储方法将矩阵封装到实数 $\mathbb{R}$ 中的一个扩展元素中。其具体过程如下所述。

对于一个矩阵 $\boldsymbol{A}$，我们将矩阵 $\boldsymbol{A}$ 中的一个元素 $\boldsymbol{A}_{ij}(1\leqslant i\leqslant m,1\leqslant j\leqslant n)$ 转化为浮点数 $A_{ij'}$，它由整数部分 $\boldsymbol{I}$ 和基指数 $\boldsymbol{e}$ 两个部分组成，即$(\boldsymbol{I},\boldsymbol{e})$，其中要求具有相同的 $\boldsymbol{e}$。对于矩阵中的负数，需将其变为正数进行计算，即被设为大于 n 的一半的最大数的正数[93]。由于矩阵 $\boldsymbol{A}$ 中的元素 A_{ij} 顺序存储在设备中，将矩阵 $\boldsymbol{A}$ 打包成一个明文包 $Q=A_{11'}\parallel A_{12'}\parallel\cdots\parallel A_{mn'}$ 进行加密，这里需要将 $m*n$ 的矩阵扩展到 $m*n*4$ 字节的线性数据作为一个包，因为一个浮点数占用4个字节的空间。然后，将包作为一个整体进行加密并传输到服务器，如图5-2所示。编码算法表示为Encode($\boldsymbol{A}$)，具体过程如算法12所示的左侧部分。方案将矩阵编码后进行加密，相当于对整个矩阵进行加密，由于加密单个明文的密文长度和加密该矩阵的密文长度相同，因此，与现有的单明文加密或向量加密方法相比，该方法大大提高了加密速度，减少了密文长度。用户获取密文推理结果 $E_{pk}(\bar{Q})$ 后，解密密文 $E_{pk}(\bar{Q})$ 得到 $\bar{Q}$。然后，将推理结果 $\bar{Q}$ 按每4个字节为一组分成 $m*n$ 个数，解码恢复矩阵 $\boldsymbol{A}'$。解码算法表示为Decode(A)，其具体过程如算法12的右侧部分。

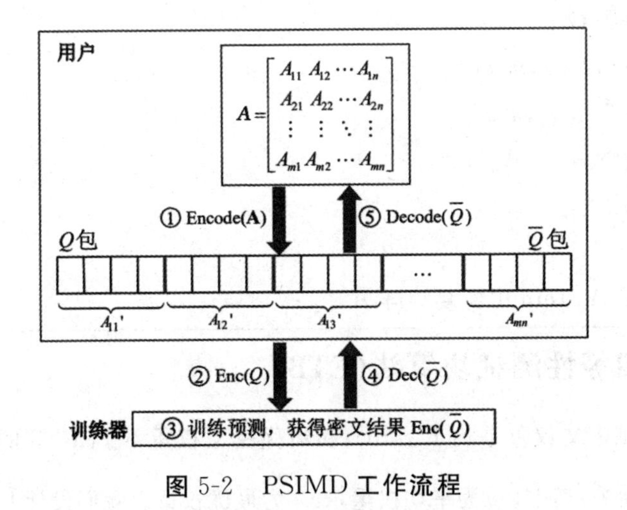

图5-2 PSIMD工作流程

算法 12　PSIMD 编码和解码算法

输入：A

输出：$E_{pk}(Q)$

训练器：

定义矩阵数组(A_{ij})mn；

定义浮点数据(A'_{ij})mn；

编码矩阵 A：

for $i=1,2,\cdots,m$ do

for $j=1,2,\cdots,n$ do

　　设置 $A_{ij}' \leftarrow A_{ij}$；

end for

end for

　　加密包 Q 得到 $E_{pk}(Q)$。

输入：$E_{pk}(\bar{Q})$

输出：A'

训练器：

　　解码 $E_{pk}(\bar{Q})$ 得到 $\bar{Q}$；

　　将 $\bar{Q}$ 包定义为浮点数组(A'_{ij})mn；

　　定义对应的矩阵数组(A_{ij})mn；

　　解码 $\bar{Q}$：

for $i=1,2,\cdots,m$ do

for $j=1,2,\cdots,n$ do

　　设置 $A_{ij} \leftarrow A_{ij}'$；

end for

end for

　　从(A_{ij})mn 中恢复矩阵 A'。

（三）相等性测试块算法(ETB)

为了测试密文权重平均 $E_{pk}(\bar{w})$ 和最优密文权重 $E_{pk}(w^*)$ 的两个明文 $\bar{w}$ 和 w^* 是否相等，其中，$\bar{w}$ 为平均权重，w^* 为最优权重。我们设计 ETB 构建块如下所述。给定两个密文 $E_{pk}(\bar{w})=(g^{r_1},g^{\bar{w}}y^{r_1})$ 和 $E_{pk}(w^*)=(g^{r_2},g^{w^*}y^{r_2})$，测试 $\bar{w}$ 和 w^* 是否相等。首先，比较 $E_{pk}(\bar{w})$ 和 $E_{pk}(w^*)$ 的结果如下式所示：

$$\left(\frac{A_1}{A_2},\frac{B_1}{B_2}\right)=(g^{r_1-r_2},g^{\bar{w}-w^*}y^{r_1-r_2}) \tag{5-4}$$

使用升幂 ElGamal 密码体制解密上述公式后，如果 $g^{\bar{w}-w^*}=1$，即 $\bar{w}-w^*=0$，则两个明文 $\bar{w}$ 和 w^* 相等，当所在矩阵达到 80%以上数量的相等值时，说明达到了最优密文权重，模型训练停止。否则，模型训练将继续迭代执行。

三、实用高效的隐私保护联邦深度学习方案

在本小节中，我们在图 5-3 中描述了该方案的工作流程。根据工作流程，该方案的步骤包括：初始化阶段、编码加密阶段、模型训练阶段和模型推理阶段。

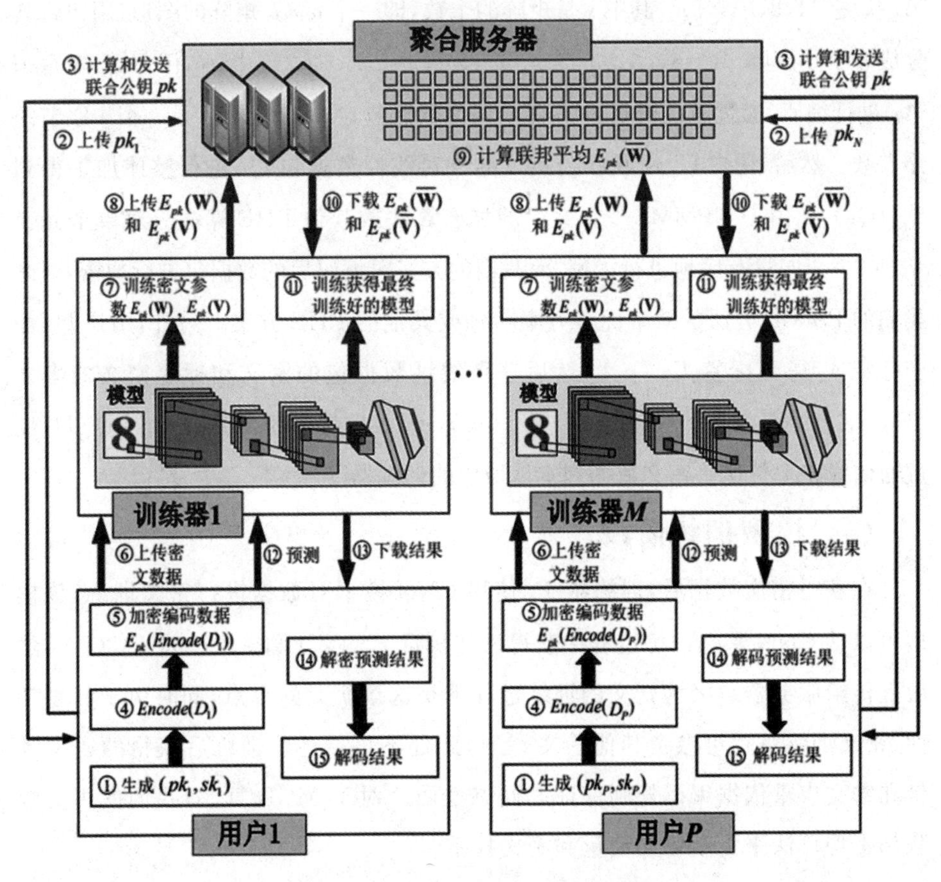

图 5-3　PEPFL 的工作流程

(一)初始化阶段

首先,用户 U_i 生成公私钥对(pk_i , sk_i)。然后,用户 U_i 将公钥 pk_i 上传到服务器。服务器从 P 个用户那里收集公钥 pk_i ,然后计算并发布联合公钥 $pk=\prod_{i=1}^{P} pk_i = g^{\sum_{i=1}^{P} x_i}$ 。

(二)编码和加密阶段

用户 U_i 获取联合公钥 pk 后,使用 PSIMD 编码算法将其数据 D_i 编码为 $Encode(D_i)$,并用升幂分布式 ElGamal 加密系统加密编码数据 $Encode(D_i)$ 得到 $E_{pk}(Encode(D_i))$ 。然后,用户 U_i 将密文 $E_{pk}(Encode(D_i))$ 发送给训练器 T_i 。

具体来说,用户 U_i 预处理和分割图像数据 D_i 为矩阵数据 $A_k(k \in \{1,2,\cdots,s\})$,其中 s 是矩阵的个数,即一个 $a \times b$ 矩阵的图形,用户将其分成多个小矩阵 $A_k = \{A_{mn}^{(k)}\}$ $(1 \leqslant m \leqslant a, 1 \leqslant n \leqslant b)$ 。接着,用户 U_i 对每个 A_k 进行编码,通过重编码将 $A_{mn}^{(k)}$ 变成线性数据包 Q_k ,其中 $A_{mn}^{(k)}$ 是一个 4 字节的浮点数。然后,用户 U_i 用联合公钥 $ pk $ 对线性数据包 Q_k 进行整体加密得到 $E_{pk}(Q_k)$ 。由于 NPMML[44]方案中的加密算法或其他 PHE 算法只对单个元素 A_{mn} 或一个向量有序地进行加密,而我们的方案对编码后的数据包进行加密,因此我们的 PSIMD 方法的效率优于方案[44]或其他的 PHE 方案。另外,用户 U_i 加密标签 y_i 得到标签 $E_{pk}(y_i)$;然后获得线性数据包的密文和标签密文的串联 $\{E_{pk}(Q_1) || E_{pk}(y_1), E_{pk}(Q_2) || E_{pk}(y_2), \cdots, E_{pk}(Q_s) || E_{pk}(y_s)\}$,用户 U_i 经过通信线路上传这些密文数据到本地域中的训练器 T_i 。

(三)模型训练阶段

在获得密文数据后,训练器 T_i 使用 CNN 模型对数据进行密文训练,该模型可以从 CNN 密文训练过程中获得密文权重 $E_{pk}(W)$ 和密文动量 $E_{pk}(V)$,然后上传给服务器。因为密文的训练过程不是这章研究的重点,同时由于其复杂性,密文训练过程可参考其他论文[94,95],此处不再赘述。训练后获得的密文动量和密文权重依据编码规则保证其同态性质。对于 MGD 算法,我们使用安全联邦平均算法来更新密文动量和密文权重。

具体来说,首先,根据本地更新规则,利用升幂 ElGamal 密码体制的加法同态性质，依据公式(2-8)计算训练器 T_i 的密文动量 $E_{pk}(V_{t+1}^{(i)})$。其正确性分析如下所示：

$$D(E_{pk}(V_{t+1}^{(i)}))=D(E_{pk}(\mu V_t^{(i)}+\nabla L(W_t^{(i)})))$$
$$=D(E_{pk}(V_t^{(i)})^{\mu}E_{pk}(\nabla L(W_t^{(i)})))\quad(5\text{-}5)$$

依据上面的公式，我们用与上述步骤相同的方法获得密文权重 $E_{pk}(W_{t+1}^{(i)})$。其正确性分析如下所示：

$$D(E_{pk}(W_{t+1}^{(i)}))=D(E_{pk}(W_t^{(i)}-\eta V_{t+1}^{(i)}))$$
$$=D(E_{pk}(W_t^{(i)})E_{pk}(V_{t+1}^{(i)})^{-\eta})\quad(5\text{-}6)$$

接着，训练器计算 $\#D_i/\#D$ 并依据升幂 ElGamal 密码体制的同态性质计算获得 $E_{pk}\left(\mathrm{Accu}\left(\frac{\#D_i}{\#D}V_{t+1}^{(i)}\right)\right)$ 和 $E_{pk}\left(\mathrm{Accu}\left(\frac{\#D_i}{\#D}W_{t+1}^{(i)}\right)\right)$ 并发送给服务器。

算法 13　隐私保护联邦学习算法(PFL)

输入：密文模型参数 $E_{pk}(W_i)$，$E_{pk}(V_i)$

输出：最优密文权重 $E_{pk}(W^*)$

服务器：

初始化最优全局权重 W^*，初始化权重 $\overline{W_i}(0)$，初始化动量 $\overline{V_i}(0)$；

广播初始化参数 $\overline{W_i}(0)$，$\overline{V_i}(0)$ 到每一个训练器；

for 每轮 $t=1, 2, \cdots, f$ do

for $i=1, 2, \cdots, M$ 并行 do

　　每个训练器 i 在 PFL 中按照以下算法进行局部更新：

　　更新 $E_{pk}(V_{t+1}^{(i)})\leftarrow E_{pk}(\mu V_t^{(i)}+\nabla L(W_t^{(i)}))$；

　　$E_{pk}(W_{t+1}^{(i)})\leftarrow E_{pk}(W_t^{(i)}-\eta V_{t+1}^{(i)})$；

发送 $E_{pk}(V_{t+1}^{(i)})$ 和 $E_{pk}(W_{t+1}^{(i)})$ 到服务器。

　end for

计算联邦平均：$E_{pk}(\overline{V_{t+1}})$，$E_{pk}(\overline{W_{t+1}})$；

发送 $E_{pk}(\overline{V_{t+1}})$，$E_{pk}(\overline{W_{t+1}})$ 到训练器。

end for

训练器 T_i ：

训练器更新 $E_{pk}(V_{t+1}^{(i)})$ ，$E_{pk}(W_{t+1}^{(i)})$ ：

获取最新的密文模型参数 $(i, E_{pk}(\overline{V_t}))$ ，$(i, E_{pk}(\overline{W_t}))$ ；

for 迭代的数量 $i=1, 2, \cdots, S$ do

随机地分数据集 D_i 成批量大小 K ；

for 批大小为 $j=1, 2\cdots, \frac{D_i}{K}$ do

计算密文梯度 $E_{pk}(\nabla L(W_t^{(i)}))$ ；

更新密文动量 $E_{pk}(V_{t+1}^{(i)})$ ；

更新密文权重 $E_{pk}(W_{t+1}^{(i)})$ ；

end for

end for

获得本地密文参数 $E_{pk}(V_{t+1}^{(i)})$ ，$E_{pk}(W_{t+1}^{(i)})$ ；

if $E_{pk}(W_{t+1}^{(i)})$ 不是算法 14 中 CAA 判断的聚合值 then

发送 $E_{pk}(V_{t+1}^{(i)})$ ，$E_{pk}(W_{t+1}^{(i)})$ 给服务器；

else 退出更新，训练结束。

end if

服务器从 M 个训练器获得 $E_{pk}\left(\mathrm{Accu}\left(\frac{\# D_i}{\# D}V_{t+1}^{(i)}\right)\right)$ 和 $E_{pk}\left(\mathrm{Accu}\left(\frac{\# D_i}{\# D}W_{t+1}^{(i)}\right)\right)$ 后，依据公式(2-9)计算安全联邦平均，即密文动量平均 $E_{pk}(\overline{V_{t+1}})$ 和密文权重平均 $E_{pk}(\overline{W_{t+1}})$ 。它们的解密正确性分析如下式所示：

$$D(E_{pk}(\mathrm{Accu}(\overline{V_{t+1}}))) = D\left(\prod_{i=1}^{M} E_{pk}\left(\mathrm{Accu}\left(\frac{\# D_i}{\# D}V_{t+1}^{(i)}\right)\right)\right) \tag{5-7}$$

$$D(E_{pk}(\mathrm{Accu}(\overline{W_{t+1}}))) = D\left(\prod_{i=1}^{M} E_{pk}\left(\mathrm{Accu}\left(\frac{\# D_i}{\# D}W_{t+1}^{(i)}\right)\right)\right) \tag{5-8}$$

服务器解密 $(E_{pk}(\mathrm{Accu}(\overline{V_{t+1}}))$ 和 $E_{pk}(\mathrm{Accu}(\overline{W_{t+1}}))$ 得到 $\mathrm{Accu}(\overline{V_{t+1}})$ 和 $\mathrm{Accu}(\overline{W_{t+1}})$ ，去除 $2^{accuracy}$ 后加密得到 $E_{pk}(\overline{V_{t+1}})$ 和 $E_{pk}(\overline{W_{t+1}})$ ，然后发送给训练器。通过局部更新和全局聚合的不断迭代，服务器获得最优密文权重 $E_{pk}(W^*)$ 。

该隐私保护联邦学习算法(Privacy-preserving Federated Learning，PFL)

如算法 13 所示，其中 f 为最大轮数。与传统的联邦平均算法[6]相比，该算法由于引入动量而提高了联邦学习的收敛速度。

经过多次迭代后，服务器比较 $E_{pk}(\overline{W_{t+1}})$ 和 $E_{pk}(W^*)$ 来确定是否达到最优密文权重 $E_{pk}(W^*)$，即根据 ETB 算法判断 $\overline{W_{t+1}}$ 和 W^* 是否相等，或者判断轮数是否达到最大迭代值来确定是否收敛，具体的判定算法为密文聚合算法(Ciphertext Aggregation Algorithm, CAA)，如算法 14 所示。

算法 14　密文聚合算法(CAA)

输入：密文权重平均 $E_{pk}(\overline{W_{t+1}})$，最优密文权重 $E_{pk}(W^*)$，最大轮数 f

输出：最优密文权重 $E_{pk}(W^*)$

服务器：

if 轮数 $t \neq f$ then

训练 PFL；

else 获得全局的密文权重平均 $E_{pk}(\overline{W_{t+1}})$，退出训练。

end if

训练器：

获取密文权重平均 $E_{pk}(\overline{W_{t+1}})$ 后，依据 ETB，判定：

if $\overline{W_{t+1}} \neq W^*$ then

继续训练模型 CNN；

else 获得最优密文权重 $E_{pk}(\overline{W_{t+1}})$。

end if

根据最优密文权重 $E_{pk}(W^*)$，推理用户的数据。

(四)模型推理阶段

训练器获得训练好的模型后，用户可以在训练器上实现对用户数据的推理。首先，用户 U_i 将预推理的密文数据 $E_{pk}(\bar{Q})$ 上传到本区域的训练器上，其中 $\bar{Q}$ 是编码后的数据。训练器推理密文数据 $E_{pk}(\bar{Q})$，得到密文推理结果 $E_{pk}(R_i)$。用户 U_i 下载密文推理结果 $E_{pk}(R_i)$，然后，使用升幂分布式 ElGamal 解密算法将其解密得到 R_i。最后，用户 U_i 使用 PSIMD 解码算法恢复 R_i 得到相应的矩阵，则用户 U_i 得到自己的明文推理结果。

第六节　安全性分析

在本节中，我们首先对 LDEC 的安全性进行分析，然后，我们对输入数据、模型数据和推理结果的安全性进行阐述。

定理 1：如果敌手 A 以 ε 优势攻破 LDEC 方案，就可以构造模拟者以 $(P\varepsilon)/N$ 的优势攻破 BCP 方案。

证明：假设存在一个敌手 A 能够以不可忽略的优势 ε 攻破 LDEC 方案的 IND-CPA 安全性，我们就能构造出一个模拟者来攻破 DDH 问题。给定循环群 $(\mathbb{G},g,p)$ 上的一个 DDH 问题实例 (g,g^a,g^b,Z)，B 运行 A，执行如下步骤。

系统建立(Setup)：假设系统中存在 N 个用户，令 $\mathrm{SP}=(\mathbb{G},g,p)$。

· β 随机选择 $i^* \in \{1,2,\cdots,N\}$，其用户 U_{i^*} 的公钥为 $y_{i^*}=g^{x_{i^*}}=g^a$。

· 随后，β 为其余 $N-1$ 个用户随机选择私钥 $x_i \in \mathbb{Z}_p$，并生成对应公钥为 $y_i=g^{x_i}$。

将 N 个用户的公钥 $y_i, i \in \{1,2,\cdots,N\}$ 发送给 A，并保存私钥。

密钥询问(Key Query)：在该阶段中，A 可以向 B 发起 q_k 次密钥询问。针对 A 询问的公钥 y_i，

· 若 $y_i=y_{i^*}=g^a$，模拟失败，终止回复。

· 若 $y_i \neq y_{i^*}$，B 将对应的 x_i 返回给 A。

挑战(Challenge)：在本阶段，收到 A 发送的 P 个挑战用户的公钥 $\{y_{k_1}, y_{k_2},\cdots,y_{k_P}\}$，以及两个明文 $m_0,m_1 \in \mathbb{G}$，其中 A 选择的 P 个挑战公钥 $\{y_{k_1},y_{k_2},\cdots,y_{k_P}\}$ 未在密钥询问阶段被询问过。首先判断 $y_{i^*} \in \{y_{k_1},y_{k_2},\cdots,y_{k_P}\}$ 是否成立。

· 若 $y_{i^*} \notin \{y_{k_1},y_{k_2},\cdots,y_{k_P}\}$，则模拟失败，$B$ 终止回复。

· 若 $y_{i^*} \in \{y_{k_1},y_{k_2},\cdots,y_{k_P}\}$，不失一般性，我们假设 $i^*=k_1$。则随机选择 $c \in \{0,1\}$，令 $r=b$，为明文 m_c 生成如下挑战密文。

$$CT^*=(g^b, Z(g^b)^{\sum_{i=2}^{P} x_{k_i}} g^{m_c})$$

因为困难问题实例中给定了 g^b 和 Z，且 $\{x_{k_2},\cdots,x_{k_P}\}$ 是由随机选择的，所以挑战密文 CT^* 是可计算的。将挑战密文 CT^* 发送给 A。

猜测(Guess)：B 收到 A 对 c 的猜测 c' 。

攻击(Attack)：若 $c'=c$ ，B 输出1。否则，$c'\neq c$ ，输出0。

下面，我们分析成功解决DDH问题实例的优势。若在密钥询问阶段中敌手未询问 y_{i^*} 对应的私钥，并且在挑战阶段中 $y_{i^*}\in\{y_{k_1},y_{k_2},\cdots,y_{k_P}\}$ ，则模拟不中断。其中，密钥询问阶段 A 未询问 y_{i^*} 对应私钥的概率为 $\binom{N-1}{q_k}/\binom{N}{q_k}=(N-q_k)/N$ ；挑战阶段中 $y_{i^*}\in\{y_{k_1},y_{k_2},\cdots,y_{k_P}\}$ 的概率是 $1-\binom{P}{N-q_k-1}/\binom{P}{N-q_k}=P/(N-q_k)$ 。因此，模拟不中断的概率是 $((N-q_k)/N)(P/(N-q_k))=P/N$ 。

在模拟顺利进行的情况下，若 $Z=g^{ab}$ ，则所构造的挑战密文满足：

$$\begin{aligned}CT^*&=(g^b,Z(g^b)^{\sum_{i=2}^{P}x_{k_i}}g^{m_c})\\&=(g^b,g^{ab}(g^b)^{\sum_{i=2}^{P}x_{k_i}}g^{m_c})\\&=(g^b,g^{b\sum_{i=1}^{P}x_{k_i}}g^{m_c})\\&=(g^r,y^rg^{m_c})\end{aligned}$$

即 CT^* 是 m_c 的合法密文。因此，从 A 的角度来看，模拟方案与实际方案不可区分。所以，A 能够攻破LDEC方案，即正确输出 $c'=c$ 的概率为 $1/2+\varepsilon$ ，则 B 能够攻破DDH问题实例的概率为 $1/2+\varepsilon$ 。若 $Z\neq g^{ab}$ ，则挑战密文 $CT^*=(g^b,Z(g^b)^{\sum_{i=2}^{P}x_{k_i}}g^{m_c})$ 。因为 Z 对于敌手是随机的，则 CT^* 对于敌手等价于一个随机明文消息对应的密文。在这种情况下，A 只能对 c 进行随机猜测，因此正确输出 $c'=c$ 的概率为1/2，即能够攻破DDH问题实例的概率为1/2。

综上所述，B 能够攻破DDH问题的优势为：

Pr[模型不中断](Pr[B 输出 $Z=g^{ab}\mid Z=g^{ab}$]－Pr[B 输出 $Z=g^{ab}\mid Z\neq g^{ab}$])，

即：

$$\frac{P}{N}\Pr[c'=c\,|\,Z=\mathrm{B}g^{ab}]-\Pr[c'=c\,|\,Z\neq\mathrm{B}g^{ab}]=\mathrm{B}\frac{P}{N}\left(\frac{1}{2}+\varepsilon-\frac{1}{2}\right)=\mathrm{B}\frac{P}{N}\varepsilon$$

则 B 能够以不可忽略的优势 $(P\varepsilon)/N$ 攻破DDH问题。因此，如果DDH问题是困难的，我们构造的LDEC方案就是IND-CPA安全的，定理得证。

接着，我们分析PEPFL方案的安全性。

我们的方案PEPFL可以保证输入数据的安全。在PEPFL方案中，用户

U_i 编码和加密明文数据后获得 $\{E_{pk}(Q_1)||E_{pk}(y_1),E_{pk}(Q_2)||E_{pk}(y_2),\cdots,E_{pk}(Q_s)||E_{pk}(y_s)\}$，然后将这些密文发送给训练器。由于 LDEC 是语义安全的，因此保证了训练器的输入安全：①半诚实的参与者从其他用户的密文中不能获得任何信息；②外部敌手不能从密文中获得用户任何信息；③若小于 $P-1$ 个用户共谋，由于不能获得联合私钥进行解密，共谋用户无法获得其他可信用户的任何信息。因此，方案抵御了敌手的攻击及共谋问题，保证了输入数据的安全。

我们的方案 PEPFL 可以保证模型数据的安全。在 PEPFL 方案的 PFL 算法中，所有的数据都是在密文下训练的。依据 LDEC 的语义安全性，该算法保证了模型训练过程中数据的安全。依据理想 / 现实模型的形式化证明方式，我们分析了该算法中局部更新和全局聚合的安全性[96]。在该理想 / 现实模型中，令 $\mathrm{REAL}_{\pi,A,Z}$ 表示在环境 Z 中算法或协议 π 与敌手 A 交互的输出，$\mathrm{IDEAL}_{F,S,Z}$ 表示在环境 Z 中仿真器敌手 S 与理想函数 F 交互的输出，其中敌手包括训练器敌手 $A_{trainer}$ 和服务器敌手 $A_{trainer}$ 。

(1)在 PFL 算法中，对于半诚实的敌手 $A_{trainer}$ ，本地更新(@训练器)过程可以保证本地训练的数据安全。

在 PFL 算法中，在本地更新阶段，一个半诚实的敌手 $A_{trainer}$ 在环境 Z 中运行协议 π ，并且可以安全地与训练器进行交互，则这个半诚实敌手 $A_{trainer}$ 在现实世界中的真实视图为

$$V_{\mathrm{Real}}=\{E_{pk}(\overline{V_t}),E_{pk}(\overline{W_t}),E_{pk}(\nabla L(W_{t+1}^{(i)})),E_{pk}(V_{t+1}^{(i)}),E_{pk}(W_{t+1}^{(i)})\}$$

在理想世界中，构造一个仿真器敌手 S ，从理想函数 F 中获得相同数量的随机数，则敌手 S 在理想世界的视图为：

$$V_{\mathrm{Ideal}}=\{\overline{r_{11}},\overline{r_1},r_{12},r_{21},r_{11}\}$$

其中随机数 $\overline{r_{11}},\overline{r_1},r_{12},r_{21},r_{11}\in\mathbb{Z}_p$ 。从上面可知，现实世界视图是真实的 ElGamal 或者 LDEC 加密方案的密文，理想世界视图是与 ElGamal 或 LDEC 密文同分布的随机数。因为 ElGamal 和 LDEC 加密方案具有 IND-CPA 安全性，上述两组视图对应的真实密文和随机数是不可区分的，这说明协议 π 安全地计算到了理想函数 F ，即在现实模型中运行包含敌手 A_{Server} 的协议 π 的全局输出与在理想模型中运行包含敌手 S 的理想函数 F 的全局输出是不可区分的，于是便有：

$$\{\mathrm{IDEAL}_{F,S,Z}^{PFL}(V_{\mathrm{Ideal}})\}\overset{c}{\approx}\{\mathrm{REAL}_{\pi,A_{trainer},Z}^{PFL}(V_{\mathrm{Real}})\}$$

(2)在 PFL 算法中,对于半诚实敌手 A_{Server} ,全局聚合(@服务器)过程可以保证权重和动量的安全。

在全局聚合过程中,一个半诚实的敌手 A_{Server} 在环境 Z 中运行协议 π ,并且可以与服务器进行交互,则敌手 A_{Server} 在现实世界的视图为:

$$V'_{\mathrm{Real}} = \{E_{pk}(\overline{V_t}), E_{pk}(\overline{W_t}), E_{pk}(V_{t+1}^{(i)}), E_{pk}(W_{t+1}^{(i)}), E_{pk}(\overline{V_{t+1}}), E_{pk}(\overline{W_{t+1}})\}$$

在理想世界中,构造一个仿真器敌手 S ,从理想函数 F 中获得相同数量的随机数,则敌手 S 在理想世界的视图为:

$$V'_{\mathrm{Ideal}} = \{\overline{r_a}, \overline{r_b}, r_{a1}, r_{b1}, \overline{r_{a1}}, \overline{r_{b1}}\}$$

其中,随机数 $\overline{r_a}, \overline{r_b}, r_{a1}, r_{b1}, \overline{r_{a1}}, \overline{r_{b1}} \in \mathbb{Z}_p$ 。从上述可知,现实世界视图是真实的 ElGamal 或 LDEC 密文,理想世界视图是与 ElGamal 或 LDEC 密文同分布的随机数。因为 ElGamal 和 LDEC 加密方案具有 IND-CPA 安全性,上述两组视图对应的真实密文和随机数是不可区分的,这说明协议 π 安全地计算到了理想函数 F ,即在现实模型中运行包含敌手 A_{Server} 的协议 π 的全局输出与在理想模型中运行包含敌手 S 的理想函数 F 的全局输出是不可区分的,于是便有:

$$\{\mathrm{IDEAL}_{F,S,Z}^{PFL}(V'_{\mathrm{Ideal}})\} \overset{c}{\approx} \{\mathrm{REAL}_{\pi,A_{Server},Z}^{PFL}(V'_{\mathrm{Real}})\}$$

我们的方案 PEPFL 可以保证推理结果的安全。在推理阶段,用户 U_i 将推理密文 $E_{pk}(\overline{Q})$ 发送给训练器,训练器利用训练好的模型进行推理,得到密文推理结果 $E_{pk}(R_i)$ 。训练器上的所有推理数据都是密文,训练器返回给用户 U_i 的也是密文结果 $E_{pk}(R_i)$ 。这说明推理传输过程中的数据是密文,用户 U_i 收到的也是密文。由于 LDEC 具有 IND-CPA 安全性,因此,这些密文数据也是 IND-CPA 安全的,所以该阶段可以保证推理结果的安全性。

LDEC 方案具有抗共谋攻击或敌手攻击的能力。在分布式 ElGamal 加密系统[91]中,每个服务器输出 $A_i = A^{x_i}$,明文可以通过 $g^m = B/\prod_{i=1}^{P} A^{x_i}$ 得到。当服务器之间共谋或敌手窃听密文数据 B 和所有的 A_i 时,敌手可以从这些密文中获得明文 m 。为了避免共谋或敌手攻击,我们提出 LDEC 方案来改进 A^{x_i} 为 A^{r_i} ,在我们方案的应用场景中,每个用户替换服务器,同时用私钥 x_i 来计算

$A^{x_i - r_i}$ 进行解密。此外，小于 $P-1$ 个用户的共谋不能对密文数据进行解密，因此仍然可以保证其安全性。当敌手窃听这些密文信息 $B, A_i{}^r, A_i{}^r A^{\sum_{j=1,j\neq i}^{P} x_j}$ 时，他不能获得 g^m 的值，从而也不能获得明文 m。

第七节　性能分析

在本节中，我们分析和比较了 PEPFL 的性能。首先，我们讨论 PEPFL 的通信代价和计算代价。然后，我们评估方案的效率和准确率。

一、理论分析

（一）复杂度分析

1. 通信代价

在初始化阶段，每个用户向服务器发送数据产生 $\log p$ 比特的通信代价。计算出联合公钥 pk 后，服务器向每个用户发送数据产生 $\log p$ 比特的通信代价。在编码和加密阶段，用户 U_i 向训练器发送数据产生 $2s\log p$ 比特的通信代价。在本地更新阶段，训练器向服务器发送数据产生 $2u\log p$ 比特的通信代价，其中 u 是权重编码包的个数。在全局联邦平均之后，服务器向每个训练器发送数据产生 $2u\log p$ 比特的通信代价。在 SMPC 过程中，每个用户产生 $4\log p$ 比特的通信代价。在模型推理阶段，用户上传数据给训练器产生 $2s\log p$ 比特的通信代价。得到推理结果后，训练器发送结果给推理用户产生 $\log p$ 比特的通信代价。为了更好地展示我们的方案，我们与现有的先进方案[30]进行了通信代价的比较，比较结果如表 5-1 所示。

表 5-1　通信代价比较

阶段	我们的方案	$\text{PPFDL}_{\text{bsd}}$[30]	$\text{PPFDL}_{\text{imd}}$[30]	Tang 等人[97]
初始化与加密	$(2+2s)\log p$	$l\log U^2$	$l(2\lvert \text{Exp} \rvert_2 + \log U^2 + 1)$	$5l\log p$
联邦训练	$(4K_1u+4M+1)\log p$	$K_1(2l^2+Ml^2)\log U^2 + 2K_1K_2Ml$	$K_1(M+1)\log U^2 + 2K_2Ml$	$12K_1l\log p$
预测/解密	$(2s+1)\log p$	$l\log U^2$	$l\log U^2$	$4l\log p$

s 是矩阵的个数；p 是大素数；u 是权重编码包的个数；M 是训练器或用户的数量；l 是权重和动量的数量；U 是 Paillier 加密方案的模数；$|\mathrm{Exp}|_2$ 是指数运算的长度；K_1 是联邦训练过程中的迭代数量；K_2 是两个服务器间计算迭代的次数。

2. 计算代价

为了简化符号，我们将点乘/除法表示为 Mul/Div，编码/解码表示为 Ecod/Dcod，加密/混淆电路表示为 GC，指数表示为 Exp，梯度表示为 Gra，哈希函数表示为 Hash。在初始化阶段，服务器产生 $(P-1)$ Mul 的计算代价来计算联合公钥。在编码加密阶段，用户 U_i 产生 $2s\mathrm{Mul}+s(\mathrm{Ecod}+6\mathrm{Exp})$ 的计算代价来计算密文数据。在本地更新过程中，训练器在每一轮迭代中计算密文动量和密文权重，产生 $(l\mu+6l)\mathrm{Exp}+l\mathrm{Gra}+2l\mathrm{Mul}$ 的计算代价，其中 l 为权重和动量的个数，μ 是动量因子。当服务器从训练器接收到所有的权重和动量时，需要产生 $Ml(Div+2Mul+3Exp)$ 的计算代价来计算密文权重平均和密文动量平均。在模型推理阶段，用户 U_i 产生 $s(\mathrm{Ecod}+4\mathrm{Exp}+2\mathrm{Mul})$ 的计算代价来下载密文的推理结果 $E_{pk}(\bar{Q})$。用户 U_i 获得密文推理结果后，产生 $s(\mathrm{Dcod}+2\mathrm{Exp}+\mathrm{Div})$ 的计算代价获得明文推理结果。我们也与方案[30]进行了计算代价的比较，他们的比较结果如表 5-2 所示。其中，—表示该方案未涉及此内容。

表 5-2　计算代价的比较

阶段（参与者）	我们的方案	PPFDL_{bsd}[30]	PPFDL_{imd}[30]	Tang 等[97]
初始化与加密（用户）	$(P-1+2s)\mathrm{Mul}+s(\mathrm{Ecod}+6\mathrm{Exp})$	$l(2\mathrm{Exp}+\mathrm{Mul})$	$l(2\mathrm{Exp}+\mathrm{Mul})$	$(8n+1)\mathrm{Exp}+6nMul+2n\mathrm{Hash}$
本地更新（训练器/代理服务器）	$(l\mu+6l)\mathrm{Exp}+l\mathrm{Gra}+2l\mathrm{Mul}$	—	—	$(2n+8)\mathrm{Exp}+(2n+7)\mathrm{Mul}+n\mathrm{Hash}$

续表

阶段（参与者）	我们的方案	$PPFDL_{bsd}$[30]	$PPFDL_{imd}$[30]	Tang 等[97]
全局聚合（服务器）	$Ml(Div + 2Mul + 3Exp)$	$(14l+15P+6)$ Mul $+(12l+12P+20)$ Exp $+(2l+2P+3)$ Div$+$2GC	$(16+l+6M)$ Mul $+(30+4M)$ Exp$+$4Div$+$2GC	Pl（7Exp＋4Mul＋Hash）
预测/解密	s（Ecod＋Dcod＋6Exp＋2Mul＋Div）	—	—	—

P 是用户的个数；s 是矩阵的个数；l 是权重和动量的个数；μ 是动量因子；M 是训练器的个数。

（二）功能性比较

在本小节中，我们将本方案与现有的隐私保护联邦学习方案进行比较，如表 5-3 所示。在表 5-3 中，PPDL[18] 提出基于 Paillier 和 LWE 同态加密的隐私保护深度学习模型。然而，该方案没有考虑多密钥和 MGD 的情况。PPFDL[30] 和 VerifyNet[86] 分别在不规则用户和可验证性方面取得进展，但他们没有考虑 MGD 和 SIMD。SecProbe[57] 在联邦训练过程中考虑了不规则用户，但不能保证推理结果的安全，也不支持多密钥、MGD 和 SIMD。Hybridalpha[16] 和 HAPPFL[13] 保护了模型参数和推理结果的安全，但他们没有考虑 MGD 和 SIMD。MFL[56] 改进了 MGD，但没有考虑其他功能，而我们的 PEPFL 方案考虑了所有的功能。

表 5-3　功能性比较

方案	密码技术	服务器的数量	参数安全	推理结果安全	多密钥	MGD	PSIMD/SIMD
HAPPFL[13]	门限 Paillier，SMPC，差分隐私	1	√	√	√	×	×
Hybridalpha[16]	SMPC，差分隐私	2	√	√	√	×	×
PPDL[18]	Paillier，LWE	1	√	√	×	×	√

续表

方案	密码技术	服务器的数量	参数安全	推理结果安全	多密钥	MGD	PSIMD/SIMD
SecProbe[57]	差分隐私，函数机制	1	√	×	×	×	×
PPFDL[30]	Paillier	2	√	√	√	×	×
VerifyNet[86]	同态 hash，伪随机函数，秘密共享	2	√	√	√	×	×
MFL[56]	—	1	×	×	×	√	×
PEPFL	升幂分布式 ElGamal	1	√	√	√	√	√

二、实验分析

为了测试性能，我们用一台具有 Intel(R) Core(TM) i7-7700HQ (8CPUs) @2.80GHz、8GB RAM 的计算机模拟 PEPFL 方案，使用 64 位 Windows 操作系统及 Anaconda 3、PyCharm 2020.3.2 专业版、Python 3.8.5 和 PyTorch 1.7.0 的编程环境进行测试。数据集采用 Mnist 数据集，该数据集由 50000 幅手写数字图像的训练数据集和 10000 幅图像的验证和测试数据集组成。该密码体制采用 LDEC 和 PSIMD 技术，并与其他密码系统如 LWE[18]，Paillier[70]，BCP [71]进行了比较。

(一)性能分析

在本小节中，我们分析了通信代价、计算代价及加解密时间的效率。首先，比较不同阶段的通信代价，如图 5-4 所示。在图 5-4(a) 中，我们设 $p=2048$，$u=1000$，从图中可以看出，随着矩阵数量的增加，加密阶段和推理阶段的通信代价不断增加，而其他阶段基本不变。结果表明，矩阵的个数对加密阶段和推理阶段影响较大，而对其他阶段基本没有影响。在图 5-4(b)中，我们设置 s 为 1000。从图中可以看出，随着权重编码包 u 数量的增加，本地更新和聚合阶段的通信代价不断增加，其他阶段的通信代价影响较小。

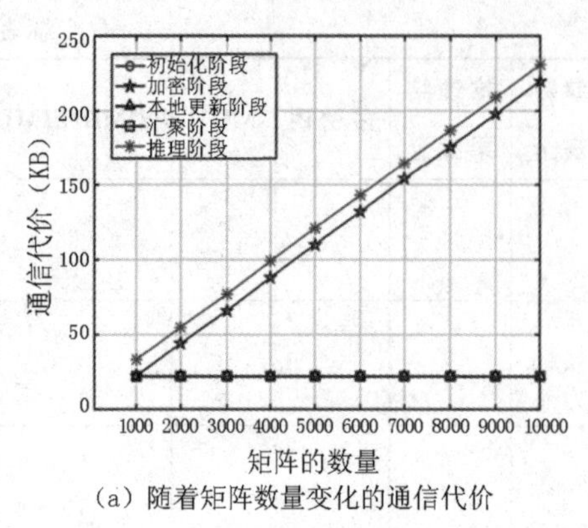

（a）随着矩阵数量变化的通信代价

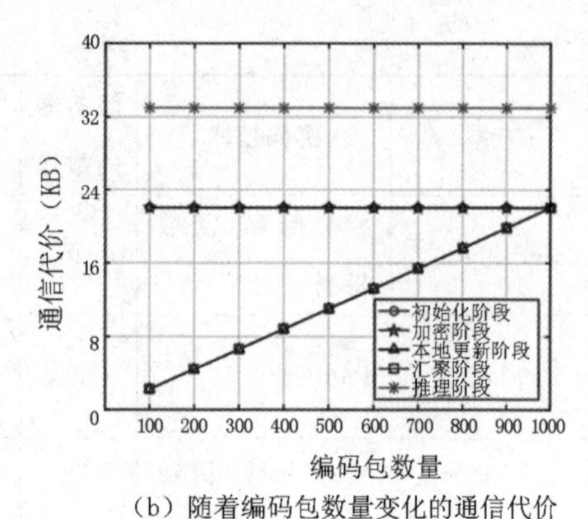

（b）随着编码包数量变化的通信代价

图 5-4　不同阶段的通信代价

在图 5-5 中，我们与文献[30,33]的方案在通信代价上进行了比较。其中，文献[30,33]的方案采用梯度加密，我们的方案采用权重包加密。如图 5-5(a)所示，随着梯度数目{1000,2000,…,5000}的增加，用户侧 PPFL[33] 和 $\text{PPFDL}_{\text{imd}}$[30] 的通信代价不断增加。我们的通信代价在用户侧很小，而且几乎不变。从图 5-5(b)可以看出，PPFL 和 $\text{PPFDL}_{\text{imd}}$ 的通信代价不断增长，我们的通信代价也在不断增长，但很明显，我们的服务器端通信代价低于比较的方案。

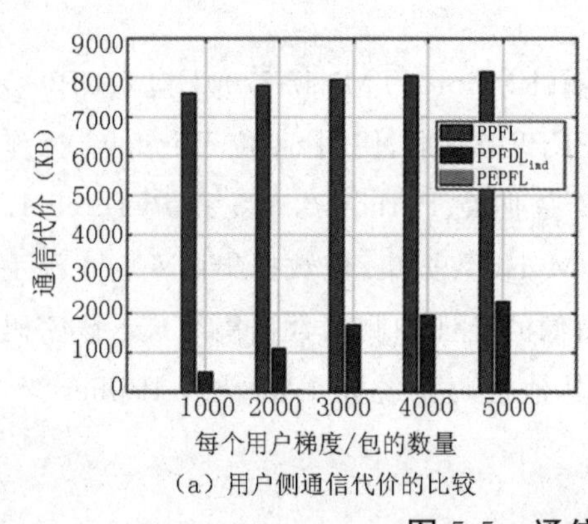

（a）用户侧通信代价的比较

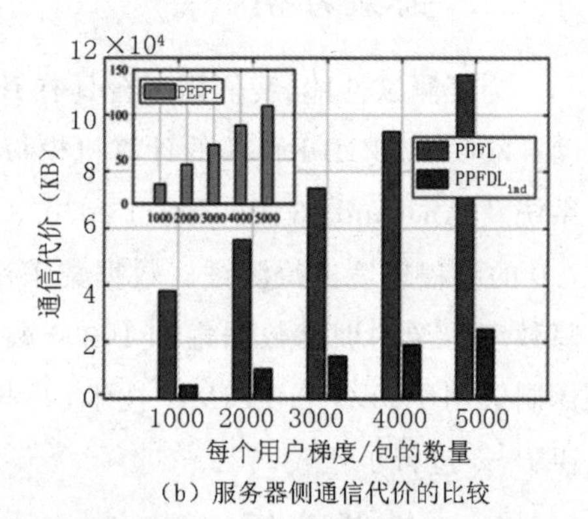

（b）服务器侧通信代价的比较

图 5-5　通信代价的比较

由于初始化阶段和聚合阶段的计算代价接近于零，而本地更新阶段包含梯度，影响了计算代价的比较。在图 5-6 中，我们只比较了编码加密阶段和推理阶段的计算代价，同时比较了用户侧的计算代价。如图 5-6(a)所示，随着矩阵数量的增长，训练器上的编码和加密阶段及推理阶段加密的计算代价较短，而推理阶段解密所用的计算代价较高。结果表明，该方案推理阶段对解密时间的影响较大，对加密时间的影响较小。然后，我们也对两个方案（PPFL 和 $\text{PPFDL}_{\text{imd}}$）的用户侧计算代价进行了比较。如图 5-6(b)所示，对于 PPFL 和

$PPFDL_{imd}$，随着用户侧梯度数量{1000,2000,…,5000}的增加，其计算代价明显增加，我们的计算代价也有所增加，但我们的计算代价不超过150。结果表明，该方案用户侧的计算代价明显优于比较方案的计算代价。

在本章引言部分提到的多密钥协同训练方案中，BCP同态加密方案使用较多。为了比较使用不同的加密方案对我们方案的影响，我们对不同密码体制（LWE、Paillier、BCP和我们的密码体制）的加解密运行时间进行了实验，比较了它们的运行效率。在加解密过程中，测试数据选取{5 * 5,10 * 10,15 * 15,20 * 20,25 * 25}的图像特征和{1,2,3,4,5}个图像进行仿真。

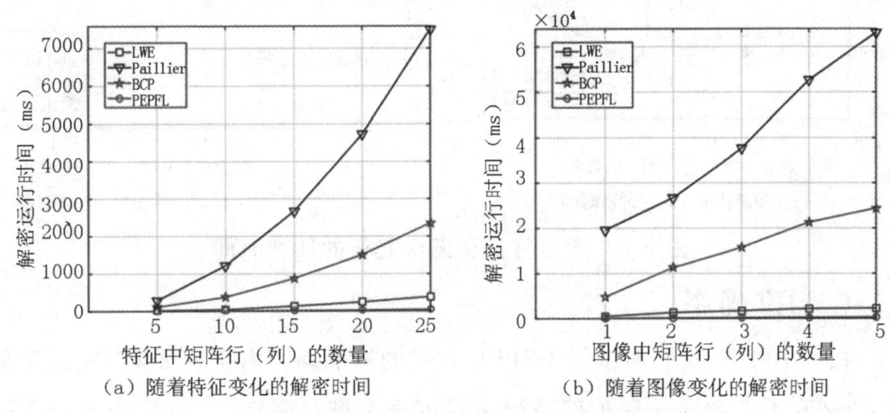

（a）随着特征变化的解密时间 （b）随着图像变化的解密时间

图5-6 随着特征和图像变化的解密时间

如图5-7所示，随着矩阵行（列）数的特征或图像数的增加，加密运行时间不断增加。从图5-7(a)和图5-7(b)可以看出，Paillier的加密运行时间最大，而我们的加密方案的加密运行时间最小。结果表明，本方案使用的加密方案与比较的加密方案相比，具有更短的加密运行时间。

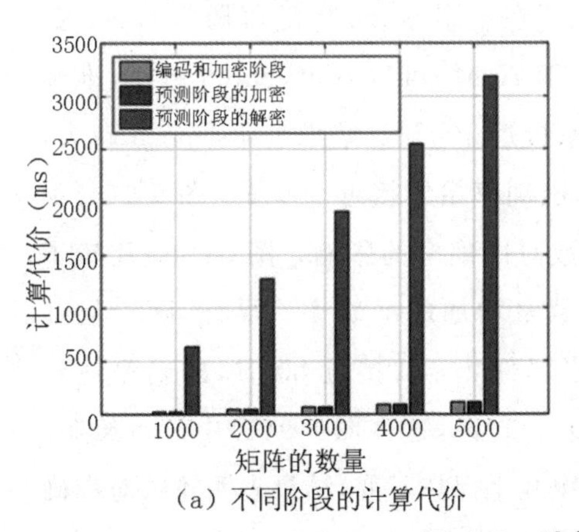

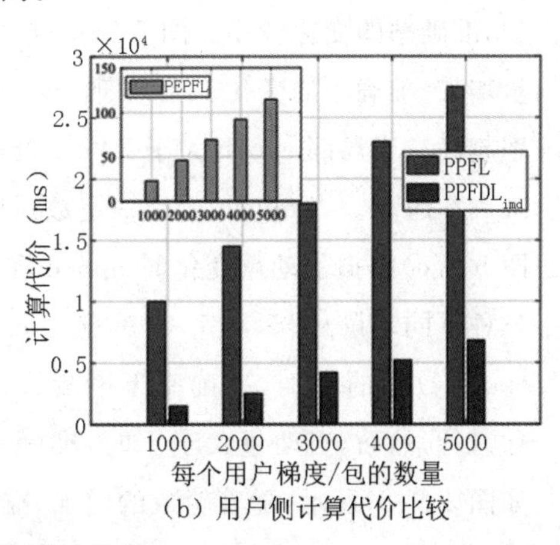

（a）不同阶段的计算代价 （b）用户侧计算代价比较

图5-7 计算代价的比较

在图 5-8 中,我们比较了几种方案的解密运行时间。从图 5-8(a)和图 5-8(b)可以看出,Paillier 的解密运行时间最长,而我们方案的解密运行时间最短。结果表明,与经典方案相比,我们的方案具有更高的解密效率。

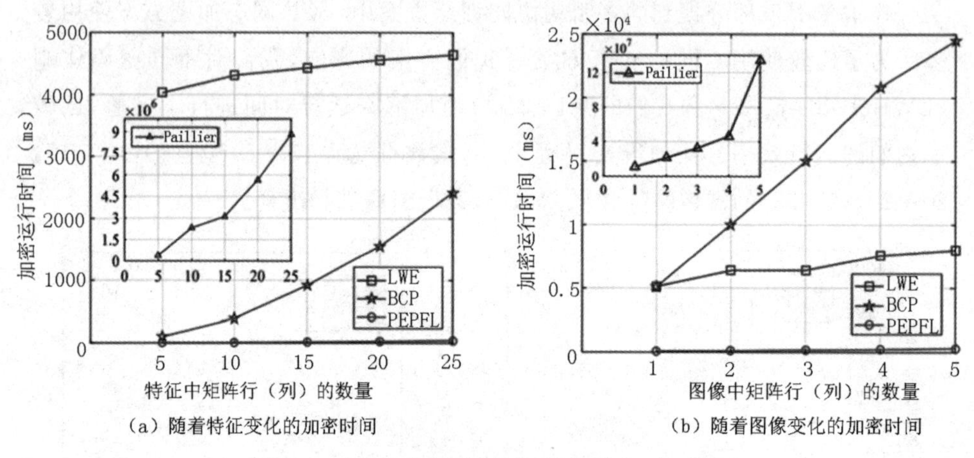

(a) 随着特征变化的加密时间

(b) 随着图像变化的加密时间

图 5-8 随着特征和图像变化的加密时间

(二)准确率

在本小节中,我们测试了 PEPFL 方案的准确率。由于密文 CNN 的复杂性,方案在不考虑隐私保护的情况下对准确率进行测试,实验结果如图 5-9、图 5-10 所示。

图 5-9 比较了随着轮数和 epoch 的变化,方案的推理准确率。图 5-9(a)绘制了三种不同用户{2,3,4}随轮数变化的训练准确率。从图中可以看出,当轮数大于 40 时,准确率发生轻微的变化。结果表明,随着轮数和用户数量的增加,准确率的变化较小。图 5-9(b)绘制在了在不同 batch 下随着局部 epoch 数量增加,准确率的变化。当局部 epoch 小于 70 时,可以看出,batch 越小,准确率越高。当局部 epoch 大于 70 时,准确率接近 100%。结果表明,epoch 越大,准确率越高。当 epoch 达到一定数量时,准确率始终接近 100%。图 5-9(c)和图 5-9(d)模拟了动量变化时 epoch 和轮数对准确率的影响。图 5-9(c)比较了三种不同动量{0.5,0.7,0.9}随 epoch 数量增加的准确率。显然,随着局部 epoch 数量的增加,准确率不断提高。当局部 epoch 接近 80 时,准确率达到 100%。然而,当动量大于 1 时,准确率低于 10%,这在图 5-9(c)中没有绘制。如图 5.9(d)所示,随着轮数的增加,准确率几乎保持不变,结果表明轮数对准确率基本没有影响。

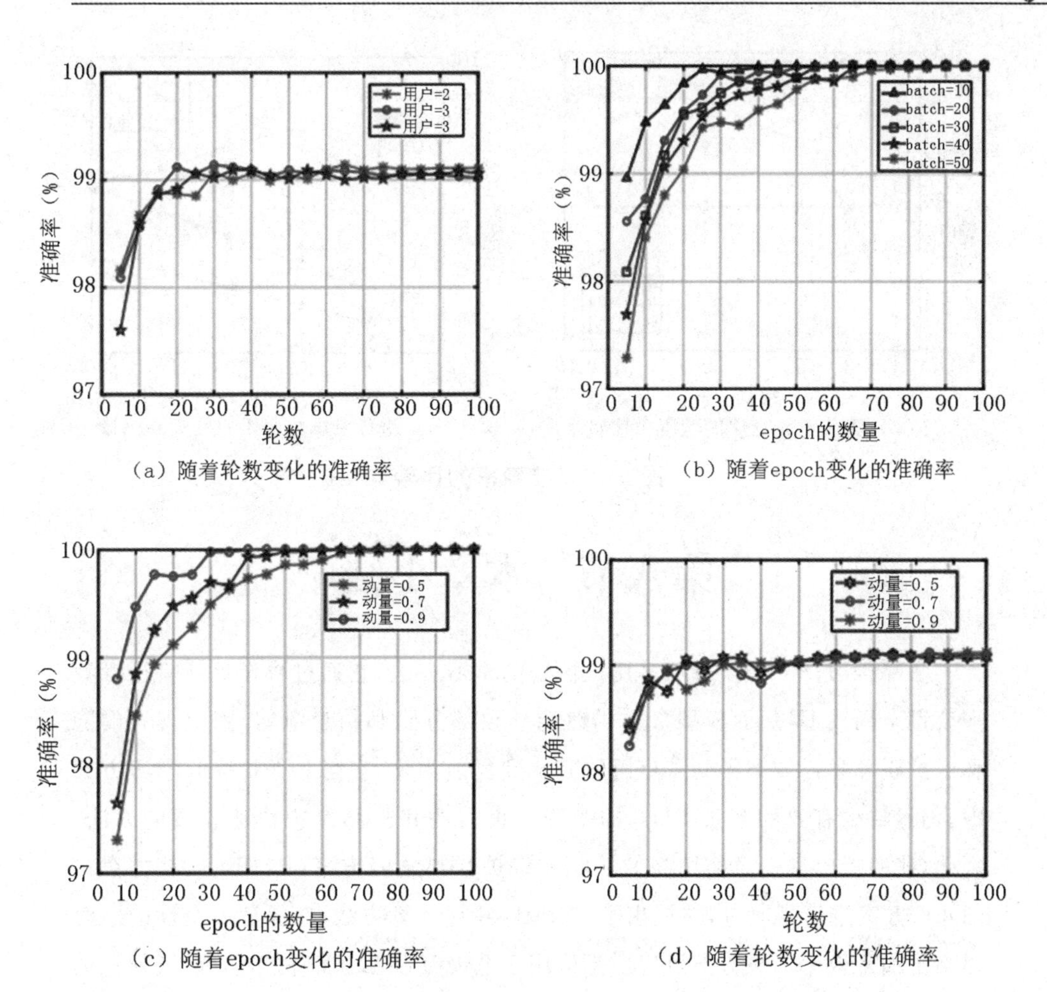

(a) 随着轮数变化的准确率

(b) 随着epoch变化的准确率

(c) 随着epoch变化的准确率

(d) 随着轮数变化的准确率

图 5-9　**随着轮数和** epoch **变化的分类准确率**

我们与之前的相关工作[30,98]进行了分析，比较了轮数和用户数变化对准确率的影响。如图 5-10(a)所示，随着轮数{1,3,5,…,15}的增长，OFL[98]维持在 84.5%的准确率，PPFDL[30]的准确率不断增长，PEPFL 维持在 99%的准确率。结果表明，随着轮数的变化，设计方案的准确率优于比较的两个方案。在图 5-10(b)中，随着用户数量{100,200,…,500}的增加，OFL 和 PPFDL 的准确率不断增加，PEPFL 准确率随着用户数量的增加而下降。在我们的方案中，由于利用了 Mnist 数据集分割数据的方法，随着训练数据的减少影响了训练的准确率，但在比较范围内，我们方案的准确率仍然高于比较方案。

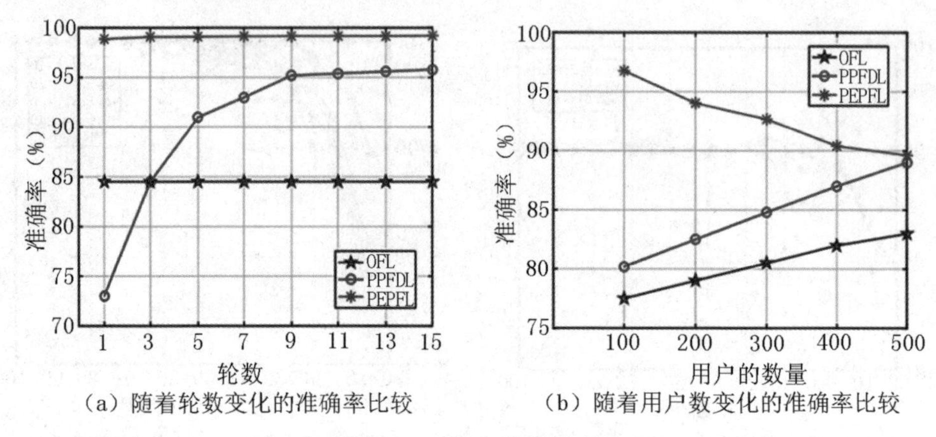

（a）随着轮数变化的准确率比较　　（b）随着用户数变化的准确率比较

图 5-10　准确率的比较

第八节　本章小结

联邦学习是一种流行的多用户协作的学习方法，它通过协作更新模型参数来获得全局模型，然而模型参数仍然能导致部分隐私信息泄露，因此现有的隐私保护联邦学习方案得到了广泛研究。到目前为止，在隐私保护联邦学习方案中，仍然缺少有效的基于 PHE 的矩阵计算方法和隐私保护快速收敛的方法。为此，我们提出了一个实用高效的隐私保护联邦学习方案（PEPFL），该方案对 LDEC 方案进行了改进，并提出了 PSIMD 并行计算方法，在保证安全性的同时提高了加密效率。该方案可以广泛应用于非交互隐私保护联邦学习、云外包的多密钥协同计算场景中，提出的 PSIMD 并行计算方法也可以应用于其他部分的同态密码体制中。

第六章

动态化公平性的隐私保护联邦深度学习方案

联邦学习是一种新兴的分布式学习框架，可以在不知道用户原始数据的情况下协同训练多参与方用户数据，在一定程度上保护了用户隐私。然而，联邦学习在物联网中的应用仍然面临一些问题，如客户端—服务器通信代价高、通信故障频繁、训练过程缺高质量的数据来保证等。针对使用不同的加密方案影响通信代价、用户动态加入退出及用户数据质量低影响准确率等问题，我们基于椭圆曲线密码体制(Elliptic Curve Cryptosystem，ECC)提出了一个动态化公平性的隐私保护联邦深度学习方案。

首先，该方案在物联网环境下，使用轻量化的 EC-ElGamal 和改进的多密钥 EC-ElGamal 密码体制，实现联邦学习下多密钥用户的协同训练，降低了通信代价，但 EC-ElGamal 需限定在同一代数结构下才能进行同态计算；其次，提出联邦和优化算法(Federated Sum Optimization Algorithm，FSOA)来获得高质量数据进行训练，可以避免由于数据质量低影响准确率的问题，但该算法容易受数据集数量的影响；同时，提出用户动态加入退出算法，能确保在不影响训练准确率的情况下实现用户动态更新。

第一节　概述

联邦学习是一种很有前景的多参与方协同计算技术，它可以使多个参与者在不共享本地数据的情况下进行联合建模。该技术有望在物联网领域发挥巨大的潜力。目前，联邦学习经常与物联网协同使用，然而，物联网的计算能力和通信资源有限，而联邦学习需要使用大量数据进行训练，且训练过程交互多，这阻碍了物联网中多参与方联合建模的性能。

虽然联邦学习得到了广泛研究，但目前还没有高效、可靠的适用于物联网的隐私保护联邦学习技术。作为主流的隐私保护技术，同态加密支持密文同态操作，且不存在交互和准确率损失。目前，在联邦学习中，同态加密方案主要使用 Paillier[70]、ElGamal[41]、改进的 BGV（Brakerski-Gentry-Vaikuntanathan）算法[42]等，但由于物联网设备能量资源和处理单元的限制，这些密码体制不能很好地适用于物联网设备。为了在提高效率的同时适应物联网设备，我们的方案使用了 ECC，它具有高安全级别、短密钥长度和良好的性能，支持高效、节约资源和轻量级的加密。

在物联网中，联邦学习的主要挑战之一是容易产生高的通信代价和高的通信失败率。在物联网的联邦学习应用网络中，通常会有大量的边缘设备（如智能机器人、智能仪表）与参数服务器进行通信。因为并不是所有的客户端都能在每一轮的训练中发挥重要作用，所以，如果所有的边缘设备都参与整个训练过程，那么网络将面临巨大的通信开销。有限的网络带宽和工作节点数量可能会导致联邦学习训练过程中的通信失败，迫使客户端设备放弃或退出。为了保证训练的高效性和可靠性，方案采用 ECC 方式的加密方案来节省带宽，通过自组网及动态更新算法动态更新用户，从而避免通信故障产生的用户动态更新导致的训练不准确问题。

联邦学习在物联网中应用的另一个挑战是如何利用高质量的物联网数据进行联合建模。在早期的研究中，联邦学习方案以公平的数据对待所有的客户[18,23]。但在实际场景中，由于部分设备离线或退出，数据质量低、不均衡或非独立同分布（Not identically and independently distributed，Non-IID）等原因，可能导致训练结果不准确，也可能导致训练模型失效，因此需研究如何从非公平数据中选择高质量的数据进行模型训练。

针对上述挑战，我们提出一个基于 EC-ElGamal 和最优聚合方式的隐私保护联邦学习方案（Privacy-preserving Federated Learning based on EC-ElGamal and optimal aggragation method，PFLEOA），该方案能降低联邦学习的通信代价，实现用户的动态更新和保证用户数据质量的公平性。

第二节　系统模型

联邦学习不仅可以用于云计算，也可以用于物联网、边缘计算中，如边缘设备或边缘智能网络［机器人网络、车辆自组织网络（Vehicular Ad hoc Networks，VANETs）、智能电网等］可以利用联邦学习进行协作训练和预测。如图 6-1 所示，它展示了 PFLEOA 的系统模型。

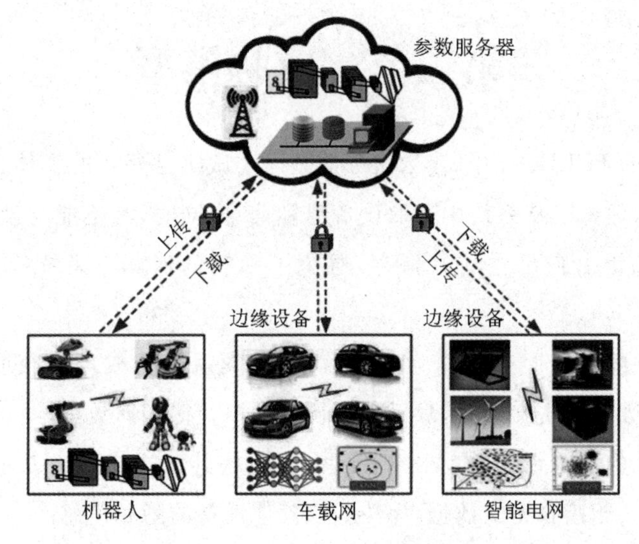

图 6-1　PFLEOA 系统模型

在我们的系统模型中，有很多存在于物联网边界上的边缘设备域，如机器人域、VANETs 域和智能电网域。在每个域中，机器学习算法，如 CNN、人工神经网络（Artificial Neural Network，ANN）、k 近邻（K-Nearest Neighbor，KNN）、支持向量机（Support Vector Machine，SVM）、k 聚类，都可以部署在边缘设备上。设备对训练参数进行加密，并上传或下载更新后的密文参数，以更新训练模型。云或物联网中的参数服务器可以对来自边缘域的参数进行聚合。用户或设备自己生成公私钥对，公钥公开给所有参与者，私钥由其自己保存。

参数服务器：参数服务器作为一个聚合器，可以聚合来自边缘设备的训练参数，并从聚合的参数中选择高质量的参数计算安全联邦和（本方案中使用的方式并非安全联邦平均）。在参数服务器上，模型训练过程需要与边缘设备进行多次迭代。

边缘设备：边缘设备是通过机器学习算法训练本地数据（存储在设备中的数据）或非本地数据（从其他设备/传感器采集的数据）的实体，其不能与参数服务器共谋。边缘设备生成公私钥对，保留自己的私钥，广播公钥到系统。边缘设备用公钥对本地训练权重进行加密，并将密文权重上传到参数服务器。边缘设备获得参数服务器的联邦和后，通过 MEEC 的解密算法得到明文联邦平均值，然后在本地机器学习算法中进行迭代训练获得更新后的密文权重。本章第五节将详细介绍 MEEC 方案。

第三节　威胁模型

在我们的 PFLEOA 中，参数服务器是一个诚实且好奇的实体，它可以诚实地遵循协议，但试图从系统中获取设备隐私信息，同时，其不能与设备共谋。另外，设备的私钥由自己生成并保存，避免了私钥的泄露。系统模型存在以下威胁。

(1)腐化的参数服务器作为内部敌手，试图从聚合权重中获取隐私信息。由于获得的数据是密文形式，敌手无法从密文中获得任何数据。

(2)腐化的边缘设备作为内部敌手，试图从其他边缘设备获取隐私信息。由于该设备只能接收密文数据，无法获取其他设备的隐私信息。

(3)外部敌手试图窃听来自内部参与者或通信线路的数据。尽管敌手可以获得密文数据，但由于没有私钥，它无法解密该密文数据。

第四节　设计目标

依据系统模型和威胁模型，我们方案的设计目标如下。

(1)确保输入数据的隐私性：设备或用户的信息直接关系到用户的数据安全，需确保用户或设备的隐私信息不能泄露。因此，方案需确保输入数据的隐私性。

(2)确保模型数据和推理结果的隐私性：模型数据和推理结果中含有用户或设备的敏感信息，参数服务器和设备间模型训练过程的参数也会泄露敏感信息。因此，方案需确保模型数据和推理结果的隐私性。

(3)支持轻量化同态加密：物联网网络带宽小，设备资源有限，而密码算法的选择和使用直接影响了资源利用的情况。因此，方案需考虑密钥长度小，支持节约资源的轻量化同态加密方案。

(4)支持高质量数据训练：由于数据来源复杂、数据质量低、数据不公平等问题，导致训练数据质量差异大，低质量的数据还会影响联邦学习训练过程中的训练准确率。因此，方案需考虑如何获取高质量数据进行模型训练。

(5)支持用户动态更新：物联网中用户或设备退出加入频繁，同时网络问题容易导致用户或设备掉线、加入等情况，方案要求在考虑高质量数据训练的前提下，需确保用户动态加入退出不影响网络的训练及训练准确率。因此，方案需考虑边缘设备的动态更新功能。

第五节　动态化公平性的隐私保护联邦深度学习方案的构造

本节详细介绍我们提出的联邦学习方案 PFLEOA。首先，边缘域(机器人、VANETs、智能电网等)的设备(机器人、智能车辆、智能仪表等)收集来自传感器或其他物联网设备的数据并进行预处理。然后，利用所需的机器学习算法对处理后的数据进行训练。经过本地训练后，用 EC-ElGamal 密码体制对模型参数进行加密，并将密文参数(权重)传输到参数服务器。然后，参数服务器从 N 个设备中收集它们发送的所有密文参数，选择 t 个最优密文参数，由 MEEC 生成安全联邦和。参数服务器获取密文权重和 W_{sum} 后，将这些权重和 W_{sum} 下发到阈值范围内的边缘设备。边缘设备接收到权重后，通过 MEEC 的解密算法计算联邦平均 W_{avg} 。边缘设备依据联邦平均的结果进行本地训练。接着，边缘设备和参数服务器开始对模型参数进行迭代训练，直到模型训练完毕。最后，参数服务器为其他用户或设备提供预测服务，允许他们预测所需的数据。下面将首先介绍 MEEC、SCP、SMP、素数搜索算法(Prime Number Search Algorithm，PNSA)、用户动态退出和加入算法、联邦和优化算法等关键算法组件，再详细介绍 PFLEOA 方案。

一、改进的多密钥 EC-ElGamal 密码体制

目前，在很多场景下，多密钥环境下的用户需要协作以达到最优联合学习。

为了实现多密钥轻量化联邦学习，我们提出一个基于 EC-ElGamal 密码体制的多密钥 ECC 门限同态加密方案，即 MEEC。该方案基于 EC-ElGamal 密码体制，具体如下所述。

密钥生成算法：给定一个基点 $Q \in E(F_p)$ 和椭圆曲线上群 $\mathbb{G}$的阶 q ，均匀随机选择 $k_i \in \mathbb{Z}_{q-1}^*$ 作为私钥，计算公钥 $P_i = k_i Q$ ，其中，$i \in \{1,2,\cdots,N\}$ 。

加密算法：N 个参与者有相应的私钥 $\{k_1,k_2,\cdots,k_N\}$ 和明文 $\{M_1,M_2,\cdots,M_N\}$ ，其中，明文 $m_i \in \mathbb{Z}_q$ 嵌入在点 $M_i = m_i Q$ 上。利用 SMPC 协商相同的均匀随机的 $r \in \mathbb{Z}_q^*$ ，N 个参与者的密文计算如下所示：

$$\begin{cases} C_1 = (M_1 + rk_1 Q, rQ) \\ C_2 = (M_2 + rk_2 Q, rQ) \\ \cdots \\ C_N = (M_N + rk_N Q, rQ) \end{cases} \tag{6-1}$$

然后，它们分别向参数服务器发送它们的密文。

安全联邦和算法：参数服务器从 N 个参与者中选择最优的 t（$2 \leqslant t \leqslant N$）个明文 $\{M_{d_1},M_{d_2},\cdots,M_{d_t}\}$ 对应的密文，其中 $d_1,d_2,\cdots,d_t \in \{1,2,\cdots,N\}$ ，最优的 t 个明文是从 N 个明文中选择数据质量最好的 t 个明文。然后依据同态性质计算 t 个密文的安全联邦和，于是便有：

$$C_{sum} = \sum_{j=1}^{t} C_{d_j} = \left(\sum_{j=1}^{t} M_{d_j} + \sum_{j=1}^{t} r(k_{d_j})Q, trQ\right) \tag{6-2}$$

接着，参数服务器发送安全联邦和 C_{sum} 给 t 个参与者。同时，t 个参与者通过 SMPC 协商计算第 l 个参与者的 $K_l = \sum_{j=1, j \neq l}^{t} k_{d_j}$ 。

解密算法：收到 C_{sum} 后，参与者 l 用 K_l 和私钥 k_{d_l} 解密 C_{sum} ，得到明文和 M_{sum} ：

$$M_{sum} = \sum_{j=1}^{t} M_{d_j} + \sum_{j=1}^{t} r(k_{d_j})Q - r(K_l + k_{d_l})Q \tag{6-3}$$

依据 EC-ElGamal 密码体制，由 M_{sum} 求出明文 m_{sum} 。最后，获得明文平均 $m_{avg} = m_{sum}/t$ ，其中 t 由参数服务器下发给用户或边缘设备。

二、安全计算协议包

（一）安全比较协议

SCP 比较参数服务器中的两个密文 $C_A = (C_{A1}, C_{A2}) = (M_A + rQk_A, rQ)$

和 $C_B=(C_{B1},C_{B2})=(M_B+rQk_B,rQ)$ 对应的明文 m_A,m_B 的大小，满足 $M_A=m_AQ$ 和 $M_B=m_BQ$，$m_A,m_B\in(0,q/4)$。为了比较明文大小，两个密文的参与者参与比较过程。该协议执行以下步骤，其流程如图 6-2 所示。

步骤 1：参数服务器从 $\mathbb{Z}_q^*$ 均匀随机选择 r'，将 r' 分成 r_A. 和 r_B，使得 $r'=r_A+r_B$。然后，参数服务器分别对 r_A 和 r_B 加密得到 $E(r_A)=(r_A+rQk_A,rQ)$ 和 $E(r_B)=(r_B+rQk_B,rQ)$。最后，分别将 $E(r_A)$ 和 $E(r_B)$ 发送给参与者 A 和参与者 B。

步骤 2：参与者 A 收到 $E(r_A)$ 后，使用 $E(r_A)$ 的第一项 r_A+rQk_A 计算 $C_A{}'=rQk_A+r_A+rQk_A$ 并将其发送给参与者 B。

步骤 3：参与者 B 收到 $E(r_B)$ 后，使用 $E(r_B)$ 的第一项 r_B+rQk_B 计算 $C_B{}'=rQk_B-(r_B+rQk_B)$，收到 $C_A{}'$ 后，计算并发送 $C_R=C_B{}'-C_A{}'$ 给参数服务器。

步骤 4：利用 EC-ElGamal 的同态性质，参数服务器计算并选取 $E(r')$ 的第一项 $E(r_1{}')=r_A+r_B+rQ(k_A+k_B)$，然后计算 $CC=C_{A1}-C_{B1}+C_R+E(r_1{}')=M_A-M_B$，判断 CC 大于 0 或者小于等于 0，从而可以判断 m_A 与 m_B 的大小。

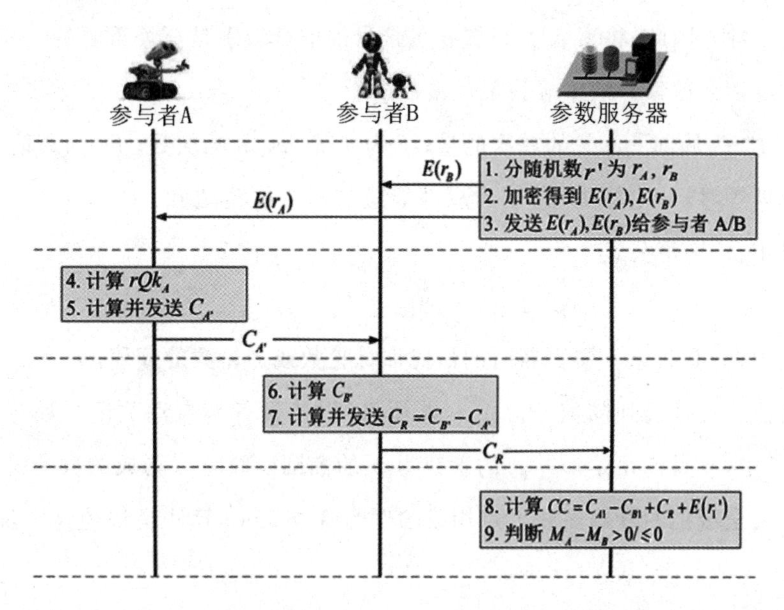

图 6-2　安全比较协议

(二)安全乘法协议

给定两个密文 $E_{pk_i}(m_1)=(A_{1i},A_{2i})=(m_1+rk_iQ,rQ)$ 和 $E_{pk_i}(m_2)=(A_{1i}',A_{2i}')=(m_2+rk_iQ,rQ)$,SMP 将完成 $E_{pk_i}(m_1m_2)$ 的计算,其具体流程如下所述。

步骤 1:参与者 i 用公钥 $pk_i=P_i=k_iQ$ 加密 m_1,得到密文 $E_{pk_i}(m_1)$,然后计算 $D=(m_1-1)rP_i$ 和 $F=rP_i$,并发送给参数服务器。

步骤 2:参数服务器使用公钥 $pk_i=k_iQ$ 对 m_2 进行加密,得到密文 $E_{pk_i}(m_2)$.

步骤 3:参数服务器计算 $E_{pk_i}(m_1m_2)$,具体计算公式如下:

$$E_{pk_i}(m_1m_2)=(A_{1i}A_{1i}'-F^2-D-m_2F,A_{2i})=(m_1m_2+rk_iQ,rQ) \tag{6-4}$$

(三)素数搜索算法

ECC 的密钥长度是优化性能和降低能耗的主要参数。在物联网中,由于传感器或设备的电池寿命较短,因此需要在节能模式下运行,最优素数 p 可以大大降低功耗。因此,将素数 p 设置在可接受的安全级别是至关重要的。我们设计了如下素数搜索算法来寻找最优素数 p 。

设 P_e 为局部 epoch 的单次能量; f 为局部 epoch 的次数; P_c 为通信功率。在联邦训练时,一轮总功率 P_t 为局部能量与通信能量之和: $P_t=fP_e+P_c$ 。总能量 P_{total} 满足公式:

$$P_{total}=\mu P_t<P_{threshold} \tag{6-5}$$

其中, μ 是权重不再更新时的最优训练轮数或为轮数的阈值, $P_{threshold}$ 为能量的阈值。一旦达到阈值 $P_{threshold}$,电池将耗尽,设备将自动关闭。如算法 15 所示,其中, q 是满足 $q\geqslant q_{\min}$ 的素数为 p 的椭圆曲线上点构成的群的阶, $q_{\min}$ 是最小安全级别的椭圆曲线上点构成的群的阶,Schoof 算法是快速计算阶的一个算法。

算法 15　素数搜索算法

输入：$p \leftarrow 1, P_{avg} \leftarrow \infty, q \leftarrow 0$

输出：最优素数 p

参与者：

计算 $P_{avg} = \frac{1}{t}\left(\sum_{i=1}^{t} P_{total}(i)\right)$ ；

if $P_{avg} > P_U$（预定义的能量预算）then

选择下一个素数 p ；

计算平均能量 P_{avg} ；

else 用文献[99]中的 Schoof 算法计算阶 q ；

if $q < q_{\min}$ then

选择下一个素数 p ；

else 获得最优素数 p 。

end if

end if

（四）联邦和优化算法

为了计算 t 个数据质量最好的权重联邦和，我们提出了一个优化联邦训练模型的联邦和优化算法 FSOA。算法的具体步骤如下所示。

步骤1：参数服务器从参与者 i 接收密文权重 $E_{pk_i}(W_i) = (E_{pk_i}(w_{i1}), E_{pk_i}(w_{i2}), \cdots, E_{pk_i}(w_{in}))$ ；加密 $w_1', w_2', \cdots, w_n'$ 得到密文权重标签 $E_{pk_i}(W_j') = (E_{pk_i}(w_1'), E_{pk_i}(w_2'), \cdots, E_{pk_i}(w_n'))$ ，其中，$w_{i1}, w_{i2}, \cdots, w_{in}$ 是训练权重，$w_1', w_2', \cdots, w_n'$ 是权重标签，$i \in \{1,2,\cdots,N\}, j \in \{1,2,\cdots,n\}$ ，W_i 是从参与者 i 获得的权重矩阵，W_j' 是参数服务器上已有的权重矩阵标签。权重标签通过 SGD 方法从最优权重或轮数阈值权重中获得。

步骤 2：参数服务器使用欧几里得距离计算训练权重 W_i 和权重标签 W_j' 之间的距离为：

$$d(W_i, W_j') = \sqrt{(w_{i1} - w_1')^2 + (w_{i2} - w_2')^2 + \cdots + (w_{in} - w_n')^2} \tag{6-6}$$

为了获得密文距离，基于密文训练权重和密文权重标签，依据加法同态性质和 SMP 协议计算 $E_{pk_i}((w_{ij}-w_j{}')^2)$ 。其计算的解密正确性分析如下所示：

$$D(E_{pk_i}((w_{ij}-w_j{}')^2))=D(E_{pk_i}((w_{ij})^2)-E_{pk_i}(2w_{ij}w_j{}')+E_{pk_i}((w_j{}')^2)) \tag{6-7}$$

然后，参数服务器依据加法同态性计算距离的平方 $E_{pk_i}(d^2(W_i,W_j{}'))$ 。其计算的解密正确性分析如下所示：

$$\begin{aligned} & D(E_{pk_i}(d^2(W_i,W_j{}'))) \\ = & D(E_{pk_i}((w_{i1}-w_1{}')^2)+E_{pk_i}((w_{i2}-w_2{}')^2)+\cdots+E_{pk_i}((w_{in}-w_n{}')^2)) \end{aligned} \tag{6-8}$$

步骤 3：参数服务器通过 SCP 对密文

$E_{pk_1}(d^2(W_1,W_j{}')),\cdots,E_{pk_N}(d^2(W_N,W_j{}'))$ 中的距离平方进行降序排列（权重趋于 0 对模型的贡献几乎为 0，无法传递信号），然后选择前 t 个记作 $E_{pk_{a1}}(d_1),E_{pk_{a2}}(d_2),\cdots,E_{pk_{at}}(d_t)$ 分别对应 $E_{pk_{a1}}(W_{d_1}),E_{pk_{a2}}(W_{d_2}),\cdots,E_{pk_{at}}(W_{d_t})$ ，其中 $a1,a2,\cdots,at$ 是重新排序后的公钥下标，$d_1,d_2,\cdots,d_t$ 是来自 $d^2(W_i,W_j{}')$ 的 t 个最优数据的距离。

步骤 4：从 N 个参与者中找出 t 个最优距离的 t 个原始密文 $E_{pk_i}(W_i)$ 。然后，参数服务器使用 MEEC 的 t 个最优权重计算联邦和 $E(W_{sum})$ 。其正确性分析如下所示：

$$D(E(W_{sum}))=D(E_{pk_{a1}}(W_{d_1})+E_{pk_{a2}}(W_{d_2})+\cdots+E_{pk_{at}}(W_{d_t})) \tag{6-9}$$

三、动态化公平性的隐私保护联邦深度学习方案

在本小节中，我们将给出 PFLEOA 的详细过程描述，具体流程如图 6-3 所示。根据 PFLEOA 工作流程，该方案可分为初始化和加密阶段、用户动态更新阶段、联邦训练阶段、解密和预测阶段。

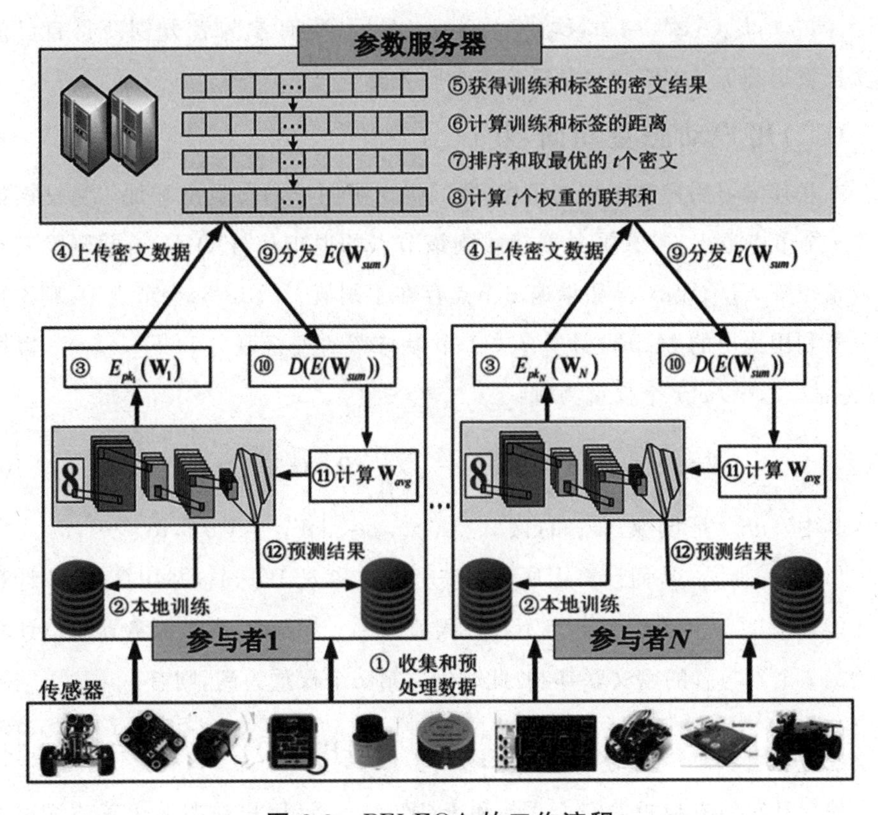

图 6-3　PFLEOA 的工作流程

(一)初始化和加密阶段

参与者 i（机器人、车辆、智能电表等）对数据进行采集和预处理，即从各种传感器或设备获得数据 $\{x_1,x_2,\cdots,x_u\}$，其中 u 为数据个数。然后，参与者 i 在局部训练模型中训练数据 $\{x_1,x_2,\cdots,x_u\}$，通过 SGD 方法更新获得更新后的权重矩阵 W_i。在上传权重矩阵 W_i 之前，每个边缘设备（参与者 i）执行以下操作。

首先，参与者 i 使用密钥生成器生成私钥 k_i，计算公钥 $pk_i=P_i=k_iQ$，并将 pk_i 发送给参数服务器。然后，N 个参与者利用第二章中的 SMPC 协商得到相同的随机数 r。参与者 i 从参数服务器获取初始权重 W_0 后，使用机器学习算法（如 CNN）训练本地数据 $\{x_1,x_2,\cdots,x_u\}$。经过多轮模型训练获得权重矩阵 $W_i=(w_{i1},w_{i2},\cdots,w_{in})$ 后，参与者 i 利用 MEEC 密码体制，使用自己的公钥 pk_i 和随机数 r 加密权重矩阵 W_i，获得 $E_{pk_i}(W_i)=$

$(E_{pk_i}(w_{i1}), E_{pk_i}(w_{i2}), \cdots, E_{pk_i}(w_{in}))$。最后，所有参与者分别获得自己的密文权重矩阵 $E_{pk_i}(W_i)$ 并发送给参数服务器。

（二）用户动态更新阶段

在联邦学习用户动态更新阶段，我们提出了用户动态退出和加入算法。如果第 i 个节点退出，参数服务器接收到该节点的退出信号 QUIT，并删除其相关权重矩阵 $E_{pk_i}(W_i)$。如果退出节点存在于阈值 t（$t \geqslant 3$）个节点中，则参数服务器利用提出的 MEEC 计算 $t-1$ 个参与者的安全联邦和 $E(w_{sum})$，以第 $s(s \in \{1,2,\cdots,n\})$ 个权重为例：

$$E(w_{sum}) = \Big(\sum_{j=1,j\neq i}^{t} w_{js}{}' + \sum_{j=1,j\neq i}^{t} rP_j, (t-1)rQ\Big) \quad (6\text{-}10)$$

其中，$w_{js}{}'$ 是明文 w_{js} 的嵌入点，$w_{js} \in \{W_j = (w_{j1}, w_{j2}, \cdots, w_{jn})\}$，$j \in \{1,2,\cdots,t\}$。从而计算出所有的安全联邦和 $E(W_{sum})$，并用算法 16 计算平均能量 P_{avg}。如果退出节点不存在阈值的 t 个节点内，参数服务器仍然计算原始的 t 个参与者的密文联邦和，此时仍以第 s 个权重为例，则有：

$$E(w_{sum}) = \Big(\sum_{j=1}^{t} w_{js}{}' + \sum_{j=1}^{t} rP_j, trQ\Big) \quad (6\text{-}11)$$

然后计算所有权重的安全联邦和 $E(W_{sum})$。该用户动态退出算法描述如算法 16 所示。

算法 16 用户动态退出算法

输入：第 i 个节点

输出：P_{avg} 和 $E(w_{sum})$

参数服务器：

接收第 i 个节点的退出信号；

删除 $E(W_i)$；

if 退出参与者 $i \in \{1,2,\cdots,t\}$ then

  for $s = 1,2,\cdots,n$ do

    依据 MEEC 计算 $t-1(t \geqslant 3)$ 个参与者的安全联邦和 $E(w_{sum})$：

$$E(w_{sum})=\left(\sum_{j=1,j\neq i}^{t} w'_{js}+\sum_{j=1,j\neq i}^{t} rP_j,(t-1)rQ\right);$$

计算 $t-1$ 个能量平均：$P_{avg}=\frac{1}{t-1}\left(\sum_{j=1,j\neq i}^{t} P_{total}^{(j)}\right)$。

else 依据 MEEC 计算 t 个参与者的安全联邦和 $E(w_{sum})$：

$$E(w_{sum})=\left(\sum_{j=1}^{t} w'_{js}+\sum_{j=1}^{t} rP_j,trQ\right);$$

计算 t 个权重平均：$P_{avg}=\frac{1}{t}\left(\sum_{j=1}^{t} P_{total}^{(j)}\right)$。

end for

end if

算法 17　用户动态加入算法

输入：第 i^* 个节点

输出：P_{avg} 和 $E(W_{sum})$

参与者：

if 第 i^* 个节点加入 then

更新第 i^* 个密文权重 $E(W_{i^*})$ 到参数服务器中。

参数服务器：

比较最小密文权重 $E(W_t)$ 与最新密文权重 $E(W_{i^*})$ 的大小；

if 用 SCP 比较 $W_{i^*}>W_t$ then

用 $E(W_{i^*})$ 替换 $E(W_t)$；

依据 MEEC 计算 $E(W_{i^*})$ $E(W_{sum})$，其解密正确性见公式(6-12)；

计算 $P_{avg}=\frac{1}{t}\left(\sum_{j=1}^{t} P_{total}^{(j)}\right)$；

else 保持原始训练过程。

end if

如果第 i^* 个节点加入，参数服务器收到该节点的密文权重矩阵 $E(W_{i^*})$，并将 SCP 排序的最小密文权重矩阵 $E(W_t)$ 与第 i^* 个密文权重矩阵

$E(W_{i^*})$ 进行比较。如果判断得到 W_{i^*} 的距离结果大于 W_t 的距离结果，那么参数服务器将 $E(W_t)$ 替换为 $E(W_{i^*})$，并使用提出的 MEEC 加密方案计算安全联邦和 $E(W_{sum})$，用算法 15 计算平均能量 P_{avg}。安全联邦和 $E(W_{sum})$ 的解密正确性分析如下所示：

$$D(E(W_{sum}))=D(E_{pk_{a1}}(W_{d_1})+\cdots+E_{pk_{a(t-1)}}(W_{d_{t-1}})+E_{pk_{ai^*}}(W_{d_{i^*}}))$$
$$=D\left(\sum_{j=1}^{t-1}E_{pk_{aj}}(W_{d_j})+E_{pk_{ai^*}}(W_{d_{i^*}})\right) \tag{6-12}$$

算法 18 最优聚合联邦学习算法(OAFLA)

输入：初始化权重 W_0

输出：$E(W_{sum}^*)$

参数服务器：

全局更新：

初始化初始权重 W_0；

广播初始权重 W_0 到每个参与者；

for 每一轮 do

  LocalUpdate(W_i)

  发送更新结果给参数服务器

end for

依据 FSOA 算法获得 $E_{pk_i}(W_i)$，$E_{pk_i}(W_j')$；

for 每一个参与者 $i=1,2,\cdots,N$ do

for $j=1,2,\cdots,n$ do

  用 SMP 计算距离 $E_{pk_i}((w_{ij}-w_j')^2)$；

  end for

end for

计算 $E_{pk_i}(d^2(W_i,W_j'))=\sum_{j=1}^{n}E_{pk_i}((w_{ij}-w_j')^2)$；

用 SCP 排序 $E_{pk_1}(d^2(W_1,W_j'))$，…，$E_{pk_N}(d^2(W_N,W_j'))$；

取 t 个参与者的最优密文 $E_{pk_{a1}}(W_{d_1})$，$E_{pk_{a2}}(W_{d_2})$，…，$E_{pk_{at}}(W_{d_t})$；

用 MEEC 计算 $E(W_{sum})$；

if　节点 i = QUIT then

执行用户动态退出算法；

else if　节点 i^* = 1 then

执行用户动态加入算法

endif

endif

发送 $E(W_{sum})$ 给 t 个参与者。

参与者：

执行素数搜索算法；

本地更新：

LocalUpdate(W_i)：

从参数服务器获得 $E(W_{sum})$；

用 MEEC 的解密算法解密获得权重 W_{avg}；

for　每一个 epoch do

　　计算梯度 δ；

　　$W_i \leftarrow W_{i-1} - \eta\delta$（$\eta$ 是学习率）；

　　加密获得 $E_{pk_i}(W_i)$；

　　发送 $E_{pk_i}(W_i)$ 给参数服务器。

end for

如果判断得到 $W_{i^*} \leqslant W_t$ 的距离结果，参数服务器遵循原始的训练过程，采用 t 个最优密文权重计算，该用户动态加入算法如算法 17 所示。

(三)联邦训练阶段

参数服务器从 N 个参与者中得到 $E_{pk_i}(W_i)$，用 FSOA 判断最优的 t 个密文，再用 MEEC 计算安全联邦和。判断最优权重的最优聚合联邦学习算法(Optimal Aggregation FL Algorithm，OAFLA)的详细描述如算法 18 所示。

通过循环的全局聚合和局部更新，当轮数达到阈值或权重不再更新时，参数服务器和参与者获得训练好的模型。

(四)解密和预测阶段

每个参与者获得安全联邦和 $E(W_{sum})$ 后,解密 $E(W_{sum})$ 得到安全联邦和 W_{sum} ,再通过 MEEC 的解密算法计算联邦平均矩阵 W_{avg} 。然后再进行本地训练,当本地训练获得权重后加密上传给参数服务器。经过反复迭代训练后,获得最优安全联邦和 $E(W_{sum}^*)$ 后,解密 $E(W_{sum}^*)$ 得到最优安全联邦和 W_{sum}^* ,同样通过 MEEC 的解密算法计算最优联邦平均矩阵 W_{avg}^* 。然后,参与者可以根据训练好的权重矩阵 W_{avg}^* 及其数据预测结果。

第六节　安全性分析

在本节中,我们分析所提 MEEC 方案的 IND-CPA 安全性,然后以理想/现实模型的形式化证明分析 SCP、SMP、FSOA 的安全性,同时分析方案的抗重构攻击和抗共谋攻击的能力。

EC-ElGamal 是 ElGamal 移植到 ECC 上的一种加密算法,该方案具有 IND-CPA 安全性[72,100],它的安全性在这里不再证明。接着,我们分析 MEEC 的 IND-CPA 安全性。

定理:如果敌手 A 以 ε 优势攻破 MEEC 方案,就构造模拟者以 $(t/n)\varepsilon$ 的优势攻破 EC-ElGamal 方案。

证明:假设存在一个敌手 A 能够以不可忽略的优势 ε 攻破构造的 MEEC 方案的 IND-CPA 安全性,我们就能构造一个模拟者 B 来攻破 EC-ElGamal 方案的 IND-CPA 安全性。B 运行 A ,执行如下步骤。

系统建立(Setup):B 收到 EC-ElGamal 方案生成的公钥 $pk = P = k_1 Q$ 和椭圆曲线上的点 Q ,其中 $k_1 \in \mathbb{Z}_q^*$ 。假设系统中存在 N 个用户,将 pk 嵌入 MEEC 中某个用户的公钥里,不失一般性地假设将 pk 当作第一个用户的公钥,即 $pk_1 = pk$,随机选择 $N-1$ 个值 $k_2, \cdots, k_N \in \mathbb{Z}_q^*$,计算 $pk_i = k_i Q$, $i \in \{2, \cdots, N\}$,将 $(pk_1, \cdots, pk_N)$ 作为输入发送给 A 。

密钥询问(Key Query):在该阶段中,A 可以进行 q_k 次密钥询问。针对 A 询问的公钥 pk_i 有如下几种情况。

- 若 $pk_i = pk_{i^*} = k_1 Q (i^* \in \{1, 2, \cdots, N\})$,模拟失败,B 终止回复。
- 若 $pk_i \neq pk_{i^*}$,B 将对应的 k_i 返回给 A 。

挑战（Challenge）：B 收到 A 发送的 t 个挑战用户的公钥 $\{pk_{s_1}, pk_{s_2}, \cdots, pk_{s_t}\}$ 及两个明文 $m_0, m_1 \in \mathbb{Z}_q$，其中 A 选择的 t 个挑战公钥 $\{pk_{s_1}, pk_{s_2}, \cdots, pk_{s_t}\}$ 未在密钥询问阶段全部被询问。B 首先判断 $pk_{i^*} \in \{pk_{s_1}, pk_{s_2}, \cdots, pk_{s_t}\}$ 是否成立。

- 若 $pk_{i^*} \notin \{pk_{s_1}, pk_{s_2}, \cdots, pk_{s_t}\}$，则模拟失败，$B$ 终止回复。
- 若 $pk_{i^*} \in \{pk_{s_1}, pk_{s_2}, \cdots, pk_{s_t}\}$，则不失一般性，我们假设 $i^* = k_1 = k_{i_1}$ 且属于 t 个用户中的私钥。然后，将两个明文 $m_0, m_1 \in \mathbb{Z}_q$ 转发给 EC-ElGamal 方案。

收到 EC-ElGamal 方案发送的挑战密文 $CT = (A_1, A_2) = (M_b + rP, rQ)$，其中，$M_b = m_b Q, b \in \{0,1\}$。随后，计算挑战密文：

$$CT^* = \left(A_1 + \sum_{j=2}^{t} r(k_{i_j})Q, A_2 + (t-1)rQ\right)$$

B 将生成的挑战密文 CT^* 发送给 A。

B 收到 A 发送的猜测 b′，并转发给 EC-ElGamal 方案。

下面，我们分析 B 成功攻破 EC-ElGamal 方案的优势。如果 A 在密钥询问阶段没有询问 pk_1，则模拟不中断，相应的概率为 $\binom{n-1}{q_k} / \binom{n}{q_k} = (n-q_k)/n$；挑战阶段中 $pk_{i^*} \in \{pk_{s_1}, pk_{s_2}, \cdots, pk_{s_t}\}$ 的概率是 $1 - \binom{t}{n-q_k-1} / \binom{t}{n-q_k} = t/(n-q_k)$，因此，模拟不中断的概率是 $((n-q_k)/n)(t/(n-q_k)) = t/n$。在模拟顺利进行的情况下，可以成功模拟挑战密文，其正确性验证如下：

$$\begin{aligned} CT^* &= \left(A_1 + \sum_{j=2}^{t} r(k_{i_j})Q, A_2 + (t-1)rQ\right) \\ &= \left(M_b + rP + \sum_{j=2}^{t} r(k_{i_j})Q, rQ + (t-1)rQ\right) \\ &= \left(M_b + \sum_{j=1}^{t} r(k_{i_j})Q, trQ\right) \end{aligned}$$

即 CT^* 是 M_b 的合法密文。因此，从 A 的角度来看，模拟方案与实际方案是不可区分的。因此，如果敌手可以以不可忽略的优势 ε 攻破我们的 MEEC 方案，我们就能够以不可忽略的优势 $(t/n)\varepsilon$ 攻破 EC-ElGamal 方案的 IND-CPA 安全性。由于 EC-ElGamal 方案的 IND-CPA 安全性已经证明，因此，不存在以不可忽略的优势攻破我们构造的 MEEC 方案的敌手，定理已证。

接着，我们分析本方案所提协议的安全和具有的抗攻击能力。

由于 SCP、SMP 协议用理想 / 现实模型进行形式化安全证明，定义 $\mathrm{REAL}_{\pi,A,Z}$ 表示在环境 Z 中算法或协议 π 与敌手 A 交互的输出，$\mathrm{IDEAL}_{F,S,Z}$ 表示在环境 Z 中仿真器敌手 S 与理想函数 F 交互的输出。具体安全性分析如下所述。

我们的方案可以保证 SCP 协议的安全。在 SCP 协议中，所有数据都是基于 EC-ElGamal 加密、离散对数或添加随机数的随机掩蔽的方式。其中，EC-ElGamal 加密由于其语义安全性保护了数据的安全性，离散对数是困难的，随机掩蔽增加了盲因子 r_A ，r_B ，阻碍了参与者获取任何信息。接着我们分析了 SCP 协议在理想 / 现实模型下形式化证明的安全性。在 SCP 协议中，敌手 A 在环境 Z 中运行协议 π ，并与所有参与者进行交互，则敌手 A 在现实世界中的视图为：

$$V_{\mathrm{Ideal}} = \{r_{11}, r_{21}, r_{11}', r_{21}', r_1', r_2', r_R, r_{12}', rr\}$$

在理想世界中，构建一个仿真器敌手 S ，从理想函数 F 中获得相同数量的随机数，则敌手 S 在理想世界的视图为：

$$V_{\mathrm{Ideal}} = \{r_{11}, r_{21}, r_{11}', r_{21}', r_1', r_2', r_R, r_{12}', rr\}$$

其中，随机数 $r_{11}, r_{21}, r_{11}', r_{21}', r_1', r_2', r_R, r_{12}', rr \in \mathbb{Z}_p$ 。

同样，从上述可知，现实世界视图是真实的 EC-ElGamal 密文，理想世界视图是与 EC-ElGamal 密文同分布的随机数。因为 EC-ElGamal 加密方案具有 IND-CPA 安全性，上述两组视图对应的真实密文和随机数是不可区分的，这说明协议 π 安全地计算到了理想函数 F 中，即在现实模型中运行包含敌手 A 的协议 π 的全局输出与在理想模型中运行包含敌手 S 的理想函数 F 的全局输出是不可区分的，于是便有：

$$\{\mathrm{IDEAL}_{F,S,Z}^{SCP}(V_{\mathrm{Ideal}})\} \overset{c}{\approx} \{\mathrm{REAL}_{\pi,A,Z}^{SCP}(V_{\mathrm{Real}})\}$$

我们的方案可以保证 SMP 协议的安全。在 SMP 协议中，所有数据都是基于 EC-ElGamal 加密和离散对数的数据。敌手 A 在环境 Z 中运行协议 π ，并与所有参与者交互，则敌手 A 在现实世界中的视图为：

$$V_{\mathrm{Real}}' = \{m_1 + rk_iQ, m_2 + rk_iQ, rQ, D, F, E_{pk_i}(m_1 m_2)\}$$

在理想世界中，构建一个仿真器敌手 S ，从理想函数 F 中获得相同数量的随机数，则敌手 S 在理想世界中的视图为：

$$V_{\text{Ideal}}' = \{r_{21}, r_{22}, r_{23}, r_{24}, r_{25}, r_{26}\}$$

其中，随机数 $r_{21}, r_{22}, r_{23}, r_{24}, r_{25}, r_{26} \in \mathbb{Z}_p$ 。

同样，从上述可知，现实世界视图是真实的EC-ElGamal密文或含随机数的掩码数据，理想世界视图是与EC-ElGamal密文和含随机数的掩码数据同分布的随机数。因为EC-ElGamal加密方案具有IND-CPA安全性，同时掩码数据是与随机数无法区分的，因此，上述两组视图对应的真实数据和随机数是不可区分的，说明协议 π 安全地计算到了理想函数 F 。即在现实模型中运行包含敌手 A 的协议 π 的全局输出与在理想模型中运行包含敌手 S 的理想函数 F 的全局输出是不可区分的，于是便有：

$$\{\text{IDEAL}_{F,S,Z}^{SMP}(V_{\text{Real}}')\} \overset{c}{\approx} \{\text{REAL}_{\pi,A,Z}^{SMP}(V_{\text{Real}}')\}$$

我们的方案可以保证FSOA算法的安全。在FSOA中，所有的过程数据都是基于EC-ElGamal密码系统的。在步骤1中，参数服务器知道明文标签，因此明文和密文不会影响它们的安全性。在步骤2中，基于EC-ElGamal加法同态性和SMP协议，计算 $E_{pk_i}((w_{ij}-w_j')^2)$ 和 $E_{pk_i}(d^2(W_i, W_j'))$ ，而SMP的安全性也是基于EC-ElGamal的，其安全性已在前面进行描述。因此，这个过程也能保证安全性。在步骤3中，参数服务器采用SCP协议对密文下的平方距离进行排序，SCP的安全性在前面也得到了分析。因此，步骤3的安全性得到了保证。基于MEEC方案，计算得到安全联邦和 $E(W_{sum})$ ，其安全性已在定理2中得到保证。因此，第4步也能保证其安全性。

我们提出的OAFLA具有抗重构攻击的能力。假定参数服务器或外部敌手从一定数量的边缘设备获取训练参数，则在明文训练模型下可以重构训练模型。此外，在明文中，当数据结构已知时，权重或梯度可以揭露来自边缘设备或用户的隐私信息。在我们的方案中，权重是基于EC-ElGamal的密文，参数服务器和外部敌手只能进行黑盒访问。依据EC-ElGamal的语义安全性，OAFLA能够抵抗重构攻击。

我们的方案在一定条件下能够抵抗共谋攻击。在该方案中，边缘设备和参数服务器之间不能共谋。一旦共谋，参数服务器可以获取设备的私钥，并计算出 K_i 和 k_i 的总和来解密得到权重，从而泄露用户或设备信息。因此，我们假定边缘设备和参数服务器不能共谋。对于边缘设备间的共谋问题，即使大多数参与者（边缘设备）在条件 $2 \leqslant i < t$ 下共谋，它仍然能保证用户或设备信息。因

此，该方案在一定条件下能够抵御共谋攻击。

第七节　性能分析

在本节中，我们评估和分析PFLEOA方案的性能和准确率。首先，我们讨论方案的通信代价和计算代价。其次，对椭圆曲线和密码体制的性能进行分析和测试。最后，我们对改进后的联邦学习方案的准确率进行评估。

一、理论分析

在本小节中，通信代价和计算代价的理论分析如下所述。为了简化通信代价和计算代价中符号的表示，我们将 $|p|_2$ 表示为 p 的密文比特长度；指数表示为Exp；点乘/除法表示为Mul/Div，哈希函数表示为Hash。

在初始化和加密阶段，N 个参与者与参数服务器产生 $2|p|_2+4n|p|_2$ 比特的通信代价。在用户动态更新阶段，当退出一个用户或边缘设备，用户或边缘设备只发送一个退出信号，产生1个比特的通信代价；当加入一个新节点进入网络时，用户或边缘设备与参数服务器产生 $8|p|_2$ 比特的通信代价。在联邦训练阶段，参数服务器与每个参与者产生 $4n|p|_2+4t|p|_2$ 比特的通信代价。在解密和预测阶段，参数服务器和参与者都没有产生任何通信代价。为了更好地表明我们的方案，我们方案的通信代价与先前几个方案的通信代价进行了比较，如表6-1所示。从表中可以看到，因为 $t<<n$，所以我们方案的总通信代价接近 $8n|p|_2$。因此，我们方案的通信代价低于比较方案的通信代价。

表6-1　通信代价比较

阶段	我们的	Chen等[101]	Zhang等[102]	Tang等[97]
初始化和加密	$2\|p\|_2+4n\|p\|_2$	$5n\|p\|_2$	$3n\|p\|_2$	$5n\|p\|_2$
联邦训练	$4n\|p\|_2+4t\|p\|_2$	$2n\|p\|_2$	$2n\|p\|_2$	$12n\|p\|_2$
解密和预测	—	$5n\|p\|_2$	$5n\|p\|_2$	$4n\|p\|_2$

续表

阶段	我们的	Chen 等[101]	Zhang 等[102]	Tang 等[97]
总计	$2\|p\|_2+8n\|p\|_2+4t\|p\|_2$	$12n\|p\|_2$	$10n\|p\|_2$	$21n\|p\|_2$

在初始化和加密阶段，参与者需要产生 12Mul 的计算代价来计算公钥和加密。在用户动态更新阶段，用户动态退出算法不产生任何计算代价。在用户动态加入算法中，参与者计算密文权重的计算代价是 $3n$Mul，而基于 SCP 的比较中，参数服务器的计算代价是 4Mul 。在联邦训练阶段，参与者产生 7Mul 的计算代价来计算 FSOA，而参数服务器产生 $19n$Mul + Div 的计算代价来计算 OAFLA。在解密和预测阶段，参与者需要产生 3Mul + Div 的计算代价来解密密文预测结果。此外，我们方案的通信代价与先前几个方案的通信代价进行了比较，如表 6-2 所示。从表中可以看到，我们方案的计算代价优于其他方案的计算代价，同时我们的方案没有指数运算，更表明了其具有较低的计算代价。

表 6-2 计算代价比较

参与者	我们的	Chen 等人[101]	Zhang 等人[102]	Tang 等人[97]
参与者	14Mul+Div	$4(n+1)$ Exp + $(2n+3)$ Mul	$4n$Exp + $(2n+1)$ Mul	$(8n+1)$ Exp + $6n$Mul + $2n$Hash
参数服务器	$19n$Mul + Div	$(n+3)$ Exp + $(2n+2)$ Mul	n Exp + $2n+1$Mul	7Exp + 4Mul+Hash
代理服务器	—	$n+2$ Exp + n + 3Mul	n Exp + $(n+1)$ Mul	$(2n+8)$ Exp + $(2n+7)$ Mul+ nHash

二、实验分析

在密码体制中，RSA 和 ElGamal 算法不适合带宽受限的环境(如物联网设备、传感器、功能有限的机器人)，因为它们算法中的幂计算代价较高。ECC 只需要通过加法和乘法完成加密，并且其密钥长度短，可以大大降低通信代价，提高加密效率。表 6-3 比较了常用密码体制的密钥长度。

表 6-3 密钥长度比较

安全级	Paillier	RSA	ECC	ElGamal
80	1024	1024	160	1024
112	2048	2048	224	2048
128	3072	3072	256	3072
192	7680	7680	384	7680
256	15360	15360	512	15360

为了验证其性能和准确率，PFLEOA 在以下环境下进行了测试：Intel(R) Core(TM) i7-7700HQ @2.80GHz(8CPU)，8GB 随机访问内存(RAM)，64 位 Windows 操作系统，Anaconda 3，PyCharm 2020.3.2 专业版，Python 3.8.5 和 PyTorch 1.7.0。选用 Mnist 数据集和曲线 25519 的 ECC 进行实验。通过对数据集进行分割来模拟多个用户。

为了比较运行效率，测试了基于 EC-ElGamal 的加解密和点乘的运行时间。实验结果如表 6-4 所示。

表 6-4 EC-ElGamal 的运行时间

加密	解密	点乘
214.43 ms	106.71 ms	0.17ms

依据密钥长度和 EC-ElGamal 的运行时间，我们在图 6-4 中比较了通信代价和计算代价。图 6-4(a)比较了随着密钥长度{160，224，…，512}的变化，通信代价的变化情况，其中权重的数量为 1000。可以看出，在用户动态更新阶段，通信代价几乎是一致的。在初始化和加密阶段、联邦训练阶段，通信代价随着密钥长度的增加而明显增加。图 6-4(b)比较了当密钥长度固定为 224 时，随着权重数量{1000，2000，…，5000}的增加，通信代价的变化情况。可以看出，随着权重数量的增加，初始化和加密阶段、联邦训练阶段的通信代价不断增加，在用户动态更新阶段保持不变。因此，在用户动态更新阶段，通信代价不受影响。

图 6-4(c)和图 6-4(d)显示了随着权重数量 n 的增加，不同阶段计算代价的运行时间。如图 6-4(c)所示，在用户动态更新阶段，随着权重{10，20，…，100}的增加，参与者的运行时间也不断增加。在其他阶段，计算代价不受权重数量

的影响。在图 6-4(d)中，随着权重数量{10，20，…，100}的增加，参数服务器在联邦训练阶段的运行时间不断增加。在用户动态更新阶段，运行时间为零或接近零。总体而言，参与者在用户动态更新阶段的计算代价会受到影响，而参数服务器在联邦训练阶段的计算代价也会受到影响。

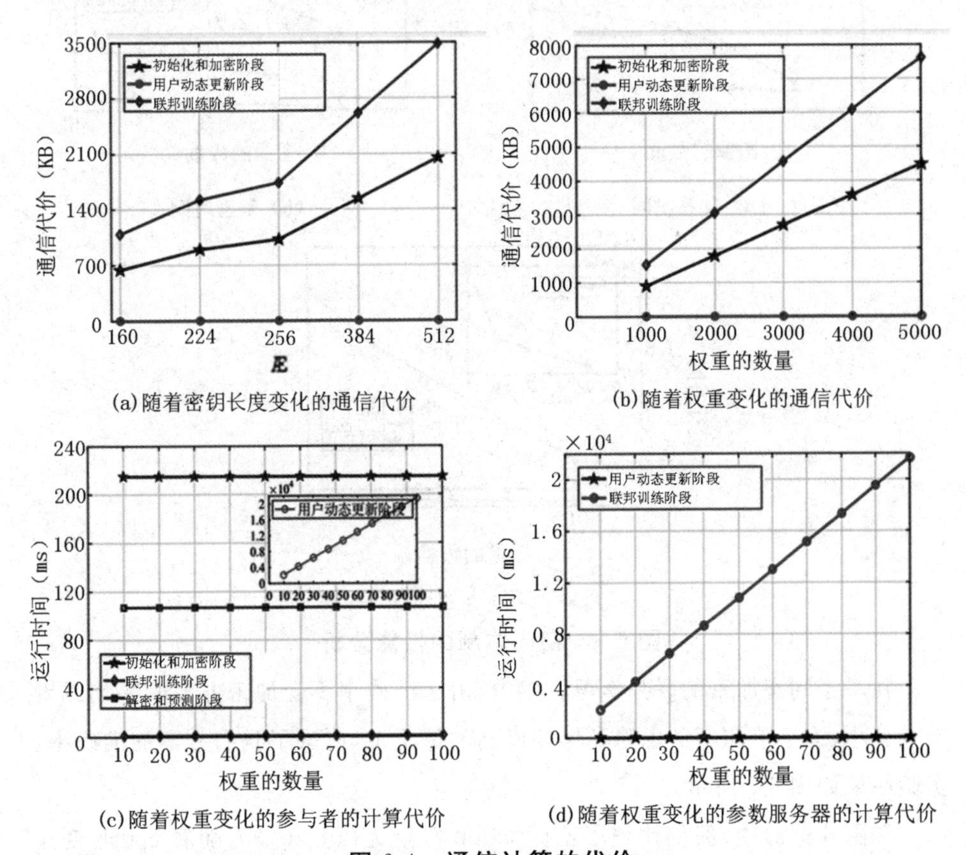

(a)随着密钥长度变化的通信代价

(b)随着权重变化的通信代价

(c)随着权重变化的参与者的计算代价

(d)随着权重变化的参数服务器的计算代价

图 6-4 通信计算的代价

本文选择 Curve25519 作为 ECC 密码体制的椭圆曲线，然后我们测试了隐私保护深度学习方案中常用的密码体制 LWE[18]、Paillier[18]、ElGamal[40] 和我们的密码体制的加解密效率。如图 6-5(a)-(c)所示，随着图像数量{1，2，…，5}的增长，Paillier 和 ElGamal 的运行时间明显增加，而 LWE 和我们方案的运行时间略有增加。虽然我们的方案比 LWE 产生更多的加解密时间，但由于我们的密钥生成时间比 LWE 短的多，我们的总消耗时间低于 LWE 的总消耗时间，如图 6-5(c)所示。

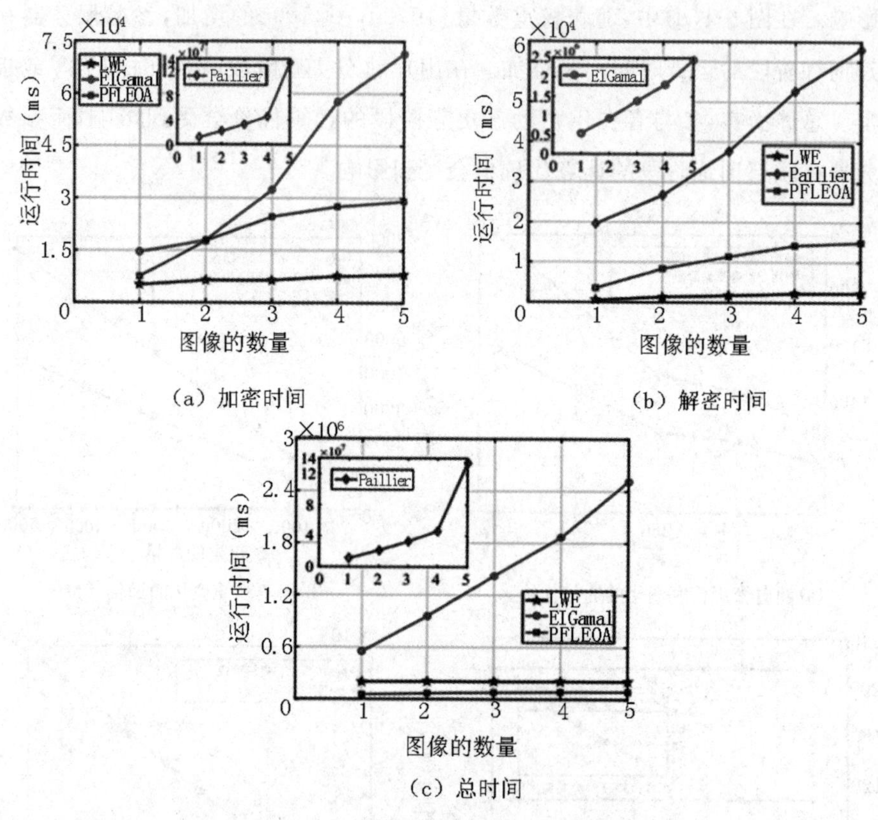

（a）加密时间

（b）解密时间

（c）总时间

图 6-5　密码体制的性能分析

在基于同态加密的联邦学习方案中，由于准确率不受加密方案的影响或者影响较小，本小节在不考虑隐私保护机制的情况下，测试了我们方案的准确率，实验结果如图 6-6 所示。

在图 6-6(a)中，我们比较了不同 batch 数量为{10，20，30}随着 epoch 变化的准确率。当 epoch 为{45，60，80}时，分别对应于 batch 为{10，20，30}的数，准确率接近于 100%。结果表明，当 batch 为 10 时，准确率相较于 batch 为 20 或 30 的准确率较高。接着，我们测试了 k 值选择对准确率的影响。如图 6-6(b)所示，当用户数为{4，6，8}时，测试的 k 值为{1，2，3}时准确率较高。因此，我们选择 3 作为 k 值来测试准确率。如图 6-6(c)和 6-6(d)所示，当 k 值为 3 时，我们测试了用户数量在{4，6，8}时的准确率。结果表明，准确率随着轮数{1，2，…，10}的增加而不断增加。由图 6-6(b)、(d)可知，OAFLA 中 k 值的选择是否恰当，直接影响到方案的准确率。

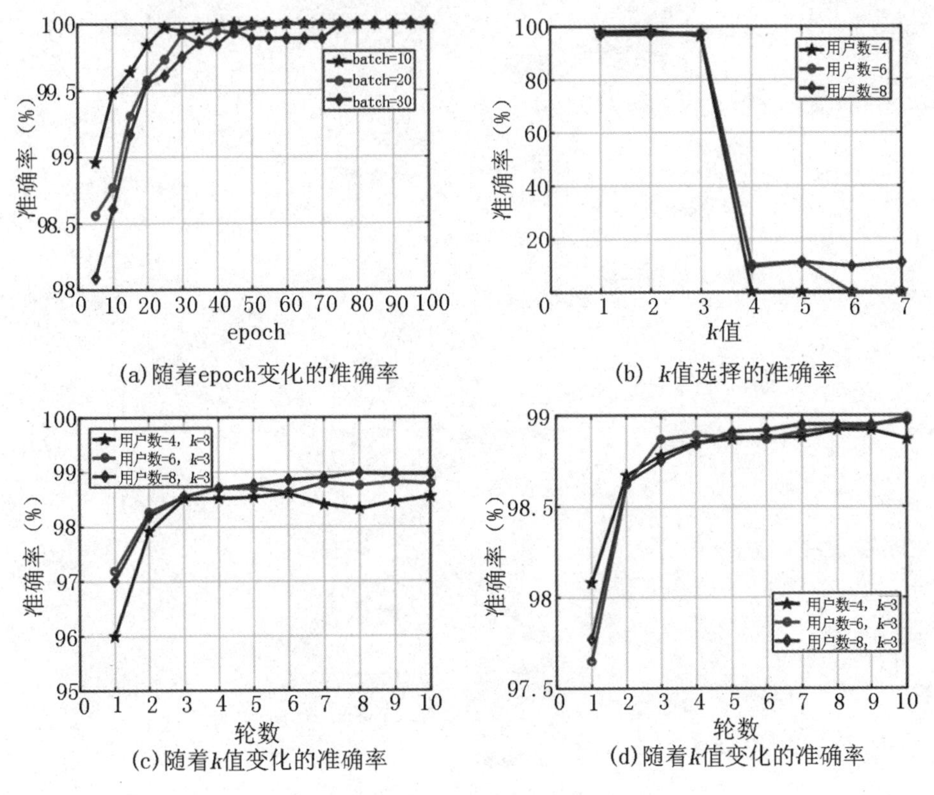

(a)随着epoch变化的准确率　(b) k值选择的准确率

(c)随着k值变化的准确率　(d)随着k值变化的准确率

图 6-6　准确率分析

第八节　本章小结

隐私保护联邦学习技术作为一种主流的协作学习方法，已经得到了研究者们的广泛关注。但联邦学习算法由于通信代价高、训练数据质量不能保证等问题，在物联网应用中的表现不佳。为了构建一个基于物联网的实用高效隐私保护联邦学习方案，我们基于 EC-ElGamal 和 MEEC 提出了 PFLEOA 方案，设计了用户动态退出和加入算法及联邦和优化算法来实现高质量的数据应用。尽管联邦和优化算法受数据集数量的影响，同时其 k 值选择直接影响了准确率，但我们选择的加密方案降低了通信代价，在一定程度上解决了联邦学习在物联网应用中的关键瓶颈问题。该方案也适用于其他联邦学习场景，支持同态性并适合多密钥协同计算环境下联邦平均的计算。

第七章

工业物联网的机器人系统中的隐私保护图像多分类深度学习模型

深度学习目前是机器学习中一种很流行的应用，它可以根据挖掘需求进行训练和预测，但在训练过程中收集的大量用户数据中可能含有用户的敏感信息，这使得用户隐私信息容易泄露。因此，针对用户隐私泄露问题，一些学者提出了特定场景下的隐私保护深度学习方案。但这些方案中仍存在一些问题，如隐私保护方案中未考虑加密方案的实用性，提出的 sigmoid 激活函数近似泰勒展开公式前几项应用是否保证了正确性[50]，不同函数选择对深度学习训练过程中收敛速度的影响等。针对上述问题，本文依据第三章中提出的隐私保护的图像多分类深度学习模型，通过采用能降低收敛速度的两组密文激活函数和代价函数——密文的 sigmoid 激活函数、交叉熵代价函数和密文的 softmax 激活函数、log-likelihood 代价函数，构建了机器人环境下的隐私保护深度学习训练模型。该模型解决了非线性函数密文无法直接计算的问题，实现了密文激活函数、代价函数高效训练，确保训练过程中的准确率，保障了输入隐私、模型隐私和分类结果隐私。

第一节　引言

深度学习在工业物联网的典型应用领域之一是机器人系统。随着智能设备和新的机器人技术的出现，目前的机器人系统面临着许多新的漏洞，如工业信息学中深度学习应用带来的新的安全和隐私问题[126,127]。在系统安全方面，许多学者对机器人系统的网络安全进行了探索。例如，Dieber 等人[128]列举了机器人操作系统(Robot operating system,ROS)最常见的漏洞和攻击向量,并采用了几种方法来增强ROS和类似系统抵御网络安全威胁的能力。Matell′an等人[129]比较了机器人和自主系统的网络安全措施。Sabaliauskaite等人[130]从网络攻击检测能力和机器人故障分析能力两方面评估了移动机器人网络安全检测方法的性能。Dieber等人[131]开发了一种安全架构,使用专用的授权服务器将无效节点排除在应用程序之外,并通过带有不确定性的加密方法确保数据的机密性和完整性。Breiling等人[132]提出了一种安全的通信通道,使ROS节点能够以真实和自信的方式进行通信。Mart′in等人[133]调查了几个著名的通信中间件应用程序的网络安全性能,这些应用程序运行在机器人和普通计算机上的机器人框架上。

目前,关于移动机器人系统中隐私保护的深度学习模型的报道很少。为了填补这一空白,有必要研究在移动机器人系统中深度学习的隐私保护。由于智能电网是关键的国家基础设施,数据安全和隐私问题尤为重要[134],智能电网机器人巡检系统的隐私保护深度学习模型的研究是必不可少的一部分。

深度学习作为智能电网机器人巡检系统的重要应用,通过训练拍照的图像数据,提供智能分析、决策和推理。在MLP的深度学习训练过程中,面临着激活函数和代价函数的选择影响收敛速度,现有方案中泰勒展开训练不准确[50],数据精度不同导致错误结果等问题,这些直接影响着分类效率。此外,在隐私保护的训练或推理过程中,由于非线性函数无法直接密文计算,给隐私密文计算带来了挑战。

针对上述问题,本文设计了高效的双服务器同态加密计算工具包,选择两组加速收敛的激活函数和代价函数进行密文训练,加快了收敛速度,实现了隐私保护的图像多分类深度学习模型的快速分类。提出的机器人系统下的隐私保护图像分类深度学习(RPIDL)模型,利用Paillier密码体制实现了双服务器的密文深度学习训练,在整个训练和推理过程中保护了数据或图像的隐私。

第二节 系统模型

在工业物联网中,大量节点被部署在物联网边缘网络中,用以监测设备状态或物理环境(例如变电站的工作状态)。本文以某变电站的移动机器人系统为监控系统,对变电站的图像数据进行采集和加密,并发送到 FCC。FCC 通过与服务器配合使用深度学习方法对加密数据进行训练。为了保证系统的隐私性,不同区域的机器人具有不同的公钥和私钥,相同区域的机器人具有相同的公钥和私钥,系统中的所有数据都采用 Paillier 加密系统进行加密。基于雾计算的机器人系统结构如图 7-1 所示。系统参与者的具体功能如下。

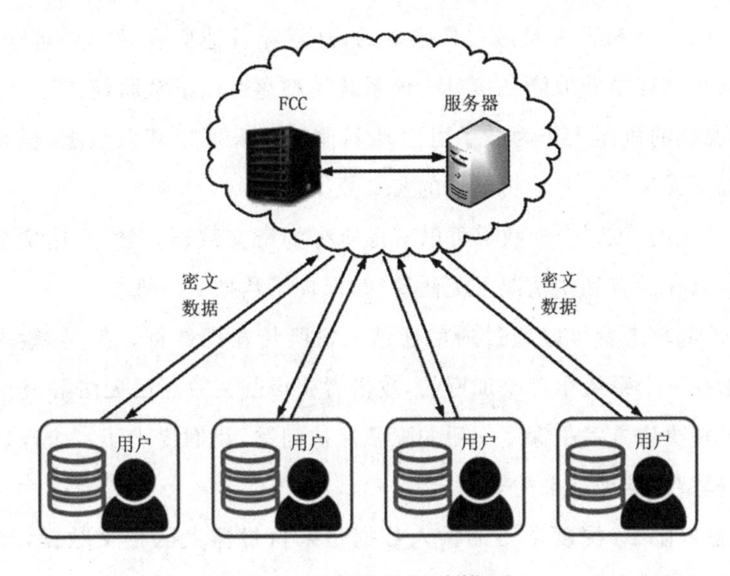

图 7-1　RPIDL 系统模型

(1)机器人。机器人拍摄变电站设备的图片,采集图像数据和电力信息,然后机器人对原始图像进行预处理,加密并将预处理后的加密数据传输给 FCC。机器人不需要对加密的数据进行解密,也不需要从 FCC 获取数据。

(2)雾控制中心(FCC)。FCC 从不同的机器人组收集密文数据,并与服务器协作在隐私保护图像分类深度学习模型中对密文数据进行训练。在整个训练和推理过程中,所有的隐私信息都被加密。

(3)服务器。服务器管理公钥和私钥,并将其分发给系统和所有授权用户,同时与 FCC 协作训练密文数据。在系统模型中,服务器必须是可信的,并且能够获取和存储推理结果,同时能够将推理结果发送给授权用户。在该方案中,所有的机器人都必须经过身份和组标签的授权,从而避免未经授权的攻击。

(4)用户。用户拥有自己的私钥,能从服务器下载预测结果,并将预测结果解密。同时管理和控制自己所在区域的机器人。

第三节 威胁及安全模型

在该方案中,我们认为服务器是一个可信的实体,它将不同区域的公钥分发给区域机器人和FCC,并保留私钥或分发给授权用户,但不能与FCC或机器人共谋。FCC和机器人是诚实且好奇的,这意味着他们会诚实地遵守协议,但试图在训练过程中获取隐私信息。该系统模型存在以下威胁模式。

(1)腐化的机器人作为敌手可以从其他机器人那里获取数据,但在没有私钥的情况下无法解密其他机器人的密文数据。

(2)腐化的FCC作为敌手可以获得所有的密文数据。然而,密文输入数据和训练数据在没有私钥情况下无法解密,保护了数据安全性。

(3)外部攻击者可以通过通信通道来窃听传输的数据。但是,输入数据和训练数据在整个系统中都是加密的,攻击者获得密文数据后无法解密。

为了解决该方案中深度学习的隐私保护问题,我们提出了一个保护输入数据、训练模型和推理结果的安全模型。

(1)输入隐私:深度学习的输入数据是来自机器人的密文数据,即使FCC与机器人共谋或者数据被攻击者窃听,也能保护输入数据的隐私。

(2)模型隐私:在深度学习中,训练和推理过程也以密文的方式进行,同时在FCC中确保中间数据和模型数据的机密性。攻击者无法从训练模型中的密文中获取隐私信息,从而保护了训练过程中模型的隐私。

(3)推理结果隐私:合法用户和服务器能获取密文的推理结果,它们可以从FCC下载推理结果并使用自己的私钥解密。而非法用户或敌手只能获得密文推理结果,自己无法解密,从而确保了推理结果的隐私安全。

第四节 机器人系统中的隐私保护图像多分类深度学习模型构造

在机器人系统中,为了保护同一区域的数据隐私,在本方案中主要研究深度学习训练模型数据依据相同区域数据进行的分类。由于不同区域不同的安全性和权限要求,本方案主要考虑相同区域数据一起训练的情况,在第四章中我们考虑了不同区域多密钥无法协同计算的情况。此外，利用安全隧道技术保护机器人和 FCC 之间、FCC 和服务器之间等所有通信安全，以保证实体之间数据传输过程中的安全性。

在模型训练过程中，由 FCC 与服务器协作实现激活函数、代价函数及其他过程的密文计算。其中，所设计的密文计算方案用到了安全计算协议包，方案中的数据以 8 位的数据精度进行分析，实际应用中则用 54 位的精度。安全计算协议包包括安全乘法协议（Secure multiplication protocol，SMP）、安全比较协议（Secure comparison protocol，SCP）和安全除法协议（Secure division protocol，SDP），具体设计如下。

一、安全计算协议包

（一）安全乘法协议

设两个明文数据 c 和 d，对应两个加密数据 $E(c)$ 和 $E(d)$，为了计算 $E(cd)$，FCC 和服务器需要协助进行。$E(cd)$ 可以通过以下步骤计算得到：

步骤 1（@FCC）：FCC 用相同的随机数 $r \in \mathbb{Z}_N$ 随机化 $E(c)$ 和 $E(d)$，得到 $E(c)^r$ 和 $E(d)^r$，然后将 $E(c)^r$ 和 $E(d)^r$ 发送给服务器。

步骤 2（@Server）：在相同区域的机器人系统中，服务器用私钥 λ 解密 $E(c)^r$ 和 $E(d)^r$ 得到 rc 和 rd，然后相乘得到 A。

$$A = D(E(c)^r)D(E(d)^r) = r^2cd \tag{7-1}$$

接着，服务器用公钥 (N,g) 加密 A 得到 $E(A)$，发送 $E(A)$ 给 FCC。

步骤 3（@FCC）：FCC 去除盲因子 r，得到 $E(cd)$。正确性验证如下。

$$D(E(cd)) = D(E(A)^{r^{N-2}}) = D(E(r^2cd)^{r^{N-2}}) \tag{7-2}$$

（二）安全比较协议

为了比较密文代价函数和误差阈值，设计一个 SCP 协议。SCP 协议步骤如下。

步骤 1（@Server）：设明文为 t 比特长，$m_1, m_2 \in \mathbb{Z}_{2^t-1}$，给定 $E(m_1)$ 和 $E(m_2)$，主服务器计算密文比 $E(m_1)/E(m_2)$ 获得 $E(m_1 - m_2)$。然后，主服务器均匀随机选择 $r_1 \leftarrow_R [N/2^{t+2}, N/2^{t+1}]$（文中深度学习描述的区间为范围，均匀随机选取的区间为区间内的整数），$0 \leqslant r_2 \ll r_1$。依据 r_1, r_2 计算得到 H，

$$H = E(m_1 - m_2)^{r_1}E(r_2) \tag{7-3}$$

然后将 H 发送给辅助服务器。

步骤 2(@Assist-Server):辅助服务器解密 H 得到 $l = r_1(m_1 - m_2) + r_2 \bmod N$,然后判断,

- If $\frac{N}{2} < l < N$,则 $m_1 < m_2$,输出 0。

- If $0 < l < \frac{N}{2}$,则 $m_1 > m_2$,输出 1。

辅助服务器获取输出结果后,将输出结果发送给主服务器。

步骤 3(@Server):主服务器接收到输出,如果输出为 0,即密文代价函数小于等于误差阈值,则停止训练获得最优模型,否则继续训练。

解密正确性:在步骤 1 中两个密文比 $E(m_1)/E(m_2)$ 的解密正确性如下,

$$\begin{aligned} D\left(\frac{E(m_1)}{E(m_2)}\right) &= D\left(\frac{g^{m_1} r_1^N}{g^{m_2} r_2^N} \bmod N^2\right) \\ &= D\left(g^{m_1 - m_2}\left(\frac{r_1}{r_2}\right)^N \bmod N^2\right) \\ &= D(E(m_1 - m_2)) \end{aligned} \tag{7-4}$$

依据 Paillier 的加法同态性质,步骤 2 中 H 的解密正确性如下,

$$\begin{aligned} D(H) &= D(E(m_1 - m_2)^{r_1} E(r_2) \bmod N^2) \\ &= r_1(m_1 - m_2) + r_2 \bmod N \end{aligned} \tag{7-5}$$

(三)安全除法协议

为了解决方案中的除法操作,我们设计了一个 SDP 协议。当某些数据是浮点数时,SDP 可以通过以下方法计算比较结果。

步骤 1(@Server):给定密文数据 $E(h)$,主服务器均匀随机选择 $r \in \mathbb{Z}_N^*$,加密 r 得到 $E(r)$,依据加法同态性质计算 $E(\alpha) = E(h + r)$,然后发送 $E(\alpha)$ 给辅助服务器。

步骤 2(@Assist-Server):辅助服务器解密 $E(\alpha)$ 得到 α 。计算 $e = \mathrm{Accu}(\alpha/f)$,然后将 e 加密为 $E(e)$,并将 $E(e)$ 发送给主服务器。

步骤 3(@Server):在主服务器中,通过移除随机数的方式计算 $E(\mathrm{Accu}(h/f))$ 。其解密正确性如下,

$$D(E(\mathrm{Accu}(h/f))) = D(E(e)E(\mathrm{Accu}(-r/f))) \tag{7-6}$$

最后,辅助服务器解密 $E(\mathrm{Accu}(h/f))$ 得到 $\mathrm{Accu}(h/f)$,然后去除

$2^{accuracy}$ 精度获得 h/f ，从而得到两个数的比较结果。

上述使用的加密方案为 Paillier，具体方案的详细描述如下。

Paillier[70]密码体制具有加法同态性质。该密码体制包含密钥生成算法、加密算法、解密算法、同态加法性质。具体算法和性质如下。

密钥生成算法（KeyGen）：随机生成两个固定长度的大素数 p 和 q ，计算 $N=pq$ 和 $\lambda=\mathrm{lcm}(p-1,q-1)$ ，$\mathrm{lcm}(\cdot,\cdot)$ 表示最小公倍数，定义函数 $L(x)=(x-1)/N$ 。均匀随机选择 $g\in\mathbb{Z}_{N^2}^*$ 满足以下条件，

$$\gcd(L(g^\lambda \bmod N^2),N)=1 \tag{7-7}$$

其中 $\gcd(\cdot,\cdot)$ 是最大公因数。令公钥 pk 是（N ，g），私钥 sk 是 λ 。

加密算法（Enc）：给定明文 $m\in\mathbb{Z}_N$ ，均匀随机选择 $r\in\mathbb{Z}_N^*$ ，获得明文 m 的密文 $E(m)$ 如下，

$$E(m)=g^m r^N \bmod N^2 \tag{7-8}$$

解密算法（Dec）：已知密文 $E(m)$ 和私钥 λ ，解密密文 $E(m)$ 获得明文 m ，

$$m=\frac{L(E(m)^\lambda \bmod N^2)}{L(g^\lambda \bmod N^2)} \bmod N \tag{7-9}$$

Paillier 加密方案具有如下的加法同态性质。

加法同态性：给定两个密文 $E(m_1)$，$E(m_2)$ ，任意 $t\in\mathbb{N}$ ，Paillier 的加法同态性质如下，

$$D(E(m_1)E(m_2) \bmod N^2)=m_1+m_2 \bmod N,\ D(E(m_1)^t \bmod N^2)=tm_1 \bmod N \tag{7-10}$$

二、基于 sigmoid 和交叉熵函数的 PIDL 方案

本小节详细描述深度学习训练过程中基于 sigmoid 和交叉熵函数的 PIDL 方案，即 PIDLSC。在隐含层，激活函数使用 ReLU 激活函数；在输出层，激活函数使用 sigmoid 激活函数，代价函数选择交叉熵代价函数。其具体过程如下。

（一）PIDLSC 中隐私保护的前向传播

首先，我们绘制了 PIDLSC 的前向传播过程，如图 7-2 所示。这个过程包括 4 个步骤：

①计算密文输入值 $E(z_i^{(l+1)})$ ，②计算密文 ReLU 函数，③训练密文 sigmoid 函数 $E(f(z_i^{(L)}))$ ，④计算密文误差。以上步骤的具体操作如下。

步骤Ⅰ(@FCC):FCC收集到同一区域机器人的密文数据后,依据算法5,计算第(l +1)层的密文输出值 $E(z_i^{(l+1)})$ 。

$$
\begin{aligned}
E(z_i^{(l+1)}) &= E\left(\sum_{j=1}^{n_l} w_{ij}^{(l)} x_j^{(l)} + b_i^{(l)}\right) \\
&= E(w_{i1}^{(l)} x_1^{(l)}) \cdot E(w_{i2}^{(l)} x_2^{(l)}) \cdots E(w_{in_l}^{(l)} x_{n_l}^{(l)}) \cdot E(b_i^{(l)}) \\
&= \prod_{j=1}^{n_l} E(w_{ij}^{(l)} x_j^{(l)}) \cdot E(b_i^{(l)}) \qquad (7\text{-}11) \\
&= \prod_{j=1}^{n_l} SMP(E(w_{ij}^{(l)} x_j^{(l)})) \cdot E(b_i^{(l)})
\end{aligned}
$$

利用SMP协议和式(7-11),计算得到 $E(z_i^{(l+1)})$ 。

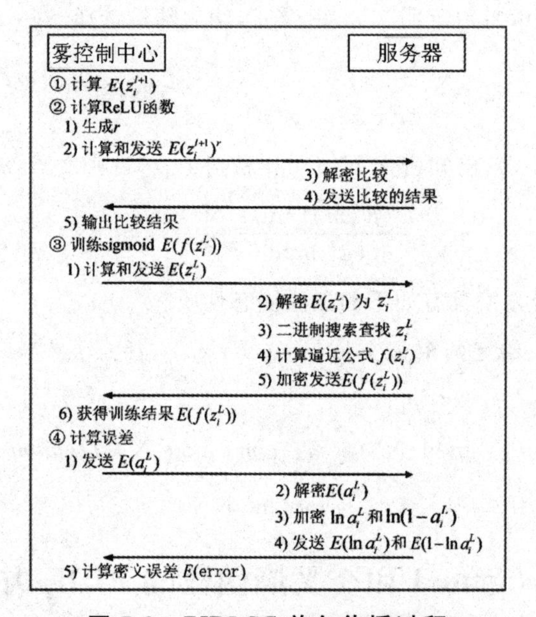

图7-2 **PIDLSC前向传播过程**

步骤Ⅱ(@FCC&Server):在MLP的第二层和第三层,通过算法19中的ReLU激活函数计算神经元的输出值。

算法19 密文线性整流(ReLU)函数计算

输入: $E(z_i^{(l+1)})$

输出: $E(z_i^{(l+1)})$ 或 $E(0)$

FCC:

均匀随机选择一个随机数 $r \in \left[0, \frac{|N|}{2}\right]$；

计算 $E(X_1) = E(2z_i^{(l+1)} + 1)$，$E(Y_1) = E(2 \cdot 0) = E(0)$；

计算 $E(\beta) = (E(X_1) \cdot E(Y_1)^{N-1})^r = E(r(2z_i^{(l+1)} + 1))$；

发送 $E(\beta)$ 给服务器。

服务器：

用联合私钥 sk 解密 $E(\beta)$ 得到 $r(2z_i^{(l+1)} + 1)$；

if $r(2z_i^{(l+1)} + 1) \geqslant \frac{|N|}{2}$ then

结果 $z_i^{(l+1)} \geqslant 0$；

else 结果 $z_i^{(l+1)} < 0$；

发送比较结果给 FCC；

end if

FCC：

if 结果为 $z_i^{(l+1)} \geqslant 0$ then

输出 $E(z_i^{(l+1)})$；

else 输出 $E(0)$。

end if

步骤Ⅲ(@FCC)：在输出层，密文的 sigmoid 激活函数 $E(f(z_i^{(L)}))$ 训练输出模型训练结果，该结果利用泰勒定理进行计算。一些方案利用泰勒定理的前三项或前四项近似逼近 sigmoid 函数，但我们测试发现，这是不正确的，和结果是非常不同的，所以我们对近似方法进行了重新设计，提出了基于泰勒公式库分段查找的方法，使其仍然通过泰勒公式逼近 sigmoid 函数，同时保证了准确性。具体方法如下。

首先，在服务器中预置泰勒公式库。由于 w_{ij} 和 $z_i^{(l+1)}$ 经过正则化处理满足 $w_{ij} \in [-1,1]$ 和 $z_i^{(l+1)} \in (0,1]$，服务器可以得到输出层的输入范围 $(-n_3-1, n_3+1)$，然后依据每 10 个数据为一个近似点 x_0 构建泰勒公式库。如果最终的近似范围小于 5，则指定一个已知的邻近点；如果它大于 5，它可以为近似点

x_0+1 构建范围。通过上述方法，建立 (x_0-5, x_0+5) 的逼近点 x_0 的近似泰勒公式库。利用泰勒公式库，在得到输出层的输入值后，选择最佳逼近点和逼近公式，得到 sigmoid 函数的最佳逼近。

在获取输出层的密文输入 $E(z_i^{(4)})$ 后，使用算法 5 查找并计算不同项的泰勒公式。具体过程如算法 20 所示。

算法 20　安全 sigmoid 函数计算

输入：$E(z_i^{(L)})$

输出：$E(f(z_i^{(L)}))$

FCC：

发送 $E(z_i^{(L)})$ 到服务器。

服务器：

预置泰勒公式库；

用私钥解密 $E(z_i^{(L)})$ 得到 $z_i^{(L)}$；

用二进制查找 $z_i^{(L)}$ 在公式库中近似点中的范围；

用范围内的近似点 x_0 计算近似公式 $f(z_i^{(L)})$；

加密和发送 $E(f(z_i^{(L)}))$ 给 FCC。

FCC：

获得密文 sigmoid 函数的结果 $E(f(z_i^{(L)}))$。

在上述算法中，计算 $f(z_i^{(L)})$ 方法如下。

$$
\begin{aligned}
f(z_i^{(L)}) &= \frac{1}{1+e^{-z_i^{(L)}}} \\
&= f(x_0)+f'(x_0)(z_i^{(L)}-x_0)+\frac{f''(x_0)}{2!}(z_i^{(L)}-x_0)^2 \\
&\quad +\cdots+\frac{f^{(n)}(x_0)}{n!}(z_i^{(L)}-x_0)^n+\cdots \\
&= f(x_0)+f'(x_0)(z_i^{(L)}-x_0)+\frac{f''(x_0)}{2!}(z_i^{(L)}-x_0)^2+R_n(z_i^{(L)})
\end{aligned}
\tag{7-12}
$$

其中，在输出层满足 $E(z_i^{(L)})=E(z_i^{(l+1)})$。在整个方案中，需要将所有浮点数都扩展为整数，为了对公式(7-12)进行密文计算后保证数据的正确性，需要考虑项值齐次化的方法，该方法在正确性分析中进行了分析和验证。

步骤Ⅳ(@FCC &Server)：FCC获取输出层的输出后，FCC计算密文交叉熵代价函数，通过以下三个步骤计算出输出值 $a_i^{(L)}$ 的密文误差 $E(\mathrm{error})$ 。

步骤1(@FCC)：计算获得 $E(a_i^{(L)})=E(f(z_i^{(L)}))$ 后，FCC发送 $E(a_i^{(L)})$ 给服务器。

步骤2(@Server)：服务器解密 $E(a_i^{(L)})$ 得到 $a_i^{(L)}$ ，然后计算 $\ln a_i^{(L)}$ 和 $\ln(1\text{-}a_i^{(L)})$ 。当获得 $\ln a_i^{(L)}$ 和 $\ln(1-a_i^{(L)})$ ，服务器加密它们分别得到 $E(\ln a_i^{(L)})$ 和 $E(\ln(1-a_i^{(L)}))$ ，然后发送密文给FCC。

步骤3(@FCC)：FCC通过已知的 $E(y_i)$ 和 $E(1-y_i)$ (其中，y_i 是期望值)，用SMP协议计算 $SMP\left(E\left(-\frac{1}{d}y_i\ln a_i^{(L)}\right)\right)$ 和 $SMP\left(E\left(-\frac{1}{d}(1-y_i)\ln(1-a_i^{(L)})\right)\right)$ 。最后，FCC计算密文误差 $E(\mathrm{error})$ ，计算公式如下所示。

$$
\begin{aligned}
E(\mathrm{error})&=E\left(-\frac{1}{d}\sum_i\sum_j[y_i\ln a_i^{(L)}+(1-y_i)\ln(1-a_i^{(L)})]\right)\\
&=\prod_i\prod_j E\left(-\frac{1}{d}[y_i\ln a_i^{(L)}+(1-y_i)\ln(1-a_i^{(L)})]\right)\\
&=\prod_i\prod_j E\left(-\frac{1}{d}y_i\ln a_i^{(L)}\right)\cdot E\left(-\frac{1}{d}(1-y_i)\ln(1-a_i^{(L)})\right)\\
&=\prod_i\prod_j SMP\left(E\left(-\frac{1}{d}y_i\ln a_i^{(L)}\right)\right)\cdot SMP\left(E\left(-\frac{1}{d}(1-y_i)\ln(1-a_i^{(L)})\right)\right)
\end{aligned}
\tag{7-13}
$$

(二)PIDLSC中隐私保护反向传播

反向传播是应用链式法则计算代价函数梯度的方法。根据算法3描述的反向传播，该算法通过改变权重和偏置来改变多变量微分的代价函数，如下所示。

步骤Ⅰ：在获取密文误差 $E(\mathrm{error})$ 后，FCC使用SCP将其与误差阈值 $E(\tau)$ 进行比较。如果输出为0，则训练过程停止，如果输出为1，满足 $\mathrm{error}>\tau$ ，FCC进行反向传播，具体过程如下。

步骤Ⅱ：在输出层，FCC计算 $\delta_i^{(4)}$ 的密文。因为 $f(z_i^{(l)})=\frac{1}{(1+e^{-z_i^{(l)}})}$ 和 $f'(z_i^{(l)})=f(z_i^{(l)})(1-f(z_i^{(l)}))$ ，FCC计算获得密文结果 $E(\delta_i^{(4)})$ 如下。

$$E(\delta_i^{(4)})=E\left(\frac{1}{d}(a_i^{(4)}-y_i)\right)=E(a_i^{(4)})^{\frac{1}{d}}\cdot E(y_i)^{N-\frac{1}{d}}. \quad (7\text{-}14)$$

然后,FCC 依据式(7-14)计算偏置的密文梯度。

$$E(\Delta b_i^{(3)})=E(\Delta b_i^{(3)}+\delta_i^{(4)})=E(\Delta b_i^{(3)})\cdot E(\delta_i^{(4)})$$

步骤Ⅲ:在 MLP 的第二层和第三层,FCC 使用 ReLU 激活函数得到 $f'(z_i^{(l+1)})=1$ 或者 $f'(z_i^{(l+1)})=0$,分别计算下一层的密文梯度 $\delta_j^{(l)}$ 得到 $E(\delta_j^{(l)})=E(\delta_i^{(l+1)})$ 或 $E(\delta_j^{(l)})=E(0)$。

然后,FCC 用隐藏层中的 $E(\delta_j^{(l)})$ 计算密文的偏置梯度。

$$E(\Delta b_j^{(l-1)})=E(\Delta b_j^{(l-1)}+\delta_j^{(l)})=E(\Delta b_j^{(l-1)})\cdot E(\delta_j^{(l)}) \quad (7\text{-}15)$$

步骤Ⅳ:根据不同层的 $\delta_j^{(l)}$,通过 SMP 协议计算密文权重和如下。

$$\begin{aligned}E(\Delta w_{ij}^{(l)})&=E(\Delta w_{ij}^{(l)}+x_{ij}^{(l)}\delta_i^{(l+1)})\\&=E(\Delta w_{ij}^{(l)})\cdot E(x_{ij}^{(l)}\delta_i^{(l+1)})\\&=E(\Delta w_{ij}^{(l)})\cdot SMP(E(x_{ij}^{(l)}\delta_i^{(l+1)}))\end{aligned} \quad (7\text{-}16)$$

然后,FCC 使用 SMP 协议更新权重和偏置如下所示:

$$\begin{aligned}E(w_{ij}^{(l)})&=E(w_{ij}^{(l)}-\eta\Delta w_{ij}^{(l)})\\&=E(w_{ij}^{(l)})\cdot E(-\eta\Delta w_{ij}^{(l)})\\&=E(w_{ij}^{(l)})\cdot SMP(E(-\eta\Delta w_{ij}^{(l)}))\end{aligned}$$

(7-17)

$$\begin{aligned}E(b_i^{(l)})&=E(b_i^{(l)}-\eta\Delta b_i^{(l)})\\&=E(b_i^{(l)})\cdot E(-\eta\Delta b_i^{(l)})\\&=E(b_i^{(l)})\cdot SMP(E(-\eta\Delta b_i^{(l)}))\end{aligned}$$

三、基于 softmax 和 log-likelihood 函数的 PIDL 方案

在本小节中,给出了训练过程中基于 softmax 和最大似然代价函数(log-likelihood)的 PIDL(PIDLSL)方案的具体描述。在隐藏层中,该方案仍然使用 ReLU 激活函数。在其他层,激活函数使用 softmax 函数,代价函数选择最大似然代价函数。

(一)PIDLSL 的隐私保护前向传播

在 PIDLSL 方案中,步骤Ⅰ和步骤Ⅱ与 PIDLSC 方案执行过程相同。在步骤Ⅲ中,由于输出层使用了 softmax 激活函数,因此下面给出了密文 softmax 激

活函数的计算过程，图 7-3 是过程描述，方案具体过程如下。

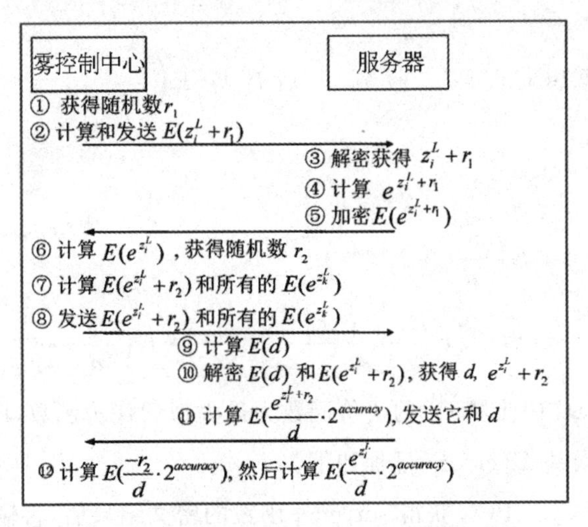

图 7-3　密文 softmax 函数计算过程

步骤 1(@FCC)：FCC 获得随机数 $r_1 \in \mathbb{Z}_N^*$，然后计算和发送 $E(z_i^{(L)}+r_1)$ 给服务器。计算如下。

$$E(z_i^{(L)}+r_1)=E(z_i^{(L)})\cdot E(r_1) \tag{7-18}$$

步骤 2(@Server)：服务器解密获得 $z_i^{(L)}+r_1$，然后计算 $e^{z_i^{(L)}+r_1}$。最后，用相同区域的公钥加密 $e^{z_i^{(L)}+r_1}$ 得到 $E(e^{z_i^{(L)}+r_1})$，然后发送该密文给 FCC。

步骤 3(@FCC)：FCC 使用 SMP 协议移除随机因子 r_1，计算得到 $E(e^{z_i^{(L)}})$，公式计算如下。

$$E(e^{z_i^{(L)}})=E(e^{z_i^{(L)}+r_1}\cdot e^{-r_1})=SMP(E(e^{z_i^{(L)}+r_1}\cdot e^{-r_1})) \tag{7-19}$$

FCC 获得随机数 r_2，用计算 $E(e^{z_i^{(L)}})$ 的相同方式，计算 $E(e^{z_i^{(L)}}+r_2)$ 和所有的 $E(e^{z_k^{(L)}})$，发送它们给服务器。

步骤 4(@Server)：服务器依据获得的所有的 $E(e^{z_k^{(L)}})$，使用 Paillier 的同态加密性质计算 $E(d)$，公式如下所示。

$$\begin{aligned}E(d)&=E(e^{z_1^{(L)}})\cdot E(e^{z_2^{(L)}})\cdots E(e^{z_{n_4}^{(L)}})\\&=E(e^{z_1^{(L)}}+e^{z_2^{(L)}}+\cdots+e^{z_{n_4}^{(L)}})\\&=E(\sum_{k=1}^{n_4}e^{z_k^{(L)}})\end{aligned} \tag{7-20}$$

服务器解密 $E(d)$ 和 $E(e^{z_i^{(L)}}+r_2)$，获得 d 和 $e^{z_i^{(L)}}+r_2$。最后，服务器计

算 $E\left(\frac{e^{z_i^{(L)}}+r_2}{d}\cdot 2^{accuracy}\right)$，发送它和 d 给 FCC。

步骤 5(@FCC)：FCC 收到 d 后计算 $E\left(\frac{-r_2}{d}\cdot 2^{accuracy}\right)$，然后计算 $E\left(\frac{e^{z_i^{(L)}}}{d}\cdot 2^{accuracy}\right)$。

$$
\begin{aligned}
E(a_i^{(L)}) &= E\left(\frac{e^{z_i^{(L)}}}{d}\cdot 2^{accuracy}\right) \\
&= SDP\left(E\left(\frac{e^{z_i^{(L)}}+r_2}{d}\cdot 2^{accuracy}\right)\cdot E\left(\frac{-r_2}{d}\cdot 2^{accuracy}\right)\right)
\end{aligned}
\tag{7-21}
$$

替换 PIDLSC 中步骤 IV 的代价函数为最大似然代价函数，PIDLSL 方案中 FCC 计算密文误差 $E(\text{error})$ 过程如下。

步骤 1(@FCC)：FCC 获得 softmax 函数的密文结果后，将输出层神经元的第 i 个密文输出 $E(a_i^{(L)})$ 发送给服务器。

步骤 2(@Server)：服务器将 $E(a_i^{(L)})$ 解密为 $a_i^{(L)}$，并计算 $\log a_i^{(L)}$。然后，服务器将 $\log a_i^{(L)}$ 加密为 $E(\log a_i^{(L)})$ 发送给 FCC。

步骤 3(@FCC)：FCC 用 SMP 协议计算 $SMP(E(y_i\log a_i^{(L)}))$，其中 $E(y_i)$ 是已知的。最后，FCC 计算密文误差 $E(\text{error})$ 如下。

$$
\begin{aligned}
E(\text{error}) &= E\left(-\sum_i y_i\log a_i^{(L)}\right) \\
&= \prod_i E(-y_i\log a_i^{(L)}) \\
&= \prod_i SMP(E(-y_i\log a_i^{(L)}))
\end{aligned}
\tag{7-22}
$$

在反向传播过程中，除了梯度 $\delta_i^{(4)}$ 的密文计算外，过程类似于 PIDLSC 的反向传播。梯度密文计算具体步骤如下。

首先，FCC 计算 $E(1-a_i^{(4)})$：

$$
E(1-a_i^{(4)}) = E(1)\cdot E(-a_i^{(4)}) = E(1)\cdot E(a_i^{(4)})^{N-1} \tag{7-23}
$$

因为 $f(z_i^{(L)})=\frac{e^{z_i}}{\sum_k e^{z_k}}$ 和 $f'(z_i^{(l)})=f(z_i^{(l)})(1-f(z_i^{(l)}))$，FCC 计算 $E(\delta_i^{(4)})$：

$$
E(\delta_i^{(4)}) = E(-y_i(1-a_i^{(4)})) = SMP(E(-y_i(1-a_i^{(4)}))) \tag{7-24}
$$

当达到预置迭代次数或者权重不再更新，FCC 获得训练好的模型。FCC

可以用训练好的模型进行推理获得密文推理结果。然后，服务器从 FCC 获得密文结果并解密得到明文。接着用 Paillier 加密方案及用户的公钥加密明文。授权用户下载密文推理结果并解密，获得推理结果。如算法 21 所示。

算法 21　数据提取算法

输入：$[\theta_i]_{pk}$

输出：θ_i

FCC：

获取加密结果 $[\theta_i]_{pk}$；

发送加密的结果 $[\theta_i]_{pk}$ 给服务器；

服务器：

解密密文结果 $[\theta_i]_{pk}$ 得到 θ_i；

通过 BCP 加密 θ_i 得到 $[\theta_i]_{pk_i}$；

用户 ID_i：

下载密文分类结果 $[\theta_i]_{pk_i}$；

解密密文分类结果 $[\theta_i]_{pk_i}$ 得到 θ_i。

第五节　安全性分析

Paillier 密码方案是语义安全的，满足选择明文攻击下不可区分性（IND-CPA），这个安全性已在原有方案中得到证明，在这里不再赘述。方案对 PIDL 的安全性进行了分析。

分析 1：如果 Paillier 方案是语义安全的，则 SMP 协议是安全的。

证明：在 SMP 协议中，敌手 A 在环境 Z 中运行协议 π，并与服务器及 FCC 进行交互。在现实世界中，敌手 A 的视图如下。

$$V_{\text{Real}}=\{E(c),E(d),E(c)^r,E(d)^r,r^2cd,E(cd)\} \tag{7-25}$$

在理想世界里，构建一个模拟器 S，从理想函数 F 中获得相同数目的随机数密文。模拟器 S 在理想世界的视图如下。

$$V_{\text{Ideal}} = \{r_1, r_2, r_1 r, r_2 r, r^2 r_1 r_2, r_1 r_2\} \tag{7-26}$$

其中，随机数满足 $r_1, r_2, r_1 r, r_2 r, r^2 r_1 r_2, r_1 r_2 \in \mathbb{Z}_{N^2}$。

由于 Paillier 语义安全性，我们说协议 π 可以计算到理想函数 F 。则我们的输出得到，

$$\{IDEAL_{F,S,Z}^{SMP}(V_{\text{Ideal}})\} \overset{c}{\approx} \{REAL_{\pi,A,Z}^{SMP}(V_{\text{Real}})\} \tag{7-27}$$

因此，现实世界和理想世界的输出是无法区分的。

分析 2:如果 Paillier 方案是语义安全的，则 SCP 协议是安全的。

证明:在 SCP 协议中，敌手 A 在环境 Z 中运行协议 π ，并与服务器及 FCC 进行交互。在现实世界中，敌手 A 的视图如下。

$$V_{\text{Real}} = \{E(h), E(r), E(\alpha), E(e), E((h/f) \cdot 2^{accuracy})\} \tag{7-28}$$

在理想世界里，构建一个模拟器 S ，从理想函数 F 中获得相同数目的随机数密文。模拟器 S 在理想世界的视图如下。

$$V_{\text{Ideal}} = \{r_{1h}, r_{2r}, r_\alpha, r_e, r_{hf}\} \tag{7-29}$$

其中，随机数满足 $r_{1h}, r_{2r}, r_\alpha, r_e, r_{hf} \in \mathbb{Z}_{N^2}$。

由于 Paillier 语义安全性，我们说协议 π 可以计算到理想函数 F 。则我们的输出得到，

$$\{IDEAL_{F,S,Z}^{SCP}(V_{\text{Ideal}})\} \overset{c}{\approx} \{REAL_{\pi,A,Z}^{SCP}(V_{\text{Real}})\} \tag{7-30}$$

因此，现实世界和理想世界的输出是无法区分的。

分析 3:如果 Paillier 方案是语义安全的，则 SDP 协议是安全的。

证明:在 SDP 协议中，敌手 A 在环境 Z 中运行协议 π ，并与服务器及 FCC 进行交互。在现实世界中，敌手 A 的视图如下。

$$V_{\text{Real}} = \{E(h), E(r), E(\alpha), E(e), E((h/f) \cdot 2^{accuracy})\} \tag{7-31}$$

在理想世界里，构建一个模拟器 S ，从理想函数 F 中获得相同数目的随机数密文。模拟器 S 在理想世界的视图如下。

$$V_{\text{Ideal}} = \{r_{1h}, r_{2r}, r_\alpha, r_e, r_{hf}\} \tag{7-32}$$

其中，随机数满足 $r_{1h}, r_{2r}, r_\alpha, r_e, r_{hf} \in \mathbb{Z}_{N^2}$。

由于 Paillier 语义安全性，我们说协议 π 可以计算到理想函数 F 。则我们的输出得到，

$$\{IDEAL_{F,S,Z}^{SDP}(V_{\text{Ideal}})\} \overset{c}{\approx} \{REAL_{\pi,A,Z}^{SDP}(V_{\text{Real}})\} \tag{7-33}$$

因此，现实世界和理想世界的输出是无法区分的。

分析4：如果 Paillier 方案是语义安全的，并且 FCC 和服务器没有相互勾结，则 PIDL 的输入数据和模型数据是安全的。

证明：假设系统中存在一个敌手 A，它可以获取 FCC 中所有的密文数据，包括输入数据、模型数据，但它没有私钥，不能执行解密来获取明文数据。

在 FCC 中，首先，机器人的输入 x_j 为第一层的输入，其他层神经元的输入是 $z_i^{(l+1)}$，分别加密得到 $E(x_j)$ 和 $E(z_i^{(l+1)})$，从而保证了各层的输入安全性。其次，隐藏层的 ReLU 激活函数和输出层的 sigmoid 或 softmax 激活函数作为输出 $f(z_i^{(l+1)})$，这个输出在训练过程中都是密文。然后，在训练过程中，交叉熵或最大似然代价函数 error 也通过密文 E(error) 进行训练。最后，在深度学习反向传播过程中，所有梯度 δ_i，权重 W 和偏置 b 的计算都是以密文的形式完成。因此，整个训练过程是安全的，保护了模型数据的安全。

分析5：在 PIDL 中，如果服务器是可信任的，并且不与 FCC 和机器人共谋，则系统中的私钥是安全的。

证明：系统中存在的敌手 A 希望获取私钥，但无法获取私钥 sk。当攻击者想从服务器或通信线路获得私钥时，服务器会禁止未经授权的用户访问，因此攻击者无法获得私钥。通信线路采用安全隧道技术，避免了敌手窃听，从而使敌手无法获得私钥。在机器人系统中，私钥由服务器分发给授权用户或留给服务器本身，因此 FCC 或机器人不知道私钥，无法解密加密的数据，从而保护了数据隐私和模型隐私；另外，系统的私钥也是安全的。

分析6：在 PIDL 中，当服务器和 FCC 协同训练深度学习模型时，则激活函数和代价函数在密文训练过程中是安全的。

证明：一个敌手 A 想要从激活函数和代价函数中获取信息，但无法获得任何信息。在 ReLU 和 sigmoid 函数中，敌手 A 获得密文值 $E(z_i^{(l+1)})$，因为没有私钥 sk，所以无法解密。在交叉熵代价函数中，敌手 A 从通信线路或 FCC 获得密文数据，但没有私钥 sk 无法解密。同样，没有私钥 sk，加密参数中的权重、偏置和梯度无法解密。同时，由于 Paillier 密码体制的语义安全性，敌手 A 无法从密文中获得任何信息，因此，激活函数和代价函数在密文训练过程中是安全的。

第六节 性能分析

在本节中，我们将评估所提出方案的性能。我们分析了通信代价和计算代价，同时，通过测试和实验分析，分析了方案的效率和准确率。

一、通信代价

在 PIDLSC 方案的前向传播过程中，FCC 在第一个隐藏层输入 $E(z_i^2)$ ，计算 SMP 协议时产生 n_2M 的通信代价；其中 M 表示小批量的样本数据。在隐藏层中，FCC 使用 ReLU 函数作为激活函数，这个训练过程产生 n_2+n_3 的通信代价。在输出层，FCC 通过 sigmoid 和交叉熵函数得到 n_4 的通信代价。在反向传播中没有产生通信代价。

在 PIDLSL 方案的前向传播过程中，输入层和隐藏层的通信代价与 PIDLSC 方案的这两层有相同的通信代价。在输出层，FCC 在计算密文 softmax 函数时生成 n_4 代价。然后 FCC 以 1 的代价计算误差，通过 softmax 和最大似然函数的交互实现在 FCC 上的密文训练。反向传播没有产生任何通信代价。

表 7-1 将方案的通信代价与之前的两个方案[50,135]的通信代价进行了比较。如表 7-1 所示，提出的 PIDL 比比较方案代价更低。同时，我们的两个方案都使用了四层网络进行模型训练，而比较的两个方案使用了三层网络，这意味着我们方案的隐藏层中节点数比比较方案的多 n_3 个节点数[50,135]。当去掉我们方案的隐藏层的 n_3 个节点时，由于较少的乘法，所提出的方案比比较方案的代价要低得多。

表 7-1 通信代价比较

隐私保护方案	加密方案	通信代价
PIDLSC	Paillier	$(M+1)n_2+n_3+3n_4$
PIDLSL	Paillier	$(M+1)n_2+n_3+4n_4+1$
SecureML[135]	BGV	$M(n_1+n_2)+n_1n_2+n_2n_3$
PDLM[50]	DT-PKC	$Mn_2(8n_1+7n_3)$

二、计算代价

为了简化表述，我们将点乘表示为 Mul，对数表示为 Ln，加密 / 解密操作表示为 Enc / Dec，泰勒操作表示为 Tay，幂运算表示为 Exp。在 PIDLSC 的前向传播中，在输入层产生 $3n_1\mathrm{Exp}+2n_1\mathrm{Dec}+n_1\mathrm{Enc}+2n_1\mathrm{Mul}$ 的计算代价；在两个隐藏层，计算密文 ReLU 激活函数产生 $(n_2+n_3)(\mathrm{Exp}+\mathrm{Dec})$ 的代价；在输出层，FCC 计算密文 sigmoid 函数产生 $n_4(\mathrm{Dec}+\mathrm{Enc}+\mathrm{Tay})$ 的代价，计算密文交叉熵代价函数产生 $n_4(5\mathrm{Dec}+2\mathrm{Ln}+4\mathrm{Enc}+6\ \mathrm{Exp}+(n_4+2)\mathrm{Mul})$ 的代价。在反向传播过程中，FCC 在计算密文梯度时产生 $n_4(2\mathrm{Exp}+\mathrm{Mul})$代价，计算密文偏置梯度时产生 $(n_2+n_3+n_4)\mathrm{Mul}$ 代价；更新权重产生 $(n_1n_2+n_2n_3+n_3n_4)(3\mathrm{Exp}+2\mathrm{Dec}+\mathrm{Enc}+2\mathrm{Mul})$ 的计算代价；更新偏置产生 $(n_2+n_3+n_4)(3\mathrm{Exp}+2\mathrm{Dec}+\mathrm{Enc}+2\mathrm{Mul})$的计算代价。

在 PIDLSL 中，前向传播过程的输入层和隐藏层的计算代价与 PIDLSC 的前向传播中的计算代价相同。在输出层，密文 softmax 函数产生 $n_4(2n_4+1)\mathrm{Mul}+(3+2n_4)\mathrm{Dec}+(3n_4+1)\mathrm{Exp}+(n_4+1)\mathrm{Enc}$ 的计算代价，密文误差产生 $3n_4\mathrm{Exp}+(2n_4+1)\mathrm{Dec}+(n_4+1)\mathrm{Enc}+n_4\mathrm{Mul}$ 的计算代价。在反向传播中，FCC 在计算梯度时产生 $n_4(3\mathrm{Exp}+2\mathrm{Dec}+\mathrm{Enc}+2\mathrm{Mul})$ 的计算代价。之前的相关工作对于计算代价几乎没有描述，所以没有进行相关比较。

第七节　本章小节

近年来，深度学习模型在工业物联网中变得非常流行，尤其是在机器人系统中。但深度学习模型需要收集大量数据进行训练，其中数据中含有用户的敏感信息。在明文深度学习模型下，通过执行训练或推理过程，以获得威胁用户隐私的有价值的信息，这会泄露隐私问题。为了解决隐私问题，本章设计了一种安全、正确、高效的隐私保护深度学习模型，提高了训练效率，保护了数据和模型的隐私。该方案不仅可以应用于机器人系统，还可以应用于其他场景下的密文深度学习模型。

第八章

机器人系统下多密钥隐私保护深度学习模型

深度学习是一种强大的特征提取技术，在很多领域都取得了重大突破，尤其是在机器人系统中。然而，深度学习模型需要收集大量的用户数据进行训练，这容易导致用户信息隐私泄露。目前关于隐私保护的深度学习模型的报道中，多密钥用户协同计算的研究很少，已有的多密钥协同计算方案训练效率低、交互轮数多。为了解决这些问题，本章依据第四章的内容，提出了机器人场景下多密钥隐私保护深度学习模型。该模型通过采用一种高效的 BCP 双解密机制和基于 BCP 密码体制的同态重加密机制，并结合密文计算工具包，实现了机器人环境下多密钥隐私保护的深度学习模型，尽管交互较多，但相比于现有的方案，该方案具有更高的效率，同时实现了多个用户的在深度学习训练模型下的多密钥协同计算，保护了输入隐私、模型隐私和推理结果隐私。

第一节　引言

深度学习作为一种强大的特征提取技术，可以从海量公共数据集中提取有用的知识，执行多源多模态的训练任务，从多代理或多用户中训练数据，并通过训练大量数据获得智能决策和推理结果。其中，深度学习中的非线性激活函数和代价函数对于有效学习具有重要意义，选择恰当的激活函数和代价函数可以提高训练效率。但由于这些非线性函数的复杂性，给密文计算带来了挑战。此外，数据量小会影响模型的准确率，甚至会导致模型过拟合。因此，需要从大量的用户或智能设备中收集大量的数据，但这很容易导致用户数据泄露。

为了防止数据泄露和保护用户隐私，学界出现了很多关于工业物联网中隐私保护深度学习的研究[136,137]。如何对多个参与者的数据进行加密以及如何有效地进行密文计算是目前最热门的研究问题之一，这就引出了加密数据的另一个挑战，即在深度学习模型中如何用多密钥协同训练来自多个用户的多源数据。此外，目前的隐私保护深度学习方案存在训练效率低、交互性强的问题。虽然已有关于云计算中多密钥隐私保护深度学习模型的报道[50,137]，但这些报道很少将隐私保护深度学习模型应用到机器人系统中。机器人系统在工业物联网中发挥着重要的作用，在深度学习中得到了广泛的研究。由于深度学习产生了许多隐私泄露问题，机器人系统的深度学习模型中同样存在隐私泄露问题。因此，研究机器人系统中隐私保护的深度学习模型是一项迫切的任务。

针对多源机器人系统中隐私保护深度学习模型存在的多密钥下密文数据无法协同计算、非线性函数无法直接进行密文计算、交互轮数多等问题，我们提出了一种机器人系统下基于同态重加密的隐私保护深度学习模型（RPDLHR），该模型采用 BCP 密码体制加密并实现密文下的模型训练。利用提出的基于 BCP 密码体制的同态重加密方案实现多密钥转换，减少了训练过程中的交互；利用安全计算协议实现密文同态计算，提高了密文计算效率。在训练过程中，我们使用第三章中设计的密文 ReLU 激活函数和密文 sigmoid 激活函数、密文的平方误差代价函数来训练模型，解决非线性函数不能直接进行密文计算的问题，避免了学习收敛慢的问题和保护了训练过程中的数据隐私，即保护了输入隐私、模型隐私和推理结果隐私，实现了多密钥下多源密文数据训练，提高了模型训练效率，降低了训练过程中的交互性。

第二节　系统模型

在工业物联网的智能电网中，边缘设备（如机器人和变电站）和传感器部署在物联网的边缘，结合雾计算实现智能管理。深度学习作为一项重要的机器学习技术，应用于云计算、物联网、雾计算等诸多领域，我们的方案运行于基于智能电网机器人系统的雾计算中（见图 8-1），该系统包含如下实体。

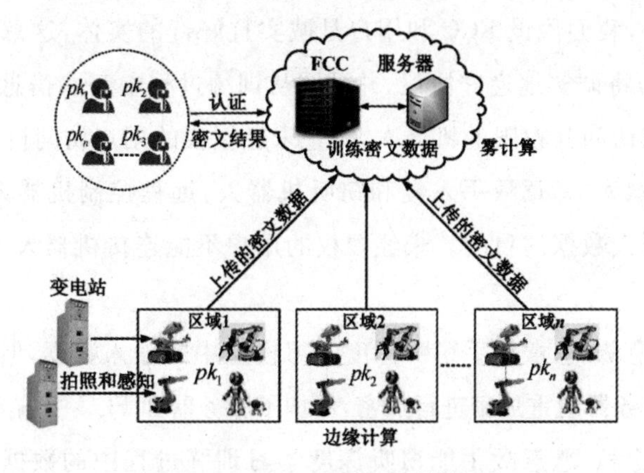

图 8-1　RPDLHR 系统模型

(1)机器人。机器人从传感器收集数据,对变电站进行拍照获得数据图像。他们对收集到的数据和拍照图像进行预处理和加密,然后将加密后的训练和非训练数据发送给服务器。机器人中预置所在区域的公钥和私钥。

(2)服务器。服务器作为重加密设备和存储工作站,配合 FCC 对密文的非线性函数进行训练。该服务器汇聚来自多个机器人区域的非训练和训练数据的密文数据。机器人收集的传感器的非训练数据存储在服务器中,用户可以下载这些数据,并使用自己的私钥解密。机器人收集的拍照图像的密文数据被服务器重新加密成相同公钥下的密文,然后发送给 FCC。该服务器是可信实体,可以下载和管理推理结果。

(3)雾控制中心(FCC)。作为深度学习模型训练网络的中心,FCC 是一个半诚实的实体。它收集来自服务器中相同公钥下的密文,然后对相同公钥下的密文进行模型训练,通过和服务器协作实现密文下深度学习模型训练。

(4)用户。用户可以利用自己的权限从服务器上下载非训练的密文数据和密文推理结果。它们使用自己的私钥对这些数据进行解密,以获得明文数据。所有用户都可以访问和管理他们区域的机器人。

第三节　安全模型

服务器作为可信实体,可以用重加密密钥重新加密来自机器人的加密数据,使其变为相同公钥下的密文进而进行训练。服务器也可以解密来自 FCC 的训练结果,并将它们加密为不同公钥的密文,并将密文结果下发给相应权限的用户。此外,我们假设 FCC 和用户是诚实且好奇的实体,这意味着所有实体(FCC 和用户)将诚实地遵守协议,并试图从训练过程中获取信息。通过身份认证的用户可以访问其权限的机器人,防止未经授权的用户访问机器人。

(1)本地隐私:恶意敌手入侵和窃听机器人,远程控制机器人,从而达到篡改或窃听机器人数据的目的。未经授权的用户不能连接机器人,也不能篡改或窃听数据。

(2)输入隐私:恶意敌手窃听深度学习模型中的输入数据,但这些数据通过 BCP 加密和服务器的重加密进行加密,保护了服务器和 FCC 中输入数据的隐私。

(3)模型隐私:恶意敌手能窃听深度学习训练过程中的数据。在深度学习的训练和推理过程中,包括参数在内的所有数据都经过加密参与训练,防止了敌手获取明文数据或参数,保护了训练过程中的模型和数据的隐私。

(4)结果隐私:恶意敌手能获取训练密文的结果,但由于没有私钥,敌手无法解密,只有服务器和授权用户才能解密,从而保护了推理结果的隐私。

第四节　机器人系统下多密钥隐私保护深度学习方案构造

我们提出了一种基于 BCP 和 BCP 重加密的 PDLHR 方案。由于密文不能在不同的公钥下进行协同训练,所以必须将不同公钥的密文转换为相同公钥的密文。首先,机器人对变电站信息进行拍照和感知,然后预处理数据和图像后加密,最后将加密后的密文数据上传到服务器。服务器将不同公钥的密文重加密成联合公钥的密文,然后将重加密后的密文数据发送给 FCC。FCC 通过与服务器协作,使用深度学习模型训练重加密的密文数据,最后获得最优模型并进行推理。当服务器获得 FCC 的密文推理结果后,使用联合私钥对该结果进行解密,并将解密结果加密成不同公钥下的密文,然后将密文分发给对应的用户。用户用自己的私钥解密密文结果。在通信过程中,机器人与变电站、机器人与服务器、服务器与 FCC 之间的通信线路均采用安全隧道协议(Secure tunnel protocol, STP)方式工作。系统工作过程如图 8-2 所示。

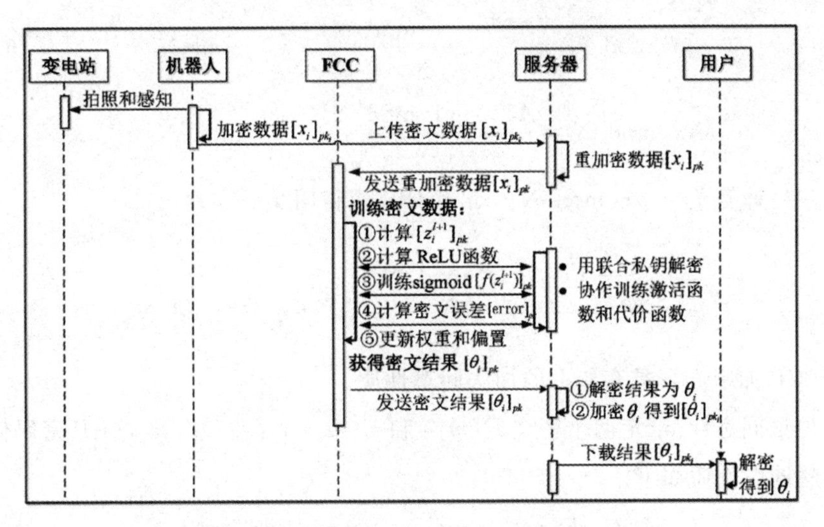

图 8-2　RPDLHR 工作过程

一、改进的同态重加密方案

BCP 密码体制[71]是具有主解密和用户解密两种解密机制的一种同态加密算法。主私钥可以解密任何密文，用户私钥可以解密对应公钥加密的密文。该密码体制包含以下算法。

密钥生成算法(KeyGen)：设 p,q,p',q' 是满足 $p=2p'+1$ 和 $q=2q'+1$ 的素数，计算 $N=pq$ 。均匀随机选取 $\alpha\in\mathbb{Z}_{N^2}^*$，计算 $g=\alpha^2 \bmod N^2$ 和 $g^{p'q'}=1+kN \bmod N^2$，其中 $k\in\{1,2,\cdots,N-1\}$ 。均匀随机选择 $a\in\mathbb{Z}_{pp'qq'}^*$ ，计算 $h=g^a \bmod N^2$。主私钥是 $mk=(p',q',k)$ ，用户公钥是 $pk=(N,g,h)$ ，用户私钥是 $sk=a$ 。

加密算法(Enc)：给定一个明文 $m\in\mathbb{Z}_N$ ，均匀随机选择 $r\in\mathbb{Z}_{N^2}$，计算密文 (A,B) 为，

$$A=g^r \bmod N^2,\qquad B=h^r(1+mN) \bmod N^2 \tag{8-1}$$

用户解密算法(Dec)：已知用户私钥 a 和密文 (A,B) ，解密获得明文 m ，

$$m=\frac{\frac{B}{A^a}-1 \bmod N^2}{N} \tag{8-2}$$

主解密算法(Master)：用主私钥 $mk=(p',q',k)$ ，计算 $a \bmod N$ 和 $r \bmod N$ ，

$$a \bmod N = \frac{h^{p'q'} - 1 \bmod N^2}{N} \cdot k^{-1} \bmod N \tag{8-3}$$

$$r \bmod N = \frac{A^{p'q'} - 1 \bmod N^2}{N} \cdot k^{-1} \bmod N \tag{8-4}$$

然后计算 $\gamma_1 = ar \bmod N$ 。最后计算获得明文 m ，

$$m = \frac{\left(\frac{B}{g^{\gamma_1}}\right)^{2p'q'} - 1 \bmod N^2}{N} \cdot (2p'q')^{-1} \bmod N \tag{8-5}$$

BCP 加密方案具有如下的加法同态性质。

加法同态性：给定两个密文 $E(m_1)$ 和 $E(m_2)$ ，任意 $t \in \mathbb{N}$ ，BCP 密码体制的加法同态性质如下。

$$D(E(m_1)E(m_2) \bmod N^2) = m_1 + m_2 \bmod N \tag{8-6}$$

$$D(E(m_1)^t \bmod N^2) = tm_1 \bmod N \tag{8-7}$$

为了更好地适应我们的方案，我们提出了一个基于 BCP 密码体制的同态重加密方案，该方案比 Shao 等人[138]的方案更简单。方案具体过程如下。

初始化（λ）：选择两个素数 p , q ，其中 $p=2p'+1$, $q=2q'+1$, p' 和 q' 也是素数，计算 $N=pq$ 。均匀随机选择 $\alpha \in \mathbb{Z}_{N^2}^*$，计算 $g=\alpha^2 \bmod N^2$，令系统参数 param＝（N, g）。

密钥生成(param)：均匀随机选择 $a_i \in [1, Np'q']$ ，令私钥 $sk_i = a_i$ ，公钥 $pk_i = h_i = g^{a_i} \bmod N^2$。服务器通过 SMC 从 n 个用户的私钥 a_i 中计算联合私钥 $sk = s = \sum_{i=1}^{n} a_i$ ，然后计算对应的联合公钥 $pk = g^{\sum_{i=1}^{n} a_i} \bmod N^2$，并发送给系统。

加密算法（ID, m_i, pk_i）：均匀随机选择随机数 $r_i \in \mathbb{Z}_{N^2}$，对明文 $m_i \in \mathbb{Z}_N$ 加密，计算得到密文 $E(m_i)_{pk_i} = (A_i, B_i) = (g^{r_i}, h_i{}^{r_i}(1 + m_i N) \bmod N^2)$，然后将 $E(m_i)_{pk_i}$ 发送给服务器。

重加密密钥生成（sk）：服务器均匀随机选择随机数 $r \in \mathbb{Z}_{N^2}$，计算 $g^{sr} \bmod N^2$ 并发送给用户。用户计算 $rk_{a_i \to s} = g^{srr_i - a_i r_i} \bmod N^2$，然后将重加密密钥 $rk_{a_i \to s}$ 发送给服务器。

重加密算法（$rk_{a_i \to s}, E(m_i)_{pk_i}$）：服务器计算重加密密文第一项 $A_i{}' = A_i^r = (g^{r_i})^r = g^{r_i r} \bmod N^2$ 和重加密密文第二项 $B_i{}' = B_i \cdot rk_{a_i \to s} \bmod N^2 = h_i^{r_i}(1$

$+m_iN)g^{srr_i-a_ir_i} \bmod N^2=g^{srr_i}(1+m_iN) \bmod N^2$，则重加密后的密文为 $E(m_i)_{pk_i\to pk}=(A_i{'},B_i{'})$。

重解密算法（$sk,E(m_i)_{pk_i\to pk}=(A_i{'},B_i{'})$）：已知私钥 sk 和密文 $E(m_i)_{pk_i\to pk}$，重解密得到，

$$m_i=\frac{(\frac{B_i{'}}{(A_i{'})^s}-1)}{N} \bmod N^2 \tag{8-8}$$

正确性分析如下。

$$\frac{B_i{'}}{(A_i{'})^s}-1=\frac{g^{sr_ir}(1+m_iN)}{(g^{r_ir})^s}-1 \bmod N^2=m_iN \bmod N^2 \tag{8-9}$$

因为 $m_i\in\mathbb{Z}_N$，所以 $0m_iNN^2$，即 $m_iN=m_iN \bmod N$，所以，

$$m_i=\frac{\left(\frac{B_i{'}}{(A_i{'})^s}-1\right)}{N} \bmod N^2 \tag{8-10}$$

该同态重加密方案的密文数据存在如下性质。

加法同态性：对于两个重加密密文 $E(m_1)_{pk_1\to pk}$ 和 $E(m_2)_{pk_2\to pk}$，满足加法同态，

$$D(E(m_1)_{pk_1\to pk}\cdot E(m_2)_{pk_2\to pk})=m_1+m_2 \bmod N^2 \tag{8-11}$$

当 $0m_1+m_2N$，上式成立。

标量乘性质：当 $0tm_iN$ 时，满足标量乘如下。

$$D(E(m_i)^t_{pk_i\to pk})=tm_i \bmod N^2 \tag{8-12}$$

二、安全计算协议包

（一）安全乘法协议

在深度学习的训练过程中，隐藏层和输出层的输入值 $z_i^{(l+1)}$ 需要计算密文乘法 $[w_{ij}\cdot x_j]_{pk}$，但 BCP 加密不支持乘法同态。因此，我们设计了一个安全乘法协议（SMP），将 $[X_1\cdot X_2]_{pk}$ 标记为 $SMP[X_1\cdot X_2]_{pk}$。SMP 计算过程如下所示。

步骤 Ⅰ（@FCC）：FCC 均匀随机选择随机数 $r_a,r_b\in\mathbb{Z}_N$，然后分别地随机化密文 $[X_1]_{pk}$ 和 $[X_2]_{pk}$ 得到 $[X_1+r_a]_{pk}$ 和 $[X_2+r_b]_{pk}$。

$$[X_1+r_a]_{pk}=[X_1]_{pk}\cdot[r_a]_{pk} \tag{8-13}$$

$$[X_2 + r_b]_{pk} = [X_2]_{pk} \cdot [r_b]_{pk} \tag{8-14}$$

然后,FCC 发送 $[X_1 + r_a]_{pk}$ 和 $[X_2 + r_b]_{pk}$ 到服务器。

步骤 Ⅱ(@ Server):服务器用联合私钥分别地解密 $[X_1 + r_a]_{pk}$ 和 $[X_2 + r_b]_{pk}$,得到 $X_1 + r_a$ 和 $X_2 + r_b$ 后,服务器计算 $\mathrm{A} = (X_1 + r_a)(X_2 + r_b)$,用联合公钥 pk 加密 A 为 $[\mathrm{A}]_{pk}$,并发送 $[\mathrm{A}]_{pk}$ 给 FCC。

步骤Ⅲ(@FCC):FCC 通过移除随机数 r_a, r_b 计算 $[X_1 \cdot X_2]_{pk}$ 如下。

$$SMP[X_1 \cdot X_2]_{pk} = [\mathrm{A}]_{pk} \cdot [X_1]_{pk}^{N-r_b} \cdot [X_2]_{pk}^{N-r_a} \cdot [r_a \cdot r_b]_{pk}^{N-1} \tag{8-15}$$

(二)安全比较协议

为了比较反向传播过程中基于重加密的密文误差(*error*)和基于 BCP 加密的密文误差阈值 τ,我们提出了一个 SCP 协议,具体过程如下。

给定两个相同公钥下的基于重加密的密文 (A_1, B_1) 和基于 BCP 加密的密文 (A, B),(A_1, B_1) 和 (A, B) 的表示如下。

$$(A_1, B_1) = (g^{\Delta r} \bmod N^2, g^{s\Delta r + \Delta H}(1 + m_1 N) \bmod N^2) \tag{8-16}$$

$$(A, B) = (g^{r_\tau} \bmod N^2, g^{sr_\tau}(1 + m_2 N) \bmod N^2) \tag{8-17}$$

其中 Δr 和 ΔH 分别是多个随机数和哈希函数的计算结果,r_τ 是加密 τ 时的随机数。

步骤Ⅰ:服务器计算和发送 $g^{\Delta H}$ 给 FCC,其中 ΔH 计算如下。

$$\Delta H = H_1 + H_2 + \cdots + H_i \tag{8-18}$$

步骤Ⅱ:FCC 生成随机数 r_1,r_2,计算 $(A_1, B_1)^{r_1}$,$(A, B)^{r_2}$,和 $(g^{\Delta H})^{r_1}$,然后发送它们给服务器。

步骤Ⅲ:服务器用重加密方式通过 $(g^{\Delta H})^{r_1}$ 解密 $(A_1, B_1)^{r_1}$ 获得 $r_1 m_1$,用 BCP 解密方案解密 $(A, B)^{r_2}$ 得到 $r_2 m_2$。然后,服务器比较 $u = r_1 m_1 / r_2 m_2$,发送结果给 FCC。

步骤Ⅳ:当 FCC 从服务器接收 u 时,比较结果判定如下。

$$\cdot \rightarrow \text{If } u1\& \frac{r_2}{r_1} \geqslant 1, m_1 \geqslant m_2$$

$$\cdot \rightarrow \text{If } u < 1\& \frac{r_2}{r_1} < 1, m_1 < m_2$$

如果 $u1\& \frac{r_2}{r_1} < 1$ 或 $u < 1\& \frac{r_2}{r_1} > 1$,我们不能判断 m_1 和 m_2 的大小,需重新评估 r_1 和 r_2,目的是改变比率的方向。重新执行步骤Ⅰ—Ⅲ,得到满足步骤

Ⅳ时 m_1 与 m_2 的比较结果，否则继续循环该过程。

二、机器人系统下多密钥隐私保护深度学习方案

为了提高深度学习训练效率，减少训练过程中的交互，在机器人系统中采用 BCP 密码体制和同态重加密方案实现密文训练，同时保护了输入数据、模型数据和输出数据的隐私。PDLHR 构造过程如下。

(1)初始化阶段。在服务器上设置 BCP 密码体制及其重加密方案的参数，用 SMC 计算联合私钥 $sk=\sum_{i=1}^{n}a_i$ 和联合公钥 $pk=g^{\sum_1^n a_i} \bmod N^2$，然后生成公钥 (N,g,pk)，并将公钥 (N,g,pk) 发送到系统，它自己保留私钥 sk 。FCC 使用高斯分布的默认权重方法对权重 $w_{ij}^{(l)}$ 进行初始化，该方法优于我们在上一章中提到的大权重方法。然后对初始化的权重进行加密，同时对真实值 Y 中的期望值 y_i 进行加密。此外，用户 $ID_i(i\in(1,n))$ 生成自己的公私钥对 $\{(pk_i,sk_i)\}_{i=1}^{n}$。

(2)数据上传阶段。机器人采集图像数据 $X^k\in\mathbb{R}^{K\times 1}$ 和传感器数据 DB_i ，其中 X 为图像特征值，k 为特征提取的次数，K 为像素数。然后，机器人将收集到的数据用公钥 pk_i 加密成 $[X^k]_{pk_i}$ 和 $[DB_i]_{pk_i}$ ，并上传到服务器。数据上传算法称为算法 22。

算法 22　数据上传算法

输入：X^k 和 DB_i

输出：$[X^k]_{pk_i}$ 和 $[DB_i]_{pk_i}$

用户：

初始化机器人配置；

do

{检索配置文件；

获得拍照图像 X^k 和传感器 DB_i ；

用 BCP 加密它们得到 $[X^k]_{pk_i}$ 和 $[DB_i]_{pk_i}$ ；

传输 $[X^k]_{pk_i}$ 和 $[DB_i]_{pk_i}$ 到服务器。}

while(1)

(3)重加密阶段。当服务器从机器人接收密文图像数据 $[X^k]_{pk_i}$ 和传感器数据 $[DB_i]_{pk_i}$ ，$[DB_i]_{pk_i}$ 作为非训练数据存储在服务器上,图像数据 $[X^k]_{pk_i}$ 作为训练数据被训练,在 FCC 上用深度学习模型训练预测结果。因为来自不同区域的机器人加密数据不能在不同的公钥下进行训练,因此需要对这些不同公钥下的密文进行重新加密,以得到相同公钥下的密文。

服务器首先生成重加密密钥 $rk_{a_i \to s} = g^{srr_i} / g^{a_i r_i - H_i} \bmod N^2$,然后用重加密方式将不同公钥下的密文 $[X^k]_{pk_i}$ 重加密为联合公钥下的密文 $[X^k]_{pk_i}$ 。最后,服务器发送这些相同公钥下的密文到 FCC。

(4)训练阶段。当 FCC 从服务器接收到联合公钥 pk 下的密文时,可以在深度学习模型中对这些密文数据进行训练。在训练过程中,隐藏层采用 ReLU 激活函数,输出层采用 sigmoid 激活函数,代价函数采用交叉熵代价函数。密文训练过程如下。

步骤Ⅰ:在输入层,密文图像 $[X^k]_{pk_i}$ 的密文数据 $[x_j]_{pk}$ 为深度学习模型的输入数据。在隐藏层和输出层,每一层的密文输入数据计算如下。

$$\begin{aligned}[z_i^{(l+1)}]_{pk} &= \left[\sum_{j=1}^{n_l} w_{ij}^{(l)} x_j^{(l)} + b_i^{(l)}\right]_{pk} \\ &= \prod_{j=1}^{n_l} SMP\left[w_{ij}^{(l)} \cdot x_j^{(l)}\right]_{pk} \cdot \left[b_i^{(l)}\right]_{pk}\end{aligned} \tag{8-19}$$

步骤Ⅱ:在隐藏层中,由于 ReLU 激活函数在图像数据中学习速度比其他激活函数快,所以选择 ReLU 激活函数。根据 ReLU 函数特点,如果 $z_i^{(l+1)}$ 大于等于 0,则输出值为 $z_i^{(l+1)}$;否则,输出值为 0。当获取密文的输入数据 $[z_i^{(l+1)}]_{pk}$ 时,我们可以通过安全 ReLU 函数算法计算出隐藏层的输出,该算法采用了上章的思路,其描述为算法 23。

算法 23 安全 ReLU 函数算法

输入: $[z_i^{(l+1)}]_{pk}$

输出: $[z_i^{(l+1)}]_{pk}$ 或 $[0]_{pk}$

FCC:

均匀随机选择一个随机数 $r \in \left[0, \frac{|N|}{2}\right]$; 计算 $[X_1]_{pk} = [2z_i^{(l+1)} + 1]_{pk}$,$[Y_1]_{pk} = [2 \cdot 0]_{pk} = [0]_{pk}$;

计算 $[\beta]_{pk}=([X_1]_{pk}\cdot[Y_1]_{pk}^{N-1})^r=[r(2z_i^{(l+1)}+1)]_{pk}$；

发送 $[\beta]_{pk}$ 给服务器。

服务器：

用联合私钥 sk 解密 $[\beta]_{pk}$ 得到 $r(2z_i^{(l+1)}+1)$；

if $r(2z_i^{(l+1)}+1)\frac{|N|}{2}$ then

结果 $z_i^{(l+1)}0$；

else 结果 $z_i^{(l+1)}<0$；

发送比较结果给 FCC；

end if

FCC：

if 结果为 $z_i^{(l+1)}\geqslant 0$then

输出 $[z_i^{(l+1)}]_{pk}$；

else 输出 $[0]_{pk}$。

end if

步骤Ⅲ：在输出层，利用改进的泰勒定理近似方法，计算密文 sigmoid 激活函数 $[f(z_i^{(l+1)})]_{pk}$。通过仿真和比较，我们发现在某些方案中，使用泰勒公式将 sigmoid 函数扩展为 3 项或 4 项，通过仿真发现真实值和扩展值间有很大的不同，这影响了方案训练数据的准确率。因此，我们使用上章提出的构造不同范围的泰勒公式库方法，在服务器上用二分法查找近似最优 sigmoid 函数的逼近值，即泰勒公式库中的逼近泰勒公式存在一个逼近点 x_0，其范围是 (x_0-5,x_0+5)，从而避免了单一的泰勒逼近公式引起的错误。密文 sigmoid 激活函数算法如算法 24 所示。

算法 24　安全 sigmoid 近似算法

输入：$[z_i^{(L)}]_{pk}$

输出：$[f(z_i^{(L)})]_{pk}$

根据近似点的范围预设泰勒公式库。

FCC：

均匀随机选择随机数 $r\in(-1,1)$；

计算和发送 $[z_i^{(L)}+r]_{pk}$ 给服务器；

服务器：

用联合私钥 sk 解密 $[z_i^{(L)}+r]_{pk}$ 得到 $z_i^{(L)}+r$ ；

通过二进制搜索方法查找 $z_i^{(L)}+r$ 的逼近点；

用逼近点 x_0 计算逼近的泰勒公式 $f(z_i^{(L)}+r)$ ；

加密和发送 $[f(z_i^{(L)}+r)]_{pk}$ 给 FCC；

FCC：

获取加密结果 $[f(z_i^{(L)})]_{pk}\approx[f(z_i^{(L)}+r)]_{pk}$ 。

在算法 24 中，$f(z_i^{(l+1)})$ 定义如下。

$$f(z_i^{(l+1)})=f(z_i^{(L)})\approx f(z_i^{(L)}+r)\approx\frac{1}{1+e^{-(z_i^{(L)}+r)}}$$

$$\approx f(x_0)+f'(x_0)(z_i^{(L)}+r-x_0)+\frac{f''(x_0)}{2!}(z_i^{(L)}+r-x_0)^2+R_n[z_i^{(L)}+r] \tag{8-20}$$

因为 $f(z_i^L)=a_i^L$ ，即输出层的输出是 sigmoid 激活函数计算的结果。然后，FCC 与服务器进行协作计算，获得密文下的交叉熵代价函数即密文误差(error)。

$$[\text{error}]_{pk}=\left[-\frac{1}{d}\sum_i\sum_j[y_i\ln a_i^{(L)}+(1-y_i)\ln(1-a_i^{(L)})]\right]_{pk} \tag{8-21}$$

其算法过程如算法 25 所示。

算法 25 密文代价函数计算算法

输入：$[a_i^{(L)}]_{pk}$

输出：$[\text{error}]_{pk}$

FCC：

均匀随机选择随机数 $r\in\mathbb{Z}_N$ ；

计算和发送到服务器；

服务器：

用联合私钥 sk 解密 $[a_i^{(L)}]_{pk}^r$ 和 $[1-a_i^{(L)}]_{pk}^r$ ，得到 $a_i^{(L)}\cdot r$ 和 $(1-a_i^{(L)})\cdot r$ ；

计算和加密 $\ln(a_i^{(L)}\cdot r)$ 和 $\ln((1-a_i^{(L)})\cdot r)$，得到 $[\ln a_i^{(L)}+\ln r]_{pk}$ 和 $[\ln((1-a_i^{(L)})+\ln r)]_{pk}$；

发送密文 $[\ln a_i^{(L)}+\ln r]_{pk}$ 和 $[\ln((1-a_i^{(L)})+\ln r)]_{pk}$ 给 FCC；

FCC：

计算 $[\ln r]_{pk}^{N-1}$；

移除盲因子 r，获得 $[\ln a_i^{(L)}]_{pk}$ 和 $[1-\ln a_i^{(L)}]_{pk}$，即：

$[\ln a_i^{(L)}]_{pk}=[\ln a_i^{(L)}+\ln r]_{pk}\cdot[\ln r]_{pk}^{N-1}$；

$[\ln(1-a_i^{(L)})]_{pk}=[\ln(1-a_i^{(L)})+\ln r]_{pk}\cdot[\ln r]_{pk}^{N-1}$；

用已知的 $[y_i]_{pk}$ 和 $[1-y_i]_{pk}$ 计算：

$$[\text{error}]_{pk}=\prod_i\prod_j SMP\left(-\frac{1}{d}\cdot y_i\cdot\ln a_i^{(L)}\right)_{pk}\cdot$$

$$\text{SMP}\left(-\frac{1}{d}\cdot(1-y_i)\cdot\ln(1-a_i^{(L)})\right)_{pk}\text{。}$$

步骤Ⅳ：FCC 获得密文误差 $[\text{error}]_{pk}$ 后，通过 SCP 协议，与误差阈值 $[\tau]_{pk}$ 进行比较。如果 $\text{error}>\tau$，FCC 进行安全反向传播过程；否则，FCC 停止训练，获得训练好的训练模型，并可以用该模型进行推理。算法 26 详细描述了安全反向传播过程。

(5)数据提取阶段。当达到预置迭代次数或者权重不再更新，FCC 获得训练好的模型。FCC 可以用训练好的模型进行推理获得密文推理结果 $[\theta_i]_{pk}$。然后，服务器从 FCC 获得密文结果 $[\theta_i]_{pk}$ 并解密得到 θ_i。接着用 BCP 加密方案及用户的公钥 pk_i 加密 θ_i，得到 $[\theta_i]_{pk_i}$。授权用户下载密文推理结果并解密，获得推理结果 θ_i。数据提取算法如算法 27 所示。

算法 26　安全反向传播算法

输入：密文误差 $[\text{error}]_{pk}$，密文误差阈值 $[\tau]_{pk}$，密文学习率 $[\eta]_{pk}$，初始化的密文参数 $\{[W]_{pk}^{(l)},[b]_{pk}^{(l)}\}$；

输出：更新的密文参数 $\{[W]_{pk}^{(l)},[b]_{pk}^{(l)}\}$；

用 SCP 协议计算密文误差 $[\text{error}]_{pk}$ 和密文误差阈值 $[\tau]_{pk}$；

if $\text{error}>\tau$ then

输出层:

计算梯度 $[\delta_i^{(L)}]_{pk} = \left[\frac{1}{d}(a_i^{(L)} - y_i)\right]_{pk} = [a_i^{(L)}]_{pk}^{\frac{1}{d}} \cdot [y_i]_{pk}^{N-\frac{1}{d}}$;

隐藏层:

计算 ReLU 的梯度 $[\delta_j^{(l)}]_{pk} = [\delta_i^{(l+1)}]_{pk}$ 或 $[0]_{pk}$;

计算和更新密文权重和偏置:

$[w_{ij}^{(l)}]_{pk} = [w_{ij}^{(l)}]_{pk} \cdot SMP([-\eta \cdot \delta_i^{(l)}]_{pk})$;

$[b_i^{(l)}]_{pk} = [b_i^{(l)}]_{pk} \cdot SMP([-\eta \cdot \delta_i^{(l)}]_{pk})$;

else

获取加密后的推理结果,并从训练中退出。

end if

算法 27 数据提取算法

输入: $[\theta_i]_{pk}$

输出: θ_i

FCC:

获取加密结果 $[\theta_i]_{pk}$;

发送加密的结果 $[\theta_i]_{pk}$ 给服务器;

服务器:

解密密文结果 $[\theta_i]_{pk}$ 得到 θ_i ;

通过 BCP 加密 θ_i 得到 $[\theta_i]_{pk_i}$;

用户 ID_i :

下载密文分类结果 $[\theta_i]_{pk_i}$;

解密密文分类结果 $[\theta_i]_{pk_i}$ 得到 θ_i 。

在我们的系统中,来自机器人的数据是浮点数,也可能是负数。我们采用 Chai 等人[139]的方法,将浮点数表示为整数部分 I 和基指数 e ,即 (I, e),通过重新校准得到具有相同 e 的密文 (C, e)。负数设置为 n 一半的最大数的正数。

第五节　安全性分析

一、密码方案分析

我们首先证明了提出的重加密方案的语义安全性，并分析了系统的隐私性和安全性。同时，用理想/现实模型的方法分析了 SMP 和 SCP 协议的安全。

定理：如果 BCP 方案是 IND-CPA 安全的，则本章构造的重加密方案是 IND-CPA 安全的。

证明：假设存在一个敌手 A 能够以不可忽略的优势 ε 攻破所构造的重加密方案的 IND-CPA 安全性，我们就能构造一个模拟者 B 来攻破 BCP 方案。B 运行 A，执行如下步骤执行。

系统建立(Setup)：假设系统中存在 n 个用户。B 收到 BCP 方案生成的系统参数及用户公钥 (N,g,h)，其中，h 是用户公钥。令 $h_1=h=g^{a_1} \bmod N^2$。B 随机选取哈希函数 $H:\{0,1\}^* \rightarrow \mathbb{Z}_{N^2}$。随后，$B$ 生成 $(n-1)$ 个用户的公/私钥对。B 随机选择 $a_2,\cdots,a_i,\cdots,a_n \in \mathbb{Z}_{N^2}^*$，计算 $h_i=g^{a_i} \bmod N^2$，$i \in \{2,\cdots,n\}$，并把 (N,g,h,H) 以及 n 个用户的公钥 $\{h_i\}_{i=1}^n$ 发送给 A。

密钥询问(Key query)：这一阶段中，A 可以进行 q_k 次密钥询问以及 q_r 次重加密密钥询问。由于所构造的重加密方案的密钥生成阶段与基于的 BCP 方案完全相同，B 将 A 的询问转发给 BCP 方案，并将 BCP 方案的回复直接发送给 A 即可。A 向敌手发送 h_i，询问 $a_i \rightarrow s$ 的重加密密钥。B 选择随机数 $r \in \mathbb{Z}_{N^2}$，执行如下步骤。

·若 $h_i=h_1$，仿真失败，B 终止回复。

·若 $h_i \neq h_1$，B 选择随机数 $r_i \in \mathbb{Z}_{N^2}$ 和机器人标识符 RID，计算 $H_i=((pk)^{sk_i} \,||\, RID)=((h_1 \cdot g^{\sum_{i=2}^{n} a_i})^{a_i} \,||\, RID)$，生成重加密密钥。

$$rk_{a_i \rightarrow s}=\frac{g^{srr_i}}{g^{a_i r_i - H_i}} \bmod N^2=\frac{(h_1 \cdot g^{\sum_{i=2}^{n} a_i})^{rr_i}}{g^{a_i r_i - H_i}} \bmod N^2 \tag{8-22}$$

B 将 $rk_{a_i \rightarrow s}$ 返回给 A。

挑战(Challenge)：B 收到 A 发送的两个明文消息 $m_0,m_1 \in \mathbb{Z}_N$ 后，计算 $r^{-1}m_0,r^{-1}m_1$ 并发送给 BCP 方案。B 收到 BCP 方案发送的挑战密文 $CT=(A,$

B）。随后，B 计算挑战密文。

$$
\begin{aligned}
CT^* &= (g^{rr_1}, g^{(r_1\sum_{i=2}^{n}a_i + r_1 a_1)r} g^{H_1}(1+m_b^* N) \bmod N^2) \\
&= (g^{rr_1}, g^{srr_1} g^{H_1}(1+m_b^* N) \bmod N^2)
\end{aligned} \tag{8-23}
$$

B 将生成的挑战密文 CT^* 发送给 A。

猜测(Guess)：B 收到 A 发送的猜测 c'，并转发给 BCP 方案。

下面，我们分析 B 成功攻破 BCP 方案的优势。如果 A 在重加密密钥询问阶段没有询问 h_1，则仿真不中断，相应的概率为 $\frac{C_{n-1}^{q_r}}{C_n^{q_r}} = \frac{n-q_r}{n}$。仿真顺利进行的情况下，$B$ 可以成功模拟出挑战密文，如下。

$$
\begin{aligned}
(A^{\sum_{i=2}^{n}a_i} \cdot B)^r \cdot g^{H_1} \bmod N^2 \mathrm{B} &= (g^{r_1\sum_{i=2}^{n}a_i} \cdot h_1^{r_1}(1+r^{-1}m_b^* N))^r \cdot g^{H_1} \bmod N^2 \\
&= (g^{r_1\sum_{i=2}^{n}a_i} \cdot g^{a_1 r_1}(1+r^{-1}m_b^* N))^r \cdot g^{H_1} \bmod N^2 \\
&= g^{(r_1\sum_{i=2}^{n}a_i + r_1 a_1)r} g^{H_1}(1+m_b^* N) \bmod N^2
\end{aligned} \tag{8-24}
$$

因此，如果敌手可以以不可忽略的优势 $\cdot\in$ 攻破我们的重加密方案，我们就能够以不可忽略的优势 $\frac{n-q_r}{n}\cdot\in$ 攻破 BCP 方案。由于 BCP 方案的 IND-CPA 安全性已经证明，因此，不存在能够以不可忽略的优势攻破我们重加密方案的敌手，定理得证。

二、方案安全性分析

分析 1(输入数据安全)：如果 BCP 加密包括同态加密和重加密是安全的，则所有参与者的输入数据是安全的。

证明：机器人对来自变电站或传感器的图像数据 X^k 和传感器数据 DB_i 进行加密，其中所有输入的数据都是密文 $[x_j]_{pk_i}$，保护了采集数据的隐私性。在服务器端，输入数据为 $[x_j]_{pk_i}$，是来自机器人的密文数据，保护了服务器输入数据的隐私。重加密数据 $[x_j]_{pk}$ 作为 FCC 的输入数据，在服务器中重新加密后，同样是密文，保证了训练数据的隐私性。根据 BCP 加密和重加密的语义安全性，保证了整个系统的输入隐私的安全性。

分析 2(模型数据安全)：如果训练数据、训练参数和函数计算都在密文中运行，则模型数据是安全的。

证明：在前向传播过程中，训练参数如 w_{ij}，b_i，函数计算数据等均采用密文形式。训练参数在 FCC 中与密文一起参与训练，密文函数计算如 ReLU、sigmoid、交叉熵等都是在密文下进行，或通过随机掩码与服务器协作进行。在 FCC 中，所有计算数据是密文。在服务器中，激活函数（ReLU 和 sigmoid）的中间值和交叉熵代价函数使用不同的随机数，盲化了相应的训练值，保护了服务器上的数据和参数的隐私。在反向传播过程中，从 SCP 协议、梯度计算、权重和偏置的更新过程中，所有的参数和计算也都是在密文中进行的，依据 BCP 加密和重加密方案的语义安全性，可以保证模型的数据安全性。

分析 3（预测结果安全）：如果只有服务器和授权用户可以解密，则推理结果是安全的。

证明：FCC 获取密文推理结果 $[\theta_i]_{pk}$ 后，将推理结果发送给服务器。服务器对 θ_i 解密，并使用 BCP 加密 θ_i 获得 $[\theta_i]_{pk_i}$。授权用户可以从服务器下载 $[\theta_i]_{pk_i}$ 并解密结果得到 θ_i。在 FCC 和服务器中，推理结果是基于重加密和 BCP 加密的密文。此外，通信线路中的这些数据以密文形式在 STP 的安全信道上进行传输。由于 BCP 加密和同态重加密的语义安全性，系统保护了推理结果的隐私性。此外，服务器是可信的，在服务器的解密过程中，未经授权的用户无法访问和获取解密后的数据，也保证了推理结果的隐私安全性。

综上所述，该系统在整个训练和推理过程中是安全的。

分析 4（SMP 安全）：如果 BCP 加密是安全的，则 SMP 协议是安全的。

证明：在 SMP 协议中，所有的密文数据都是基于 BCP 加密的，由于 BCP 密码体制的语义安全性，SMP 协议保护了密文数据的机密性。同时，服务器中的解密数据拥有盲因子 r_a，r_b，遮掩了明文 X_1，X_2，因此服务器无法获取任何关于明文的信息。后续我们分别用理想/现实模型的形式化证明分析了 SMP 协议的安全性。

引理 1：在 SMP 协议中，对于半诚实的敌手 A_{FCC}，步骤Ⅰ（@FCC）是安全的。

证明：在步骤Ⅰ中，敌手 A_{FCC} 运行协议 π，挑战者 FCC 可以安全地与半诚实的敌手 A_{FCC} 进行交互。在现实世界中，A_{FCC} 的视图如下。

$$V_{Real}=\{[X_1]_{pk},[X_2]_{pk},[X_1+r_a]_{pk},[X_2+r_b]_{pk}\} \tag{8-25}$$

在理想世界中，构建一个替代 FCC 的模拟器 S 与敌手 A_{FCC} 进行通信，然后从理想函数中获得具有相同随机数的密文。A_{FCC} 在理想世界下的视图如下。

$$V_{Ideal}=\{[r_{11}]_{pk},[r_{12}]_{pk},[r_{21}+r_{2a}]_{pk},[r_{22}+r_{2b}]_{pk}\} \tag{8-26}$$

其中,随机数满足 $r_{11},r_{12},r_{21},r_{2a},r_{22},r_{2b}\in\mathbb{Z}_N$。

由于BCP密码方案的语义安全性,我们说协议 π 可以实现这个理想函数 F。A_{FCC} 不能区分步骤Ⅰ中的理想世界和现实世界,即:

$$\{\mathrm{IDEAL}_{F,S}^{SMP}(V_{Ideal})\}\overset{c}{\approx}\{\mathrm{REAL}_{\pi,A_{FCC}}^{SMP}(V_{Real})\} \tag{8-27}$$

引理2:在SMP协议中,对于半诚实的敌手 A_{Server},步骤Ⅱ(@Server)是安全的。

证明:在步骤Ⅱ中,半诚实的敌手 A_{Server} 运行协议 π,挑战的服务器与 A_{Server} 进行交互。则敌手 A_{Server} 在现实世界的视图如下。

$$V_{Real}{}'=\{X_1+r_a,X_2+r_b,[(X_1+r_a)(X_2+r_b)]_{pk}\} \tag{8-28}$$

构建一个模拟器 S 替代挑战服务器,从理想函数 F 中获得相同的随机数。则 A_{Server} 在理想世界的视图如下。

$$V_{Ideal}{}'=\{r_a{}',r_b{}',[r_a{}'\cdot r_b{}']_{pk}\} \tag{8-29}$$

其中随机数满足 $r_a{}',r_b{}'\in\mathbb{Z}_N$。从上面可以看到,$r_a{}'$,$r_b{}'$ 不能分别地区分 X_1+r_a,X_2+r_b。因此,敌手 A_{Server} 不能区分理想世界和真实世界。

$$\{\mathrm{IDEAL}_{F,S}^{SMP}(V_{Ideal}{}')\}\overset{c}{\approx}\{\mathrm{REAL}_{\pi,A_{Server}}^{SMP}(V_{Real}{}')\} \tag{8-30}$$

引理3:在SMP协议中,对于半诚实的敌手 A_{FCC},步骤Ⅲ(@FCC)是安全的。

证明:FCC接收 $[A]_{pk}$,计算 $[X_1]_{pk}^{N-r_b},[X_2]_{pk}^{N-r_a},[r_a\cdot r_b]_{pk}^{N-1}$,然后计算 $SMP[X_1\cdot X_2]_{pk}$。其中,利用BCP的加法同态性可以去除密文中的随机数 r_a,r_b。由于BCP加密的语义安全性,A_{FCC} 不能在步骤Ⅲ中获得任何信息。

综上所述,SMP协议的安全性得到了保证。

分析4(SCP安全性):如果BCP加密和同态重加密方案是语义安全的,则SCP协议是安全的。

证明:在SCP协议中,所有的密文数据都是基于BCP加密或者同态重加密的,由于BCP加密的语义安全性,从而保护了密文数据的机密性。同时,解密数据利用盲因子 r_1,r_2 来掩码明文 m_1,m_2,保证了明文的安全性。在步骤Ⅰ中,ΔH 是多个哈希函数的和,不影响隐私信息。

引理4:在SCP协议中,对于半诚实的敌手 A_{FCC},Step-Ⅱ(@FCC)是安全的。

证明：在步骤Ⅱ中，半诚实的敌手 A_{FCC} 在真实世界中运行协议 π，并与 FCC 进行交互，其在现实世界的视图如下。

$$U_{Real}=\{(A_1,B_1),(A,B),(A_1,B_1)^{r_1},(A,B)^{r_2},(g^{\Delta H})^{r_1}\} \tag{8-31}$$

在理想世界中，构建一个替代 FCC 的模拟器 S 与敌手 A_{FCC} 进行交互，从理想函数 F 中获得相同数据的随机数。然后生成 A_{FCC} 的理想世界视图如下。

$$U_{Ideal}=\{(\beta_{11},\beta_{12}),(\beta_{21},\beta_{22}),(\beta_{11},\beta_{12})^{r_1'},(\beta_{21},\beta_{22})^{r_2'},(\beta_{31})^{r_1'}\} \tag{8-32}$$

其中随机数满足 $\beta_{11},\beta_{12},\beta_{21},\beta_{22},\beta_{31},r_1',r_2' \in \mathbb{Z}_N$。

因为 (A_1,B_1)，(A,B) 分别基于重加密和 BCP 加密方案，r_1',r_2' 是随机数，保证了 BCP 加密的语义安全性。因此，A_{FCC} 不能区分理想世界和真实世界，即：

$$\{\mathrm{IDEAL}_{F,S}^{SCP}(U_{Ideal})\} \overset{c}{\approx} \{\mathrm{REAL}_{\pi,A_{FCC}}^{SCP}(U_{Real})\} \tag{8-33}$$

引理 5：在 SCP 协议中，对于半诚实的敌手 A_{Server}，步骤Ⅲ（@Server）是安全的。

证明：在步骤Ⅲ中，在真实世界中，敌手的视图 A_{Server} 是 $G_{Real}=\{r_1m_1, r_2m_2, u\}$. 模拟器 S 生成了数据元组 $G_{Ideal}=\{r_{11}',r_{22}',r_{31}'\}$，其中随机数满足 $r_{11}',r_{22}',r_{31}' \in \mathbb{Z}_N$。因为 r_1m_1 和 r_2m_2 含有掩码数据 r_1 和 r_2，他们不能区分 r_1m_1 和 r_{11}'，也不能区分 r_2m_2 和 r_{22}'。比较结果 u 含有 r_1，r_2，因此不能直接获得结果 m_1/m_2。

由于服务器不知道 r_1 和 r_2，因此无法区分 u 和 r_{31}'。简言之，敌手 A_{Server} 在这个过程中无法区分理想世界和现实世界，即：

$$\{\mathrm{IDEAL}_{F,S}^{SCP}(G_{Ideal})\} \overset{c}{\approx} \{\mathrm{REAL}_{\pi,A_{Server}}^{SCP}(G_{Real})\} \tag{8-34}$$

引理 6：在 SCP 协议中，对于半诚实的敌手 A_{FCC}，步骤Ⅳ（@FCC）是安全的。

证明：在步骤Ⅳ中，FCC 通过 u 和 r_2/r_1 获得比较结果。在真实世界中，敌手 A_{FCC} 的视图是 $Q_{Real}=\{u,r_2/r_1\}$，模拟器 S 生成数据元组 $Q_{Ideal}=\{r_{33}',r_{21}'\}$，其中随机数满足 $r_{33}',r_{21}' \in \mathbb{Z}_N$。敌手 A_{FCC} 不能区分 u 和 r_{33}'，也不能区分 r_2/r_1 和 r_{21}'。因此，敌手 A_{FCC} 在这个阶段不能区分理想世界和真实世界，即：

$$\{\mathrm{IDEAL}_{F,S}^{SCP}(Q_{Ideal})\} \overset{c}{\approx} \{\mathrm{REAL}_{\pi,A_{FCC}}^{SCP}(Q_{Real})\} \tag{8-35}$$

总之,SCP 协议是安全的。

第六节 性能分析

在本节中,我们将对 PDLHR 的理论和实验分析进行研究和评估。首先,在理论方法上分析通信代价和计算代价。其次,通过性能对比及实验分析,描述该方案的效率和准确率。

一、通信代价

在初始化阶段,当机器人上传密文图像数据和传感器数据,分别产生了 $[X^k]_{pk_i}$ 和 $[DB_i]_{pk_i}$ 的代价到服务器。

重加密以后,服务器产生 $nC_{sk_i \to sk}$ 通信代价到 FCC。在训练过程中,FCC 上的 ReLU 函数产生 $n_2 n_3[r(2z_i^{(l+1)}+1)]_{pk}$ 通信代价到服务器。在隐藏层,服务器产生 $n_2 n_3$ 通信代价到 FCC。在输出层的密文代价函数计算过程中,FCC 产生 $n_4([a_i^{(L)}]_{pk}^r+[1-a_i^{(L)}]_{pk}^r)$ 代价到服务器,然后服务器产生 $n_4([\ln a_i^{(L)}+\ln r]_{pk}+[\ln(1-a_i^{(L)})+\ln r]_{pk})$ 的代价与 FCC 通信。在安全反向传播过程中,SMP 协议计算过程中 FCC 产生 $(n_2+n_3+n_4)([x_1+r]_{pk}+[x_2+r]_{pk})$ 通信代价到服务器,服务器产生 $(n_2+n_3+n_4)[(x_1+r)(x_2+r)]_{pk}$ 通信代价到 FCC。在数据提取过程中,FCC 产生 $[\theta_i]_{pk}$ 通信代价到服务器,用户 ID_i 从服务器下载数据需要 $[\theta_i]_{pk_i}$ 的通信代价。

二、计算代价

为了简化表示,将点乘/除法表示为 Mul/Div,对数表示为 Ln,加密/解密表示为 Enc/Dec,指数表示为 Exp。在初始化阶段,计算联合公钥产生 $(n-1)$ Mul 的代价。在数据更新阶段,机器人计算图像和数据的密文分别产生 X^k Enc 和 DB_i Enc 代价。在重加密过程中,服务器产生 1Mul+1Exp+1Div 代价去计算重加密密钥,产生 1Enc 代价重新加密密文。在训练阶段,输入层产生 (n_l-1) Mul 代价计算输入数据,隐藏层产生 1Exp+1Dec 代价计算 ReLU 函数。然后,输出层产生 2Enc+1Dec+ Q (Exp+Mul)代价计算 sigmoid 函数,其中 Q

是泰勒扩展项数量。此外，产生 (n_3n_4+4)Exp＋2Dec＋2Ln＋2Enc＋$3n_3n_4$＋6 代价去计算密文代价函数。在安全反向传播过程中，产生 2Exp＋2Dec＋Div 代价计算 SCP 协议，在输出层产生 2Exp＋Mul 代价去计算梯度。在密文权重和偏置更新过程中，产生 $(n_1n_2+n_2n_3+n_3n_4)$(4Mul＋1Exp) 代价更新权重和偏置。在数据提取过程中，产生 2Dec＋1Enc 代价获得明文结果 θ_i 。

第七节　本章小节

深度学习隐私保护研究逐渐增多，但基于机器人系统的此类方案研究较少，且很少考虑多密钥协同计算的问题。为了机器人系统中深度学习模型的隐私安全，本章提出了一种具有同态重加密的隐私保护的深度学习模型(PDLHR)。在 PDLHR 中，提出了一种基于 BCP 和 BCP 重加密的多密钥密文深度学习训练模型，解决了多源机器人系统中的隐私保护和多密钥协同计算问题，保证了多源机器人数据协同训练的安全性，提高了模型训练效率，减少了隐私保护方式下的交互性。我们的方案为多源协作机器人的密文深度学习训练提供了理论基础，也为智能电网或其他机器人场景中的机器人系统提供了应用基础。此外，该方案还可以用于其他双服务器和多源数据场景。

第九章

总结与展望

第一节　工作总结

隐私保护深度学习的研究和应用，不仅保护了数据隐私、模型隐私、推理结果隐私，而且实现了数据的动态挖掘分析；隐私保护联邦深度学习则能实现多参与方协同训练与预测，解决数据孤岛及多参与方训练的隐私保护问题。针对目前隐私保护深度学习中存在的模型学习存在误差及学习收敛慢、多密钥协同计算效率低、PHE 方案无法进行矩阵并行计算、同态密文通信代价大、训练数据质量低等问题，本文取得的主要研究成果如下所述。

一、提出了一个新的隐私保护图像分类深度学习方案

为了解决深度学习训练过程中导致的用户数据隐私泄露、同态加密不能有效解决一些复杂的非线性函数的密文计算、模型学习存在误差等问题，我们提出了一个隐私保护图像分类深度学习方案(PIDL)。在 PIDL 中，通过使用设计的 SCP、SMP、SDP 等安全计算协议包，设计了两种密文非线性激活函数和密文代价函数的隐私保护深度学习方案，即密文 sigmoid 激活函数＋密文交叉熵函数(PIDLSC)及密文 softmax 激活函数＋密文最大似然函数(PIDLSL)的分类深度学习训练方案。方案通过 Paillier 同态加密技术，实现了服务器与非共谋辅助服务器协同的密文模型训练方法，解决了部分复杂非线性函数的密文计算问题，减少了现有方案中部分函数或训练过程中存在的一些误差，同时保护了数据隐私和模型隐私。

二、提出了一个基于同态重加密的隐私保护深度学习方案

针对多参与方多密钥协同计算难、协同计算效率低等问题，我们提出了一个基于BCP加密和同态重加密的隐私保护深度学习方案，同时，我们设计了一个同态重加密方案，实现了将不同公钥下密文转化为相同公钥下的密文，该方案保持了同态性，与现有的基于BCP密码体制的重加密方案相比更简单。我们还设计了SMP、SCP、安全激活函数(ReLU＋sigmoid)算法及安全代价函数算法等工具包和算法，保证了训练过程中非线性函数的安全性。设计的安全计算协议包，通过封包调用来减少了密文计算过程中的交互。设计的MLP网络中各个阶段的密文计算算法，实现了MLP神经网络的隐私保护和安全训练。与现有方案相比，PDLHR降低了解密过程中的复杂交互，提高了密文训练的效率，并保护了输入数据、训练模型和分类结果的隐私。

三、提出了一个高效实用的隐私保护联邦深度学习方案

针对部分同态加密方案计算效率低、联邦深度学习中多密钥协同计算难或效率低等问题，我们提出了一个高效实用的隐私保护联邦学习方案。在改进自举分布式ElGamal密码体制(LDEC)的基础上，我们提出了部分同态加密体制的单指令多数据流(PSIMD)并行计算方案。改进的LDEC适用于隐私保护联邦学习方案，能解决联邦学习中的多密钥协同计算问题。PSIMD并行计算算法在PHE中实现了矩阵并行计算，提高了PHE的计算效率，降低了通信代价。该方案从一个新角度解决了PHE的并行计算问题，为PHE提供了一个新思路。最后，方案对系统的安全性和性能进行了评估和分析。实验结果表明，该方案在保障较低通信代价和计算代价的同时，确保了方案的高效性和实用性，同时保证了输入隐私、模型隐私、推理结果隐私等各阶段的隐私安全。

四、提出了一个动态化公平性的隐私保护联邦深度学习方案

针对物联网联邦学习场景下通信代价高、通信故障频繁、高质量训练数据无法保证等问题，提出了一个动态化公平性的隐私保护联邦深度学习方案。我们基于EC-ElGamal设计了适应于联邦学习的多密钥EC-ElGamal同态加密方

案，该方案实现了多密钥用户下协同计算安全联邦和和安全联邦平均，设计了SCP、SMP、PNSA、用户动态退出和加入算法、联邦和优化算法等安全计算协议包。依据设计的关键算法组件，实现了动态用户的动态化公平性的隐私保护联邦深度学习方案。通过选择高质量的训练数据和短密钥长度的加密方案进行模型训练，降低了方案的通信代价，在保证用户动态更新的情况下，确保了训练的准确率。

五、提出基于机器人系统的图像多分类深度学习(PIDL)隐私保护模型

在PIDL中，通过应用设计的SCP协议、SMP协议、SDP协议等工具集，设计两种基于密文的非线性激活和代价函数的深度学习隐私保护方案，即密文sigmoid＋交叉熵函数（PIDLSC）及密文softmax＋log likelihood函数（PIDLSL）的多分类深度学习训练模型。方案通过同态加密技术，实现了雾控制中心与非共谋诚实服务器上的安全隐私训练，提高密文训练效率，解决深度学习中的 密文边缘计算和同态计算问题，保护了数据隐私和模型隐私。安全性分析和性能评估结果表明，该方案在低通信、低计算代价的情况下实现了方案的准确率、有效性和安全性验证。

六、提出基于机器人系统下多密钥深度学习隐私保护方案

实现不同公钥下密文转化为相同公钥下的密文，通过设计SMP协议、安全激活函数(ReLU＋sigmoid)算法及安全代价函数算法，保证了训练过程中非多项式函数的安全性和高效性，设计了MLP网络中各个阶段高效的密文计算算法，实现了MLP神经网络的隐私保护。设计的重加密方案保证了同态性和安全性，与现有的基于BCP密码体制的重加密方案相比更简化。设计的安全计算工具，通过封包调用来实现高效的密文计算。与前人的工作相比，降低了解密过程中的相互影响，大大提高密文训练效率，并保护了输入数据、训练模型和分类结果的隐私。安全性分析和性能评估表明，所提出的方案实现了安全性、高效率和准确率，降低了通信代价和计算代价。

第二节 研究展望

本文主要围绕隐私保护深度学习方案进行设计，后续的研究工作将进一步深入，其研究方向如下所述。

(1)针对目前全同态加密方案密态数据扩张大、计算效率低的问题，进一步研究适应联邦学习的同态加密方案及轻量化联邦深度学习新型方案。

(2)针对恶意敌手攻击、恶意参与者的不忠实行为、投毒攻击等安全问题，研究隐私保护联邦学习方案中的攻击模式，依据攻击模式研究该模式的防范方案。

(3)针对联邦学习无有效的可验证方法或结果验证效率低的问题，研究聚合签名、秘密共享门限签名等聚合可验证联邦学习算法，设计可验证的动态用户加入退出策略，实现同态密文聚合验证的隐私保护联邦学习方案。

参考文献

[1]CHEN M,LI Y,LUO X,et al. A novel human activity recognition scheme for smart health using multilayer extreme learning machine[J]. IEEE Internet Things J.,2019,6(2):1410-1418.

[2]CHOUDRIE J,PATIL S,KOTECHA K,et al. Applying and Understanding an Advanced,Novel Deep Learning Approach: A Covid 19, Text Based, Emotions Analysis Study[J]. Inf. Syst. Frontiers, 2021,23(6):1431-1465.

[3]GORUR K,BOZKURT M R,BASCIL M,et al. GKP signal processing using deep CNN and SVM for tongue-machine interface[J]. Traitement du Signal, 2019,36(4):319-329.

[4]MENG W,MAO C,ZHANG J,et al. A fast recognition algorithm of online social network images based on deep learning[J]. Traitement du Signal, 2019,36(6):575-580.

[5]HITAJ B,ATENIESE G,P'EREZ-CRUZ F. Deep models under the GAN: information leakage from collaborative deep learning[C]//Proceedings of the 2017 ACM SIGSAC Conference on Computer and Communications Security (CCS 2017). New York,NY: ACM,2017:603-618.

[6]MCMAHAN B, MOORE E, RAMAGE D, et al. Communication-efficient learning of deep networks from decentralized data[C]//Proceedings of the 20th International Conference on Artificial Intelligence and Statistics (AISTATS 2017). Cambridge,NY:PMLR,2017:1273-1282.

[7]NIU Y,DENG W. Federated Learning for Face Recognition with Gradient Correction[C]//Thirty Sixth AAAI Conference on Artificial Intelligence (AAAI 2022), Thirty-Fourth Conference on Innovative Applications of Artificial Intelligence (IAAI 2022), The Twelveth Symposium on Educational Advances in Artificial Intelligence,(EAAI 2022). Palo Alto, CA:AAAI Press,2022:1999-2007.

[8] SHARMA S, CHEN K. Image disguising for privacy-preserving deep

learning[C]//Proceedings of the 2018 ACM SIGSAC Conference on Computer and Communications Security (CCS 2018). New York, NY: ACM, 2018: 2291-2293.

[9] CHEN Y, PING Y, ZHANG Z, et al. Privacy-preserving image multi-classification deep learning model in robot system of industrial IoT[J]. Neural Comput. Appl., 2021, 33(10): 4677-4694.

[10] KAISSIS G, MAKOWSKI M R, RUECKERT D, et al. Secure, privacy-preserving and federated machine learning in medical imaging[J]. Nat. Mach. Intell., 2020, 2(6): 305-311.

[11]国务院办公厅.国务院办公厅关于印发要素市场化配置综合改革试点总体方案的通知,国办发〔2021〕51号[EB/OL]. 2021-12-21.

[12] DWORK C. Differential privacy[G]//Encyclopedia of Cryptography and Security, 2nd Ed. Berlin, German: Springer, 2011: 338-340.

[13] TRUEX S, BARACALDO N, ANWAR A, et al. A hybrid approach to privacy-preserving federated learning[C]//Proceedings of the 12th ACM Workshop on Artificial Intelligence and Security (AISec@CCS 2019). New York, NY: ACM, 2019: 1-11.

[14] CUI L, QU Y, XIE G, et al. Security and privacy-enhanced federated learning for anomaly detection in IoT infrastructures[J]. IEEE Trans. Ind. Informatics., 2022, 18(5): 3492-3500.

[15] SWEENEY L. K-anonymity: a model for protecting privacy[J]. Int. J. Uncertain. Fuzziness Knowl. Based Syst., 2002, 10(5): 557-570.

[16] XU R, BARACALDO N, ZHOU Y, et al. HybridAlpha: An effificient approach for privacy preserving federated learning[C]//Proceedings of the 12th ACM Workshop on Artifificial Intelligence and Security (AISec @CCS 2019). New York, NY: ACM, 2019: 13-23.

[17] AGRAWAL N, SHAMSABADI A S, KUSNER M J, et al. QUOTIENT: Two-party secure neural network training and prediction [C]// Proceedings of the 2019 ACM SIGSAC Conference on Computer and Communications Security (CCS 2019). New York, NY: ACM, 2019:

1231-1247.

[18] PHONG L T, AONO Y, HAYASHI T, et al. Privacy-preserving deep learning via additively homomorphic encryption[J]. IEEE Trans. Inf. Forensics Secur., 2018, 13(5): 1333-1345.

[19] CHEN Y, WANG B, ZHANG Z. PDLHR: Privacy-preserving deep learning model with homomorphic re-encryption in robot system[J]. IEEE Syst. J., 2021, 16(2): 2032-2043.

[20] DWORK C, MCSHERRY F, NISSIM K, et al. Calibrating Noise to Sensitivity in Private Data Analysis[C]//Theory of Cryptography, Third Theory of Cryptography Conference (TCC 2006). Berlin, German: Springer, 2006: 265-284.

[21] SHOKRI R, SHMATIKOV V. Privacy-Preserving Deep Learning[C]// Proceedings of the 22nd ACM SIGSAC Conference on Computer and Communications Security. New York, NY: ACM, 2015: 1310-1321.

[22] JAYARAMAN B, EVANS D. Evaluating Differentially Private Machine Learning in Practice[C]//28th USENIX Security Symposium (USENIX Security 2019). Berkeley, CA: USENIX Association, 2019: 1895-1912.

[23] SHOKRI R, SHMATIKOV V. Privacy-preserving deep learning[C]//Proceedings of the 22nd ACM SIGSAC Conference on Computer and Communications Security (CCS 2015). New York, NY: ACM, 2015: 1310-1321.

[24] ABADI M, CHU A, GOODFELLOW I J, et al. Deep learning with differential privacy[C]//Proceedings of the 2016 ACM SIGSAC Conference on Computer and Communications Security. New York, NY: ACM, 2016: 308-318.

[25] XIANG L, YANG J, LI B. Differentially-private deep learning from an optimization perspective[C]//2019 IEEE Conference on Computer Communications (INFOCOM 2019). Piscataway, NJ: IEEE, 2019: 559-567.

[26] CHAMIKARA M A P, BERT 'OK P, KHALIL I, et al. Local Differential Privacy for Deep Learning[J]. IEEE Internet Things J., 2020, 7(7): 5827-5842.

[27]TRUEX S,LIU L,CHOW K H,et al. LDP-Fed:federated learning with local differential privacy [C]//Proceedings of the 3rd International Workshop on Edge Systems, Analytics and Networking (EdgeSys @ EuroSys 2020). New York,NY:ACM,2020:61-66.

[28]YAO A C. Protocols for Secure Computations[C]//23rd Annual Symposium on Foundations of Computer Science. Los Alamitos, CA: IEEE Computer Society,1982:160-164.

[29]MOHASSEL P, ZHANG Y. SecureML: A system for scalable privacy-preserving machine learning[C]//2017 IEEE Symposium on Security and Privacy (SP 2017). Los Alamitos, CA: IEEE Computer Society, 2017: 19-38.

[30]XU G,LI H,ZHANG Y,et al. Privacy-preserving federated deep learning with irregular users[J]. IEEE Trans. Dependable Secur. Comput. ,2022, 19(2):1364-1381.

[31]LIU J,JUUTI M,LU Y,et al. Oblivious neural network predictions via MiniONN transformations[C]//Proceedings of the 2017 ACM SIGSAC Conference on Computer and Communications Security (CCS 2017). New York,NY:ACM,2017:619-631.

[32]BANSAL A,CHEN T,ZHONG S. Privacy preserving back-propagation neural network learning over arbitrarily partitioned data [J]. Neural Comput. Appl. ,2011,20(1):143-150.

[33]BONAWITZ K,IVANOV V,KREUTER B,et al. Practical secure aggregation for privacy preserving machine learning[C]//Proceedings of the 2017 ACM SIGSAC Conference on Computer and Communications Security (CCS 2017). New York,NY:ACM,2017:1175-1191.

[34]RIVEST R L,ADLEMAN L M,DERTOUZOS M L. On Data Banks and Privacy Homomorphisms[J]. Foundations of Secure Compuation,1978,29 (8):1619-1638.

[35] GILAD-BACHRACH R, DOWLIN N, LAINE K, et al. CryptoNets: applying neural networks to encrypted data with high throughput and

accuracy[C]//Proceedings of the 33nd International Conference on Machine Learning (ICML 2016). Brookline, Massachusetts: JMLR. org, 2016: 201-210.

[36]BELLAFQIRA R, COATRIEUX G, G′ ENIN E, et al. Secure multilayer perceptron based on homomorphic encryption[C]//Digital Forensics and Watermarking-17th International Workshop (IWDW 2018). Berlin, German: Springer, 2018: 322-336.

[37]CHABANNE H, de WARGNY A, MILGRAM J, et al. Privacy-preserving classifification on deep neural network[J]. IACR Cryptol. ePrint Arch., 2017: 35.

[38]XIE P, BILENKO M, FINLEY T, et al. Crypto-nets: neural networks over encrypted data[J]. CoRR, 2014, abs/1412. 6181.

[39] WANG B, ZHAN Y, ZHANG Z. Cryptanalysis of a symmetric fully homomorphic encryption scheme [J]. IEEE Trans. Inf. Forensics Secur., 2018, 13(6): 1460-1467.

[40]ZHANG X, CHEN X, LIU J K, et al. DeepPAR and DeepDPA: privacy preserving and asynchronous deep learning for industrial IoT[J]. IEEE Trans. Ind. Informatics, 2020, 16(3): 2081-2090.

[41]MA X, ZHANG F, CHEN X, et al. Privacy preserving multi-party computation delegation for deep learning in cloud computing[J]. Inf. Sci., 2018, 459: 103-116.

[42]HAO M, LI H, LUO X, et al. Efficient and privacy-enhanced federated learning for industrial artificial intelligence [J]. IEEE Trans. Ind. Informatics, 2020, 16(10): 6532-6542.

[43]BRAKERSKI Z, GENTRY C, VAIKUNTANATHAN V. (Leveled) fully homomorphic encryption without bootstrapping [J]. ACM Trans. Comput. Theory, 2014, 6(3): 13: 1-13: 36.

[44]LI T, LI J, CHEN X, et al. NPMML: A framework for non-interactive privacy-preserving multi-party machine learning [J]. IEEE Trans. Dependable Secur. Comput., 2021, 18(6): 2969-2982.

[45]RIVEST R L,SHAMIR A,ADLEMAN L. A method for obtaining digital signatures and public key cryptosystems[J]. Communications of the ACM,1978,21(2):120-126.

[46]LIU X,DENG R H,CHOO K R,et al. An efficient privacy-preserving outsourced calculation toolkit with multiple keys[J]. IEEE Trans. Inf. Forensics Secur.,2016,11(11):2401-2414.

[47]LI C,MA W. Comments on "An efficient privacy-preserving outsourced calculation toolkit with multiple keys" [J]. IEEE Trans. Inf. Forensics Secur.,2018,13(10):2668-2669.

[48]CHEN H,DAI W,KIM M,et al. Efficient multi-key homomorphic encryption with packed ciphertexts with application to oblivious neural network inference [C]//Proceedings of the 2019 ACM SIGSAC Conference on Computer and Communications Security (CCS 2019). New York,NY:ACM,2019:395-412.

[49]LI P,LI J,HUANG Z,et al. Multi-key privacy-preserving deep learning in cloud computing[J]. Future Gener. Comput. Syst.,2017,74:76-85.

[50]MA X,MA J,LI H,et al. PDLM:Privacy-preserving deep learning model on cloud with multiple keys[J]. IEEE Trans. Serv. Comput.,2021,14(4):1251-1263.

[51]JUVEKAR C,VAIKUNTANATHAN V,CHANDRAKASAN A. GAZELLE:A low latency framework for secure neural network inference[C]//Proceedings of 27th USENIX Security Symposium (USENIX Security 2018). Berkeley,CA:USENIX Association,2018:1651-1669.

[52]XIE P,WU B,SUN G. BAYHENN:Combining bayesian deep learning and homomorphic encryption for secure DNN inference[C]//Proceedings of the Twenty-Eighth International Joint Conference on Artificial Intelligence (IJCAI 2019). California,USA:ijcai. org,2019:4831-483.

[53]SMART N P,VERCAUTEREN F. Fully homomorphic SIMD operations [J]. Des. Codes Cryptogr.,2014,71(1):57-81.

[54]ZHANG S,CHOROMANSKA A,LECUN Y. Deep learning with elastic averaging SGD[C]//Proceedings of Advances in Neural Information

Processing Systems 28: Annual Conference on Neural Information Processing Systems 2015. Berlin, German: Springer, 2015: 685-693.

[55]WANG J, TANTIA V, BALLAS N, et al. SlowMo: Improving communication-effificient distributed SGD with slow momentum[C]//Proceedings of the 8th International Conference on Learning Representations (ICLR 2020). Massachusetts, USA: OpenReview. net, 2020: 1-25.

[56]LIU W, CHEN L, CHEN Y, et al. Accelerating federated learning via momentum gradient descent[J]. IEEE Trans. Parallel Distributed Syst., 2020, 31(8): 1754-1766.

[57]ZHAO L, WANG Q, ZOU Q, et al. Privacy-preserving collaborative deep learning with unreliable participants[J]. IEEE Trans. Inf. Forensics Secur., 2020, 15: 1486-1500.

[58]MOHRI M, SIVEK G, SURESH A T. Agnostic federated learning[C]//Proceedings of the 36th International Conference on Machine Learning (ICML 2019). Cambridge, NY: PMLR, 2019: 4615-4625.

[59]PANG J, HUANG Y, XIE Z, et al. Realizing the heterogeneity: A self-organized federated learning framework for IoT[J]. IEEE Internet Things J., 2021, 8(5): 3088-3098.

[60]OWUSU-AGYEMANG K, QIN Z, ZHUANG T, et al. MSCryptoNet: Multi-Scheme Privacy-Preserving Deep Learning in Cloud Computing[J]. IEEE Access, 2019, 7: 29344-29354.

[61]CHABANNE H, de WARGNY A, MILGRAM J, et al. Privacy-Preserving Classifification on Deep Neural Network[J/OL]. IACR Cryptol. ePrint Arch., 2017: 35. http://eprint.iacr.org/2017/035.

[62]LI F, CHEN Y, DUAN P, et al. Privacy-preserving convolutional neural network prediction with low latency and lightweight users[J]. Int. J. Intell. Syst., 2021, 37: 568-595.

[63]NIELSEN M. Neural networks and deep learning[M]. Online: Determination Press, 2015.

[64]BARYALAI M, JANG-JACCARD J, LIU D. Towards privacy-preserving

classifification in neural networks [C]//14th Annual Conference on Privacy, Security and Trust (PST 2016). Piscataway, NJ: IEEE, 2016: 392-399.

[65]杨强,刘洋,程勇,等. 联邦学习[M]. 北京:电子工业出版社,2020.

[66]YANG X, FENG Y, FANG W, et al. An accuracy-lossless perturbation method for defending privacy attacks in federated learning[J]. arXiv, 2021:1-13.

[67]QIAN N. On the momentum term in gradient descent learning algorithms [J]. Neural Networks, 1999, 12(1):145-151.

[68]杨波. 密码学中的可证明安全[M]. 北京:清华大学出版社,2017.

[69]冯登国. 大数据安全与隐私保护[M]. 北京:清华大学出版社,2018.

[70]PAILLIER P. Public-Key cryptosystems based on composite degree residuosity classes [C]//Proceedings of International Conference on the Theory and Application of Cryptographic Techniques (EUROCRYPT '99). Berlin, German: Springer, 1999: 223-238.

[71]BRESSON E, CATALANO D, POINTCHEVAL D. A simple public-key cryptosystem with a double trapdoor decryption mechanism and its applications[C]//Proceedings of the 9th International Conference on the Theory and Application of Cryptology and Information Security (ASIACRYPT 2003). Berlin, German: Springer, 2003: 37-54.

[72]GAMAL T E. A public key cryptosystem and a signature scheme based on discrete logarithms[J]. IEEE Trans. Inf. Theory, 1985, 31(4): 469-472.

[73]POLLARD J. Monte carlo method for index computation (mod p) [J]. Mathematics of Computation, 1978, 32(143): 918-924.

[74]KOBLITZ N. A course in number theory and cryptography, second edition [M]. Berlin, German: Springer, 1994.

[75]LI L, EL-LATIF A A A, NIU X. Elliptic curve ElGamal based homomorphic image encryption scheme for sharing secret images[J]. Signal Process., 2012, 92(4): 1069-1078.

[76]KOBLITZ N, MENEZES A, VANSTONE S A. The state of elliptic curve

cryptography[J]. Des. Codes Cryptogr. ,2000,19(23):173-193.

[77]BOGDANOV D,LAUR S,WILLEMSON J. Sharemind:A framework for fast privacy-preserving computations[C]//13th European Symposium on Research in Computer Security (ESORICS 2008). Berlin, German: Springer,2008:192-206.

[78]ZHANG Y,BAI G,LI X,et al. PrivColl: Practical privacy-preserving collaborative machine learning [C]//25th European Symposium on Research in Computer Security (ESORICS 2020). Berlin, German: Springer,2020:399-418.

[79]GILAD-BACHRACH R,DOWLIN N,LAINE K,et al. CryptoNets:Applying Neural Networks to Encrypted Data with High Throughput and Accuracy [C]//Proceedings of the 33nd International Conference on Machine Learning (ICML 2016):Vol 48. Brookline,Massachusetts:JMLR. org,2016:201.

[80]QIU M,KUNG S,GAI K. Intelligent security and optimization in edge/fog computing[J]. Future Gener. Comput. Syst. ,2020,107:1140-1142.

[81]ZHANG Q,YANG L T,CHEN Z. Privacy Preserving Deep Computation Model on Cloud for Big Data Feature Learning[J]. IEEE Transactions on Computers,2016,65(5):1351-1362.

[82]SHAO J,CAO Z F. CCA-secure proxy re-encryption without pairings [C]//Proceedings of Public Key Cryptography (PKC 2009). Berlin, German:Springer,2009:357-376.

[83]BREILING B,DIEBER B,SCHARTNER P. Secure communication for the robot operating system [C]//2017 Annual IEEE International Systems Conference (SysCon 2017). Piscataway,NJ:IEEE,2017:1-6.

[84]TONYALI S,AKKAYA K,SAPUTRO N,et al. Privacy-preserving protocols for secure and reliable data aggregation in IoT-enabled smart metering systems [J]. Future Gener. Comput. Syst. ,2018,78:547-557.

[85]GENOCCHI A,PEANO G. Calcolo differenziale e principii di calcolo integrale[M]. Turin,Italy:Bocca 1,1884.

[86]XU G,LI H,LIU S,et al. VerifyNet: Secure and verifiable federated

learning[J]. IEEE Trans. Inf. Forensics Secur.,2020,15:911-926.

[87]JIANG Z L,GUO H,PAN Y,et al. Secure Neural Network in Federated Learning with Model Aggregation under Multiple Keys[C]//8th IEEE International Conference on Cyber Security and Cloud Computing (CSCloud 2021) /7th IEEE International Conference on Edge Computing and Scalable Cloud (EdgeCom 2021). Piscataway, NJ:IEEE,2021:47-52.

[88]ZHANG Q,JING S,ZHAO C,et al. Effificient Federated Learning Framework Based on Multi-Key Homomorphic Encryption [C]//Advances on P2P, Parallel, Grid, Cloud and Internet Computing-Proceedings of the 16th International Conference on P2P,Parallel,Grid,Cloud and Internet Computing (3PGCIC 2021):Vol 343. Berlin,German:Springer,2021:88-105.

[89]MA J,NAAS S,SIGG S,et al. Privacy-preserving federated learning based on multi-key homomorphic encryption[J/OL]. Int. J. Intell. Syst.,2022,37(9):5880-5901. http://dx.doi.org/10.1002/int.22818.

[90]GENNARO R,JARECKI S,KRAWCZYK H,et al. Secure distributed key generation for discrete log based cryptosystems[J]. J. Cryptol., 2007,20(1):51-83.

[91]YI X,RAO F,BERTINO E,et al. Privacy-preserving association rule mining in cloud computing [C]//Proceedings of the 10th ACM Symposium on Information,Computer and Communications Security (ASIA CCS '15). New York,NY:ACM,2015:439-450.

[92]OGILVIE T,PLAYER R,ROWELL J. Improved privacy-preserving training using fixed-Hessian minimisation [J]. IACR Cryptol. Eprint Arch., 2020:1514.

[93]CHAI D,WANG L,CHEN K,et al. Secure federated matrix factorization [J]. IEEE Intell. Syst.,2021,36(5):11-20.

[94]HESAMIFARD E, TAKABI H, GHASEMI M. Cryptodl:Deep neural networks over encrypted data[J]. CoRR,2017,abs/1711.05189.

[95]RATHEE D,RATHEE M,KUMAR N,et al. Cryptflflow2:Practical 2-party secure inference [C]//Proceedings of 2020 ACM SIGSAC

Conference on Computer and Communications Security (CCS '20). New York,NY:ACM,2020:325-342.

[96]CANETTI R. Universally composable security:A new paradigm for cryptographic protocols[C]//Proceedings of the 42nd Annual Symposium on Foundations of Computer Science (FOCS 2001). Los Alamitos,CA:IEEE Computer Society, 2001:136-145.

[97]TANG F,WU W,LIU J,et al. Privacy-preserving distributed deep learning via homomorphic re-encryption[J]. Electronics,2019,8(4):1-21.

[98]SMITH V,CHIANG C,SANJABI M,et al. Federated multi-task learning [C]//Advances in Neural Information Processing Systems 30: Annual Conference on Neural Information Processing Systems 2017 (NeurIPS 2017). Berlin,German:Springer,2017:4424-4434.

[99]HOUSNI Y E. Introduction to the mathematic foundations of elliptic curve cryptography[C/OL]//Chapter III:Elliptic Curve Cryptography. 2018:18. https://hal.archives-ouvertes.fr/hal-01914807.

[100]KOBLITZ N. Elliptic curve cryptosystems[J]. Mathematics of computation, 1987,48(177):203-209.

[101]CHEN Y,HE S,WANG B,et al. Cryptanalysis and Improvement of DeepPAR:Privacy-Preserving and Asynchronous Deep Learning for Industrial IoT[J]. IEEE Internet Things J.,2022,9(21):21958-21970.

[102]ZHANG X,CHEN X,LIU J K,et al. DeepPAR and DeepDPA:Privacy Preserving and Asynchronous Deep Learning for Industrial IoT[J]. IEEE Trans. Ind. Informatics,2019,16(3):2081-2090.

[103]YU L,LIU L,PU C,et al. Differentially Private Model Publishing for Deep Learning[C]//2019 IEEE Symposium on Security and Privacy (SP 2019). Piscataway,NJ:IEEE,2019:332-349.

[104]ZHU T,LI G,ZHOU W,et al. Differentially Private Data Publishing and Analysis:A Survey[J]. IEEE Trans. Knowl. Data Eng.,2017,29(8):1619-1638.

[105]QIU M,DAI H,SANGAIAH A K,et al. Guest editorial:special section

on emerging privacy and security issues brought by artificial intelligence in industrial informatics[J]. IEEE Trans. Ind. Informatics, 2020, 16 (3):2029-2030.

[106]BAI L, DU C. Design and simulation of a collision-free path planning algorithm for mobile robots based on improved ant colony optimization [J]. Ing'enierie des Syst'emes d Inf. ,2019,24(3):331-336.

[107]DIEBER B, BREILING B, TAURER S, et al. Security for the robot operating system[J]. Robotics Auton. Syst. ,2017,98:192-203.

[108]MATELL 'AN V, BONACI T, SABALIAUSKAITE G. Cyber-security in robotics and autonomous systems[J]. Robotics Auton. Syst. ,2018, 100:41-42.

[109]SABALIAUSKAITE G, NG G S, RUTHS J, et al. Empirical assessment of methods to detect cyber attacks on a robot[C]//17th IEEE International Symposium on High Assurance Systems Engineering (HASE 2016). Los Alamitos, CA: IEEE Computer Society, 2016: 248-251.

[110]DIEBER B, KACIANKA S, RASS S, et al. Application-level security for ROS-based applications[C]//2016 IEEE/RSJ International Conference on Intelligent Robots and Systems (IROS 2016). Piscataway, NJ: IEEE, 2016:4477-4482.

[111]MART'IN F, SORIANO E, CA · NAS J M. Quantitative analysis of security in distributed robotic frameworks[J]. Robotics Auton. Syst. , 2018, 100:95-107.

[112]TONYALI S, MUNOZ R, AKKAYA K, et al. A realistic performance evaluation of privacy-preserving protocols for smart grid AMI networks [J]. J. Netw. Comput. Appl. ,2018,119:24-41.

[113]PHONG L T, PHUONG T T. Privacy-preserving deep learning via weight transmission[J]. IEEE Trans. Inf. Forensics Secur. , 2019, 14 (11): 3003-3015.

[114]HESAMIFARD E, TAKABI H, GHASEMI M, et al. Privacy-preserving

machine learning as a service[J]. Proceedings of Priv. Enhancing Technol. ,2018,2018(3):123-142.

[115]CRAMER R, SHOUP V. A Practical Public Key Cryptosystem Provably Secure Against Adaptive Chosen Ciphertext Attack[C]//Advances in Cryptology-CRYPTO '98,18th Annual International Cryptology Conference. Berlin,German:Springer,1998:13-25.

[116]CHAUM D,CR EPEAU C,DAMG · ARD I. Multiparty unconditionally secure protocols (extended abstract)[C]//Proceedings of the 20th Annual ACM Symposium on Theory of Computing. New York,NY:ACM,1988:11-19.

[117]CANETTI R, VARIA M. Decisional diffifie-hellman problem[G]//Encyclopedia of Cryptography and Security,2nd Ed. Berlin,German:Springer,2011:316-319.

[118]DESMEDT Y,FRANKEL Y. Threshold cryptosystems[C]//Proceedings of the 9th Annual International Cryptology Conference (CRYPTO '89). Berlin,German:Springer,1989:307-315.

[119]CHAUM D,CR′EPEAU C,DAMG · ARD I. Multiparty unconditionally secure protocols (abstract)[C]//Proceedings of the Conference on the Theory and Applications of Cryptographic Techniques (CRYPTO '87). Berlin,German:Springer,1987:462.

[120]PHAN N,WU X,HU H,et al. Adaptive laplace mechanism:Differential privacy preservation in deep learning[C]//2017 IEEE International Conference on Data Mining (ICDM 2017). Los Alamitos,CA:IEEE Computer Society,2017:385-394.

[121]GONG M,FENG J,XIE Y. Privacy-enhanced multi-party deep learning[J]. Neural Networks,2020,121:484-496.

[122]COTTER A,JIANG H,GUPTA M R,et al. Optimization with non-differentiable constraints with applications to fairness,recall,churn,and other goals[J]. J. Mach. Learn. Res. ,2019,20 :172:1-172:59.

[123]KHAMMASH M,TAMMAM R,MASRI A,et al. Elliptic curve parameters

optimization for lightweight cryptography in mobile-ad-hoc networks[C]// 18th International Multi-Conference on Systems, Signals & Devices (SSD 2021). 2021:63-69.

[124]JOHNSON D B, MALTZ D A. Dynamic source routing in ad hoc wireless networks[C]//Mobile Computing. 1994:153-181.

[125]WEI K, LI J, DING M, et al. Federated Learning with Differential Privacy: Algorithms and Performance Analysis[J]. IEEE Trans. Inf. Forensics Secur., 2020, 15:3454-3469.

[126]QIU M, DAI H, SANGAIAH A K, et al. Guest editorial: special section on emerging privacy and security issues brought by artificial intelligence in industrial informatics[J]. IEEE Trans. Ind. Informatics, 2020, 16(3): 2029-2030.

[127]BAI L, DU C. Design and simulation of a collision-free path planning algorithm for mobile robots based on improved ant colony optimization [J]. Ing'enierie des Syst̀emes d Inf., 2019, 24(3):331-336.

[128]DIEBER B, BREILING B, TAURER S, et al. Security for the robot operating system[J]. Robotics Auton. Syst., 2017, 98:192-203.

[129]MATELL 'AN V, BONACI T, SABALIAUSKAITE G. Cyber-security in robotics and autonomous systems[J]. Robotics Auton. Syst., 2018, 100: 41-42.

[130]SABALIAUSKAITE G, NG G S, RUTHS J, et al. Empirical assessment of methods to detect cyber attacks on a robot[C]//17th IEEE International Symposium on High Assurance Systems Engineering (HASE 2016). Los Alamitos, CA: IEEE Computer Society, 2016:248-251.

[131]DIEBER B, KACIANKA S, RASS S, et al. Application-level security for ROS-based applications [C]//2016 IEEE/RSJ International Conference on Intelligent Robots and Systems (IROS 2016). Piscataway, NJ: IEEE, 2016:4477-4482.

[132]BREILING B, DIEBER B, SCHARTNER P. Secure communication for the robot operating system [C] // 2017 Annual IEEE International Systems

Conference (SysCon 2017). Piscataway, NJ: IEEE,2017:1-6.

[133]MART'IN F, SORIANO E, CA NAS J M. Quantitative analysis of security in distributed robotic frameworks[J]. Robotics Auton. Syst., 2018,100:95-107.

[134]TONYALI S, AKKAYA K, SAPUTRO N, et al. Privacy-preserving protocols for secure and reliable data aggregation in IoT-enabled smart metering systems [J]. Future Gener. Comput. Syst., 2018, 78: 547-557.

[135]MOHASSEL P, ZHANG Y. SecureML: A system for scalable privacy-preserving machine learning[C]//2017 IEEE Symposium on Security and Privacy (SP 2017). Los Alamitos, CA: IEEE Computer Society, 2017:19-38.

[136]ZHANG X, CHEN X, LIU J K, et al. DeepPAR and DeepDPA: privacy preserving and asyn chronous deep learning for industrial IoT [J]. IEEE Trans. Ind. Informatics,2020,16(3):2081-2090.

[137]LI P, LI J, HUANG Z, et al. Multi-key privacy-preserving deep learning in cloud computing[J]. Future Gener. Comput. Syst.,2017, 74: 76-85.

[138]SHAO J, CAO Z F. CCA-secure proxy re-encryption without pairings [C]//Proceedings of Public Key Cryptography (PKC 2009). Berlin, German: Springer,2009:357-376.

[139]CHAI D, WANG L, CHEN K, et al. Secure federated matrix factorization [J]. IEEE Intell. Syst.,2021,36(5):11-20.

附　　录

一、符号对照表

符号	符号名称
$\mathbb{N}$	自然数合集
$\mathbb{G}$	循环群
$\mathbb{Z}$	整数环
$\mathbb{Z}_N$	模 N 的剩余类环
$\gcd(a,b)$	a 和 b 的最大公因数
g	生成元
pk	联合公钥
sk	联合私钥
a_i	用户的私钥
$rk_{a_i \to s}$	重加密密钥
$f(\cdot)$	激活函数
$w_{ij}^{(l)}$	第 l 层中第 j 个神经元到第 $l+1$ 层中第 i 个神经元的权重
b_i	第 i 个神经元的偏置
n_{l+1}	第 $l+1$ 层神经元节点的数量
$x \leftarrow_R X$	从 X 集合中均匀随机选择 x
$\lvert x \rvert_2$	整数 x 的二进制长度
$\lvert x \rvert$	实数 x 的绝对值
$a \triangleq b$	a 定义为 b
$[x]$	不超过 x 的最大整数
$\mathrm{poly}(x)$	x 的多项式
$[a,b]$	$a \geqslant b$ 的实数集合
$(a,b]$	$a < x \leqslant b$ 的实数集合
(a,b)	$a < x < b$ 的实数集合

二、缩略语对照表

缩略语	英文全称	中文对照
SMPC	Secure Multi-Party Computation	安全多方计算
HE	Homomorphic Encryption	同态加密
SIMD	Single Instruction Multiple Data	单指令多数据流
PSIMD	Partially Single Instruction Multiple Data	部分单指令多数据流
FHE	Fully Homomorphic Encryption	全同态加密
SGD	Stochastic Gradient Descent	随机梯度下降
MFL	Momentum Federated Learning	动量联邦学习
DNN	Deep Neural Network	深度神经网络
CNN	Convolutional Neural Network	卷积神经网络
MLP	Multilayer Perceptron	多层感知机
MGD	Momentum Gradient Descent	动量梯度下降
DL	Discrete Logarithm	离散对数
DDH	Decisional Diffie-Hellman	判定性 Diffie-Hellman
ECDLP	Elliptic Curve Discrete Logarithm Problem	椭圆曲线离散对数问题
SMP	Secure Multiplication Protocol	安全乘法协议
SCP	Secure Comparison Protocol	安全比较协议
SDP	Secure Division Protocol	安全除法协议
PNSA	Prime Number Search Algorithm	素数搜索算法
FSOA	Federated Sum Optimization Algorithm	联邦和优化算法
PRE	Proxy Re-Encryption	代理重加密
LDEC	Lifted Distributed ElGamal Cryptography	升幂分布式 ElGamal 密码
CPA	Chosen-Plaintext Attack	选择明文攻击
ETB	Equality Test Block	相等性测试块
PFL	Privacy-Preserving Federated Learning	隐私保护联邦学习
CAA	Ciphertext Aggregation Algorithm	密文聚合算法
ECC	Elliptic Curve Cryptography	椭圆曲线密码
MEEC	Multi-key EC-ElGamal Cryptography	多密钥 EC-ElGamal 密码